新世纪应用型高等教育
计算机类课程规划教材

大数据技术实战教程

Big Data Technology Practical Tutorial

主　编　袁丽娜
副主编　潘正军　李　祎

大连理工大学出版社

图书在版编目(CIP)数据

大数据技术实战教程 / 袁丽娜主编. -- 大连：大连理工大学出版社，2019.9(2019.12重印)
新世纪应用型高等教育计算机类课程规划教材
ISBN 978-7-5685-2199-4

Ⅰ.①大… Ⅱ.①袁… Ⅲ.①数据处理－高等学校－教材 Ⅳ.①TP274

中国版本图书馆 CIP 数据核字(2019)第 187944 号

大数据技术实战教程

DASHUJV JISHU SHIZHAN JIAOCHENG

大连理工大学出版社出版

地址：大连市软件园路 80 号　邮政编码：116023
发行：0411-84708842　邮购：0411-84708943　传真：0411-84701466
E-mail:dutp@dutp.cn　URL:http://dutp.dlut.edu.cn
大连图腾彩色印刷有限公司印刷　　大连理工大学出版社发行

幅面尺寸：185mm×260mm　　印张：17.5　　字数：426 千字
2019 年 9 月第 1 版　　　　　　2019 年 12 月第 2 次印刷

责任编辑：王晓历　　　　　　　　　　责任校对：李明轩
封面设计：对岸书影

ISBN 978-7-5685-2199-4　　　　　　　　　　　　定　价：51.80 元

本书如有印装质量问题，请与我社发行部联系更换。

前 言

《大数据技术实战教程》是新世纪应用型高等教育教材编审委员会组编的计算机类课程规划教材之一。

随着互联网和计算机技术的不断发展,大数据的应用已经融入大众的生活当中,大数据的时代已经到来。本教材重点阐述大数据相关技术和实践应用。

本教材包括12章,每个章节包括理论任务和实践任务,理论联系实际。本教材主要介绍大数据技术概述、Hadoop初体验、Hadoop分布式文件系统、Hadoop分布式计算框架、Hadoop分布式数据库HBase、NoSQL数据库、数据仓库Hive、大数据采集、Spark技术、数据可视化、Python数据分析;除此之外,还包括使用Python对房屋价格进行预测分析和通过日志数据分析用户行为两个综合案例。读者在学习大数据技术的同时,可学会真正使用大数据技术解决问题,增强大数据实战能力。

本教材具有以下特点:

(1)本教材内容系统全面,侧重实战能力培养。同时包含大数据理论知识、实践指导和综合案例,理论和实践内容相互融合、相互补充,综合案例提升实战能力。

(2)本教材实践指导部分采用较新的Hadoop-3.1.1版本作为实践环境,实践任务的每一个步骤都非常详细完整,截图清楚。本教材最后还给出了两个综合案例,将所有知识进行融合,具有典型性,便于读者从中学习和实践,以达到理论联系实际、真正学以致用的教学目的。

本教材由袁丽娜任主编,由潘正军、李祎任副主编。具体分工如下:第1章至第9章的理论任务和第10章由袁丽娜编写并进行全书统筹规划,第1章至第9章的实践任务由潘正军编写,第11章和第12章由李祎编写。本教材在编写过程中还得到了很多领导及教师的帮助,在此表示衷心的感谢。

  本教材配有课件、案例集、安装包等配套资源,供学生使用,此类资源可登录教材服务网站进行下载。

  在编写本教材的过程中,编者参考、引用和改编了国内外出版物中的相关资料以及网络资源,在此表示深深的谢意!相关著作权人看到本教材后,请与出版社联系,出版社将按照相关法律的规定支付稿酬。

  限于水平,书中仍有疏漏和不妥之处,敬请专家和读者批评指正,以使教材日臻完善。

编 者

2019 年 9 月

所有意见和建议请发往:dutpbk@163.com

欢迎访问教材服务网站:http://www.dutpbook.com

联系电话:0411-84708445 84708462

目 录

第1章 大数据技术概述 ··· 1
 1.1 理论任务:认识大数据 ··· 1
  1.1.1 大数据概念 ·· 1
  1.1.2 大数据处理的关键技术 ·· 4
  1.1.3 大数据软件 ·· 5
 1.2 实践任务:大数据实验环境 ··· 7
  1.2.1 安装虚拟机、Linux 系统 ·· 8
  1.2.2 Linux 常用命令 ·· 22

第2章 Hadoop 初体验 ·· 25
 2.1 理论任务:初识 Hadoop ·· 25
  2.1.1 Hadoop 概述 ··· 26
  2.1.2 Hadoop 发展简史 ·· 26
  2.1.3 Hadoop 版本 ·· 28
  2.1.4 Hadoop 生态圈 ··· 30
 2.2 实践任务:Hadoop 安装与配置 ··· 36

第3章 Hadoop 分布式文件系统 ··· 51
 3.1 理论任务:了解 HDFS ·· 51
  3.1.1 认识 HDFS ··· 51
  3.1.2 HDFS 相关概念 ·· 52
  3.1.3 HDFS 体系结构 ·· 54
  3.1.4 HDFS 运行原理及保障 ··· 55
 3.2 实践任务:HDFS 基本操作 ··· 57
  3.2.1 使用 HDFS Shell 访问 ·· 57
  3.2.2 使用 JAVA API 与 HDFS 交互 ·· 63

第 4 章　Hadoop 分布式计算框架 ……………………………………………… 83
4.1　理论任务：认识 MapReduce …………………………………………… 83
4.1.1　Mapreduce 简介 ………………………………………………… 84
4.1.2　MapReduce 编程模型 …………………………………………… 85
4.1.3　MapReduce 实例分析 …………………………………………… 88
4.2　实践任务：MapReduce 应用开发 ……………………………………… 90

第 5 章　Hadoop 分布式数据库 HBase ……………………………………… 103
5.1　理论任务：认识 HBase ………………………………………………… 103
5.1.1　HBase 简介 ……………………………………………………… 103
5.1.2　HBase 数据模型 ………………………………………………… 104
5.1.3　HBase 体系结构 ………………………………………………… 108
5.2　实践任务：HBase 基本操作 …………………………………………… 110
5.2.1　HBase 安装与配置 ……………………………………………… 110
5.2.2　HBase Shell 命令 ……………………………………………… 115
5.2.3　HBase 编程 ……………………………………………………… 120

第 6 章　NoSQL 数据库 ……………………………………………………… 131
6.1　理论任务：了解 NoSQL 数据库 ………………………………………… 131
6.1.1　NoSQL 简介 ……………………………………………………… 131
6.1.2　NoSQL 类型 ……………………………………………………… 132
6.1.3　NoSQL 数据库三大基石 ………………………………………… 133
6.1.4　从 NoSQL 到 NewSQL 数据库 ………………………………… 135
6.2　实践任务：典型 NoSQL 数据库的安装和使用 ………………………… 136
6.2.1　Redis 的安装和使用 …………………………………………… 136
6.2.2　MongoDB 的安装和使用 ………………………………………… 144

第 7 章　数据仓库 Hive ……………………………………………………… 155
7.1　理论任务：认识 Hive …………………………………………………… 155
7.1.1　Hive 简介 ………………………………………………………… 155
7.1.2　Hive 架构 ………………………………………………………… 156
7.1.3　Hive 数据存储模型 ……………………………………………… 158
7.2　实践任务：Hive 基本操作 ……………………………………………… 160
7.2.1　Hive 和 MySQL 的安装及配置 ………………………………… 160
7.2.2　HiveQL 常用操作 ………………………………………………… 167

第8章 大数据采集 171
8.1 理论任务：了解大数据采集工作 171
8.1.1 Sqoop 简介 173
8.1.2 Flume 简介 175
8.1.3 Kafka 简介 178
8.2 实践任务：大数据采集工具的安装和使用 180
8.2.1 Sqoop 安装及使用 180
8.2.2 Flume 安装及使用 187
8.2.3 Kafka 安装及使用 194

第9章 Spark 技术 199
9.1 理论任务：认识 Spark 199
9.1.1 Spark 简介 199
9.1.2 Spark 生态圈 202
9.2 实践任务：Spark 的安装和编程 203
9.2.1 Spark 安装和配置 203
9.2.2 Spark Shell 使用 206

第10章 数据可视化 211
10.1 理论任务：了解数据可视化 211
10.1.1 数据可视化概述 211
10.1.2 可视化工具介绍 214
10.1.3 数据可视化的未来 216
10.2 实践任务：典型的可视化工具使用方法 217
10.2.1 使用 ECharts 制作图表 217
10.2.2 D3 可视化库的使用方法 225

第11章 Python 数据分析 231
11.1 理论任务：了解 Python 数据分析 231
11.1.1 Python 语言环境搭建 232
11.1.2 Python 语言基本语法 233
11.1.3 Python 数据科学工具包 237
11.1.4 Python 机器学习工具包 240
11.2 实践任务：Python 数据分析应用 241
11.2.1 安装 Python 和 numpy 包 241
11.2.2 Python 语法应用 244

11.2.3　Phthon 数据科学工具包的安装和使用 ……………………………………… 244

　　11.2.4　Phthon 机器学习工具包的安装和使用 ……………………………………… 250

第 12 章　综合案例 …………………………………………………………………………… 251

　12.1　综合案例 1：使用 Python 对房屋价格进行预测分析 …………………………………… 251

　12.2　综合案例 2：通过日志数据分析用户行为 ………………………………………………… 257

参考文献 ………………………………………………………………………………………… 272

第 1 章 大数据技术概述

目标

- 了解大数据是什么？可以做什么？
- 从整体了解大数据的关键技术包括什么？大数据相关软件包括什么？
- 熟悉大数据相关实验环境，主要包括虚拟机、Ubuntu 的安装，熟悉 Linux 相关命令。

第 1 章 大数据技术概述
- 1.1 理论任务：认识大数据
  - 1.1.1 大数据概念
  - 1.1.2 大数据关键技术
  - 1.1.3 大数据软件
- 1.2 实践任务：熟悉大数据实验环境
  - 1.2.1 安装虚拟机、Linux 系统
  - 1.2.2 Linux 常用命令

1.1 理论任务：认识大数据

从 20 世纪开始，政府以及电商、医疗、金融等各行各业的信息化迅速发展，结构化数据、非结构化数据也在快速增长，数据量的暴增使得传统的数据库已经很难存储、管理、查询和分析这些数据。如何实现结构化和非结构化的 PB 级、ZB 级等海量数据的存储，如何挖掘出这些海量数据隐藏的商业价值，已经成为两大挑战。为解决这两大挑战，大数据技术应运而生。目前，大数据的应用无处不在，涉及领域包括零售、汽车、金融、政务等社会各行各业，并且也已经融入大众的生活当中，证明大数据的时代已经到来。

1.1.1 大数据概念

1. 大数据的定义

大数据（Big Data），指无法在一定时间范围内使用常规软件工具进行捕捉、管理和处理的数据集合，是需要新处理模式才能具有的更强的决策力、洞察力和流程优化能力的海量、

高增长率和多样化的信息资产。

对于大数据,不同的研究机构从不同的角度给出了不同的定义。研究机构 Gartner 给出了这样的定义:"大数据是需要新处理模式才能具有更强的决策力、洞察发现力和流程优化能力来适应海量、高增长率和多样化的信息资产。"而麦肯锡认为:"大数据是一种在获取、存储、管理、分析方面均超出了传统数据库软件工具能力范围的数据集合,具有海量的数据规模、快速的数据流转、多样的数据类型和价值密度低四大特征。"互联网数据中心 IDC 则说:"大数据不是一个'事物',而是一个跨多个信息技术领域的动力或活动。大数据技术描述了新一代的技术和架构,其被设计用于通过使用高速(Velocity)的采集、发现和/或分析,从超大容量(Volume)的多样(Variety)数据中经济的提取价值(Value)。"

总的来说,大数据是指所涉及的数据规模巨大,因此无法通过人工或计算机在合理的时间内达到截取、管理、处理并整理成为人们所能解读的形式的信息。

从客户的角度来看,大数据技术的战略意义并不在于掌握庞大的数据信息,而在于对这些含有意义的数据进行专业化处理,从中获得商业价值。换而言之,如果把大数据比作一种产业,那么这种产业实现盈利的关键,在于提高其对数据的"加工能力",通过"加工"实现数据的"增值"。

从技术上来看,大数据与云计算的关系就像一枚硬币的正反面一样密不可分。大数据必然无法用单台的计算机进行处理,必须采用分布式架构。它的特色在于对海量数据进行分布式数据分析和挖掘,但它必须依托云计算的分布式处理、分布式数据库和云存储、虚拟化技术等。

2. 大数据的特征

目前普遍使用 5V 特征来具体描述大数据,如图 1-1 所示。

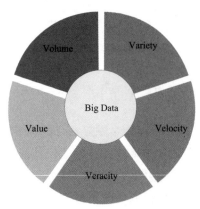

图 1-1 大数据的 5V 特征

(1) 数据量大(Volume)

大数据的第一个特征就是数据量巨大,包括采集、存储和计算的量都非常大。大数据的起始计量单位至少是 PB,也可以采用更大的单位 EB 或者 ZB。相关信息单位的换算关系如下:

1Byte = 8 Bit

1KB = 1024 Bytes

1MB = 1024 KB

1GB ＝ 1024 MB
1TB ＝ 1024 GB
1PB ＝ 1024 TB
1EB ＝ 1024 PB
1ZB ＝ 1024 EB
1YB＝ 1024 ZB
1BB ＝ 1024 YB

(2)数据类型种类繁多(Variety)

大数据的第二个特征是数据类型种类和来源多样化。数据可以是结构化、半结构化和非结构化的,具体表现为网络日志、音频、视频、图片、地理位置信息等。类型多样化的数据对数据的处理能力提出了更高的要求。

(3)数据价值密度低(Value)

大数据的第三个特征是数据价值密度相对较低,或者说是浪里淘沙却又弥足珍贵。随着互联网以及物联网的广泛应用,信息感知无处不在。信息海量,但价值密度较低,如何结合业务逻辑并通过强大的机器学习算法来挖掘数据价值,是大数据时代最需要解决的问题。

(4)速度快、时效高(Velocity)

大数据的第四个特征是数据增长速度快、处理速度也快、时效性要求高。比如搜索引擎要求几分钟前的新闻能够被用户查询到,个性化推荐算法尽可能要求实时完成推荐。这是大数据区别于传统数据挖掘的显著特征。

(5)真实性(Veracity)

大数据的该特征主要体现了数据的质量。

3.大数据在各行各业的典型应用

目前,大数据无处不在,应用于各个行业,金融、政务、汽车、餐饮、电信、能源、生物医学、电子商务、教育、制造等各行各业都融入了大数据的印迹。并且,大数据与实体经济不断融合发展,融合深度也在不断增强。

➤ 电子商务行业

电子商务是最早利用大数据进行精准营销的行业,其实际应用主要包括客户画像、精准营销、信用评级、商品推荐、物流配送和舆情分析等。电子商务网站具备非常丰富的客户历史数据,通过这些数据的分析,能够进一步了解客户的购物习惯、兴趣爱好和购买意愿,并可以对客户群体进行细分,从而实现对不同用户的服务进行调整和优化,进行有针对性的广告营销和推送,以实现个性化服务。

➤ 金融行业

大数据在高频交易、社交情绪分析和信贷风险分析三大金融创新领域发挥了重大作用。

➤ 汽车行业

利用大数据和物联网技术实现的无人驾驶汽车,将在不远的未来走入我们的日常生活。

➤ 电信行业

电信企业数据资源丰富,通常用来构建大数据基础平台。利用大数据技术进行企业运营管理，实现客户离网分析，及时掌握客户离网倾向，出台客户挽留措施，还可提供精准位置服务，并与其他行业不断拓展大数据合作模式。

> 城市管理

可利用大数据实现智能交通、环保监测、城市规划和智能安防等。

> 能源行业

随着智能电网的发展，电力公司可以掌握海量用户用电信息，利用大数据技术分析用户的用电模式，可以改进电网运行，合理设计电力需求响应系统，以确保电网运行安全。

> 生物医学

大数据可以帮助我们实现流行病的预测、智慧医疗、健康管理等医疗技术，同时还可以帮助我们解读DNA，了解更多生命奥秘。

> 制造行业

制造部门必须采购原材料，并需要维持工作人员来实现生产高质量的产品和服务。制造业常规的操作和持续的任务产生大量的数据。大数据可以帮助制造商减少成本和浪费，并帮助他们在更短的时间内制造出高质量的产品。大数据可以为制造商预测未来的需求，基于此，他们能够及时生产和供货，最终带来更高的利润。

> 教育产业

大数据帮助教育机构利用学生的学习数据来跟踪学生表现变化，有助于设计教育形式，帮助学生更好更快地实现个性化学习，从而吸收知识。

1.1.2 大数据处理的关键技术

大数据处理的关键技术主要包括：数据采集和预处理、数据存储和管理、数据分析和挖掘、数据可视化和数据安全及隐私保护。利用大数据技术对数据处理流程如图1-2所示。

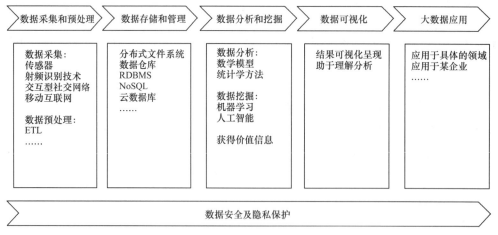

图1-2 大数据处理流程

1. 数据采集和预处理

目前，数据采集经常通过传感器、射频识别技术、交互型社交网络及移动互联网等途径获取数据。

数据采集一般分为智能感知层和基础支撑层。智能感知层主要包括数据传感体系、传感适配体系、网络通信体系、智能识别体系等软硬件资源,可以实现结构化、半结构化和非结构化海量数据的智能化识别、定位、跟踪、介入、传输、信号转换、监控、初步处理和管理等操作。基础支撑层主要提供大数据服务平台所需的虚拟服务器,结构化、半结构化和非结构化数据的数据库及物联网资源等基础支撑环境。

数据预处理是利用 ETL(Extract-Transform-Load)工具将分布的、异构的数据源的数据抽取到临时中间层后进行数据清洗和转换,最后加载到数据集市或者数据仓库中,成为联机分析处理(OLAP)和数据挖掘(Data Mining)的数据基础;也可以利用日志采集工具(如 Flume、Kafka 等)把实时采集的数据作为流计算系统的输入,进行实时处理分析。

2. 数据存储和管理

数据的存储和管理主要是利用分布式文件系统、数据仓库、关系数据库、NoSQL 数据库、云数据库等,实现对结构化、半结构化和非结构化海量数据的存储。

3. 数据分析和挖掘

数据分析指利用相关数学模型及机器学习算法对数据的统计、分析和预测。数据挖掘是指利用人工智能、机器学习和统计学等多学科方法,从大量的、不完全的、有噪声的、模糊的、随机的实际应用数据集中,提取隐含在其中的有价值的信息或模式的计算过程。大数据的分析和挖掘主要是利用分布式并行编程模型和计算框架,结合机器学习和数据挖掘算法,实现对海量数据的分析挖掘处理。

4. 数据可视化

数据可视化主要是对分析后的结果进行可视化的呈现,更好地帮助人们理解数据和分析数据。数据可视化有时也被视为数据分析的一种,即可视化分析。

5. 数据安全及隐私保护

从大数据中挖掘潜在的巨大商业价值的同时,还需要构建隐私数据保护体系和数据安全体系,用来有效保护个人隐私和数据安全。

大数据技术涉及了很多技术的集合,有些技术是已经发展多年的技术。比如关系数据库、数据仓库、ETL、OLAP、数据挖掘、数据隐私和安全等,这些技术为了适应大数据时代的需求,也在不断地完善升级中,这里就不详细介绍了。本教程重点介绍这几年新发展的大数据核心技术及常用软件的使用方法,比如 Hadoop 生态圈、Spark 内存计算框架、分布式文件系统、分布式并行计算框架、NoSQL 数据库、数据采集工具等。

1.1.3 大数据软件

根据大数据处理流程中数据采集和预处理、数据存储和管理、数据分析和挖掘、数据可视化等各阶段的任务,表 1-1 列出了每个环节使用到的常用大数据处理软件,后续章节也会详细介绍以下大部分软件的安装和使用。表 1-2 列出了本教程所有实践环节使用的软件安装包的清单。

表 1-1　　　　　　　　　　常用大数据处理软件

大数据技术	大数据常用软件
数据采集	Kafka,Sqoop,Klume

(续表)

大数据技术	大数据常用软件
数据存储和管理	HDFS,Hbase,Redis,MongoDB,Hive
数据分析和挖掘	MapReduce,Spark,Python,Mahout
数据可视化	ECharts,D3,Tableau

表 1-2　　　　　　　　各软件版本安装包清单

软件名称	软件安装包清单
Ubuntu	ubuntukylin-16.04.1-desktop-amd64.iso
Hadoop	hadoop-3.1.1.tar.gz
Jdk	jdk-8u181-linux-x64.tar.gz
HBase	hbase-1.2.6.1-bin.tar.gz
Redis	redis-5.0.4.tar.gz
MongoDB	mongodb-linux-x86_64-ubuntu1604-4.0.1.tgz
Hive	apache-hive-2.3.3-bin.tar.gz
Sqoop	sqoop-1.4.7.bin_hadoop-2.6.0.tar.gz
Flume	apache-flume-1.9.0-bin.tar.gz
Kafka	kafka_2.11-2.1.1.tgz
Spark	spark-2.4.0-bin-hadoop2.7.tgz
Python	Python 3.7.3

1. Hadoop

Hadoop 是 Apache 基金会所开发的一个开源的并且可以运行在大规模集群上的分布式计算平台。其设计核心为分布式文件系统 HDFS 和并行计算框架 MapReduce。HDFS 为海量数据提供了分布式存储，MapReduce 则为海量数据提供了计算。经过多年的发展，Hadoop 已经发展成为庞大的生态系统。Hadoop 生态系统除了 HDFS 和 MapReduce 工具外，还包括了 YARN、HBase、Hive、Ambari、Oozie、Mahout、Pig、Flume、Sqoop、Zookeeper 等工具。用户可以在不了解分布式底层细节的情况下，开发分布式程序，并充分利用集群的威力进行高速运算及存储。Hadoop 在大数据处理方面得到广泛应用，适合对大数据实现离线处理和分析操作。

2. Spark

随着大数据的不断发展，人们对于大数据的处理要求越来越高，原有的并行计算框架 MapReduce 适合离线计算，却无法满足实时性要求较高的业务，比如实时推荐等。因此出现了以 Spark 为代表的新计算框架，相比 MapReduce，Spark 基于内存，速度更快，并且能够同时兼顾批处理和实时数据分析两种操作。

Apache Spark 是一个围绕速度、易用性和复杂分析构建的大数据处理框架，在 2009 年由加州大学伯克利分校的 AMPLab 开发，并于 2010 年成为 Apache 的开源项目之一。

Spark 是基于内存的一种迭代式计算框架，是基于 MapReduce 算法实现的分布式计算，但不同于 MapReduce 的是 Job 中间输出和结果可以保存在内存中，从而不再需要读写 HDFS，因此 Spark 能更好地适用于数据挖掘与机器学习等需要迭代的 MapReduce 的算法。

大数据的数据处理框架有些适合于离线批量数据处理,比如 Hadoop 的 MapReduce;有些适合于迭代的实时批数据处理,比如 Spark;有些则适合于流数据处理,比如 Storm。有些计算框架使用内存模式,有些是基于磁盘 I/O 的处理模式。基于内存的框架性能会优于基于磁盘 I/O 的框架,但同时成本也会高很多。最终选择 Hadoop 或者 Spark 或者其他数据处理框架需要根据具体需求来确定,总之,一定要能够满足业务需求。

3. NoSQL 数据库

从历史上来看,以前信息系统的数据处理都是通过数据库技术实现的,大多数数据都具有良好的结构,数据量也不算太大,可以通过关系数据库进行存储和查询。随着大数据时代的到来,数据量的暴增,数据类型的多样化,由于传统的关系数据库其横向扩展的薄弱,所以不再适合,因此 NoSQL 数据库应运而生。NoSQL 是 Not only SQL 的缩写,泛指非关系型数据库。NoSQL 数据库与传统的关系数据库相比,不使用 SQL 语言作为查询语言,没有固定的表结构,也没有遵守 ACID 约束,具有非常灵活的水平可扩展性,可以支持海量数据的存储。

NoSQL 数据库的数量很多,但总的来说,典型的 NoSQL 数据库主要包括键值存储数据库、列存储数据库、文档型数据库和图数据库四种。

4. 数据可视化

数据可视化,是一种关于数据视觉表现形式的科学技术研究,是指将大型数据集中的数据以图形图像的形式进行展示,并利用数据分析和开发工具发现其中未知信息的处理过程。

数据可视化,可以增强数据的呈现效果,方便用户以一种更加直观的方式来观察数据,进而发现数据当中隐藏的信息。数据可视化技术的基本思想,是将数据库中每一个数据项作为单个图元元素表示,大量的数据集构成数据图像,同时将数据的各个属性值以多维数据的形式表示,可以从不同的维度观察数据,从而对数据进行更深入的观察和分析。大数据时代使用数据的可视化技术可以有效地提高海量数据的处理效率,挖掘数据隐藏的信息,从而给企业带来巨大的商业价值。数据可视化虽然不是最具挑战性的部分,但因为是直接呈现在用户眼前的,所以在整个数据分析流程中也是至关重要的一个环节。

1.2 实践任务:大数据实验环境

Hadoop 目前是主流的大数据软件,可以运行在类 Unix 环境下,但 Hadoop 官方真正支持的作业平台为 Linux,所以本次实践主要熟悉 Linux 环境及 Linux 相关命令。Linux 系统安装方式主要包括虚拟机安装和双系统安装两种方式。由于大部分大数据初学者对于 Windows 更熟悉,所以本教程采用虚拟机安装 Linux,即在 Windows 操作系统下安装虚拟机软件,在虚拟机中安装并运行 Linux 环境。采用虚拟机安装 Linux 方式,计算机的内存必须达到 4 GB 以上,并且需要计算机的 CPU 支持虚拟化,否则,运行速度非常慢。近几年购买的计算机 CPU 基本都支持虚拟化,若不支持虚拟化,可以在 BIOS 中开启虚拟化技术支持,如图 1-3 所示,将是否开启虚拟化技术选项改为"Enabled"。

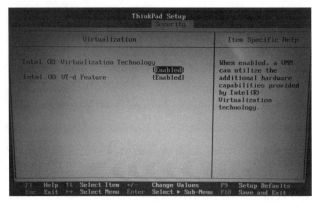

图 1-3　BIOS 中开启虚拟化技术支持

1.2.1　安装虚拟机、Linux 系统

1. 安装虚拟机软件

目前常用的虚拟机软件主要包括 VMware 和 VirtualBox。本教程主要介绍 VMware 虚拟机的使用，VMware 虚拟机软件的安装在此不做介绍。

2. 在虚拟机软件内安装 Linux

Linux 包括 Ubuntu、RedHat Linux 等多个系统版本，本教程主要介绍在 VMware 内安装 Ubuntu 系统。本次实验涉及的安装软件主要包括：

（1）VMware-workstation-full-12.1.1-3770994.exe；

（2）ubuntukylin-16.04.1-desktop-amd64.iso。

另外，在虚拟机里安装 Ubuntu 之前需确定 BIOS 中已经开启了虚拟化技术支持。目前，大部分计算机都支持虚拟化技术，如果没有则需在 BIOS 中开启虚拟化技术支持。

本次实践主要包括两个步骤：创建虚拟机和在虚拟机上安装 Ubuntu，接下来进行详细介绍。

（1）创建虚拟机

① 双击打开桌面 VMware Workstation 图标，进入 VMware 软件，如图 1-4 所示。

图 1-4　进入 VMware 软件

②单击"创建新的虚拟机"图标,进入新建虚拟机向导,选择"典型(推荐)",单击"下一步"按钮,如图 1-5 所示。

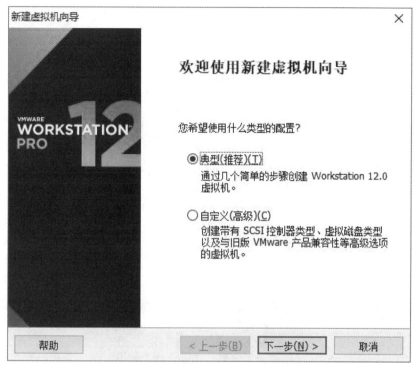

图 1-5　进入新建虚拟机向导

③选择"稍后安装操作系统",单击"下一步"按钮,如图 1-6 所示。

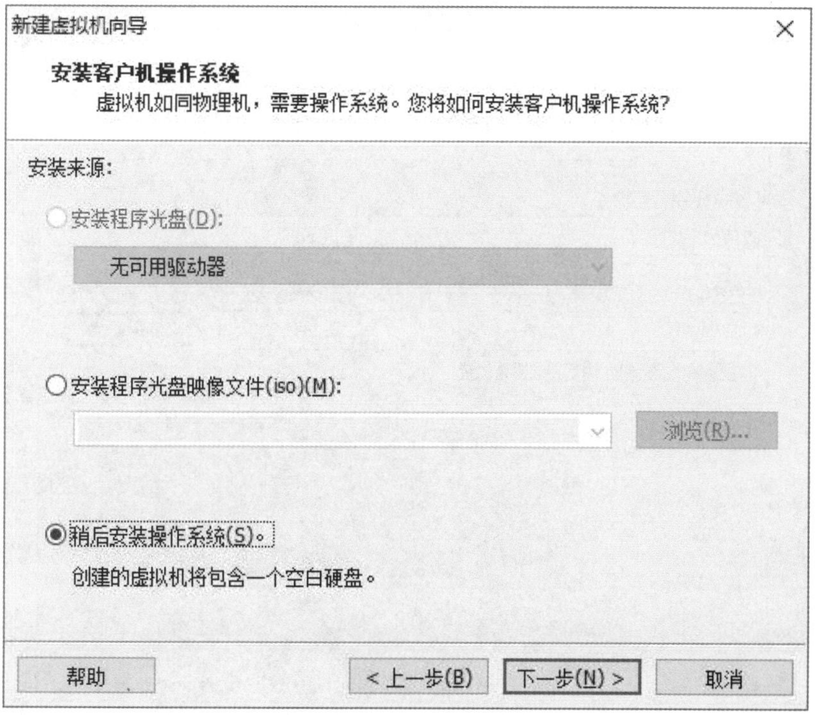

图 1-6　新建虚拟机向导

④在"客户机操作系统"下选择"Linux",在版本下拉列表中选择"Ubuntu 64 位",单击"下一步"按钮。在此需注意安装的 Linux 操作系统的版本及位数(32 位或 64 位),需要和安装镜像文件版本一致。本教程安装的是 64 位 Ubuntu 系统,如图 1-7 所示。

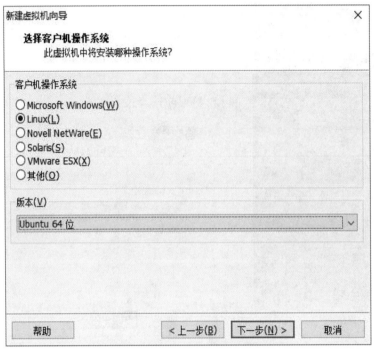

图 1-7　选择客户机操作系统

⑤设置虚拟机名称及位置,单击"下一步"按钮,如图 1-8 所示。

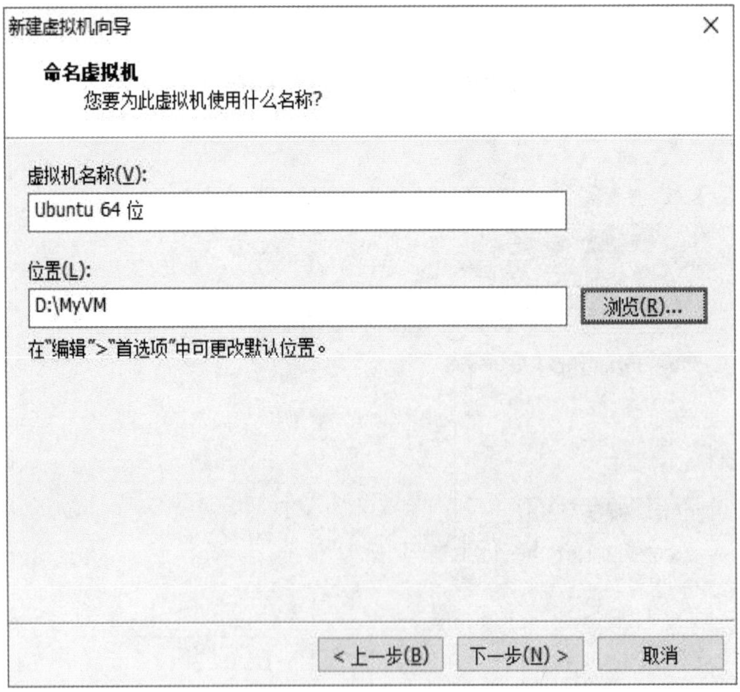

图 1-8　设置虚拟机名称及安装位置

⑥设置磁盘空间,安装时系统会建议选择 20 GB,但如果空间太小会影响后续各位软件安装及使用,若计算机硬盘空间足够的话,尽量选择稍微大点的虚拟磁盘空间。本教程最大磁盘大小设置为 60 GB,继续单击"下一步"按钮,如图 1-9 所示。

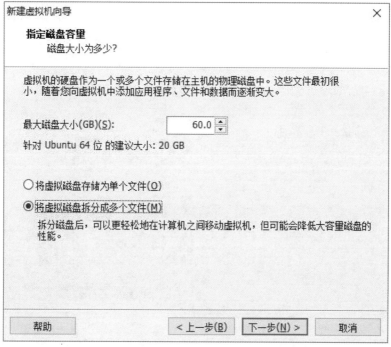

图 1-9　设置磁盘空间

⑦单击"自定义硬件"按钮进行硬件设备定义,如图 1-10 所示。

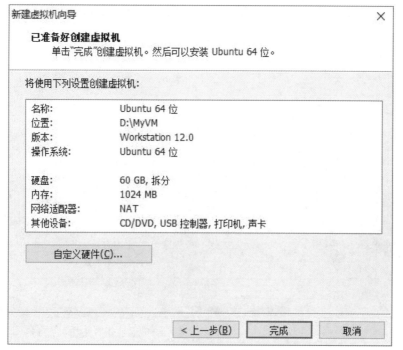

图 1-10　设置自定义硬件

⑧设置虚拟内存大小。可以根据计算机的内存大小来设置虚拟内存大小。若计算机总内存是 4 GB,可以设置为 1 GB 的虚拟内存,但实际上在此配置运行虚拟机,会出现卡顿,所以建议计算机总内存尽量达到 8 GB。若计算机总内存为 8 GB,则可以为虚拟内存分配 3 GB,如图 1-11 所示。

图 1-11　设置虚拟内存

⑨设置好虚拟内存,继续选择"新 CD/DVD(SAT…"进行设置,在"连接"选项中选择"使用 ISO 映像文件",单击"浏览"按钮选择存储在本地 Ubuntu 的 ISO 映像文件,如图 1-12 所示。

图 1-12　设置 ISO 映像文件

⑩设置网络适配器,在"网络连接"选项选择"NAT 模式:用于共享主机的 IP 地址",如图 1-13 所示,然后单击"关闭"按钮。

图 1-13　设置网络连接模式

（2）在虚拟机上安装 Ubuntu 系统

①安装前的基本操作已经完成,接下来正式安装 Ubuntu 系统。单击"开启此虚拟机"图标,进入系统安装界面,如图 1-14、图 1-15 所示。

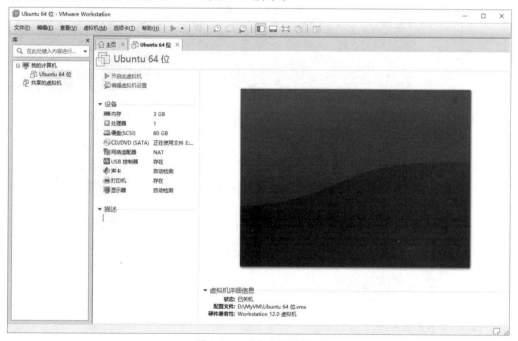

图 1-14　开启虚拟机界面

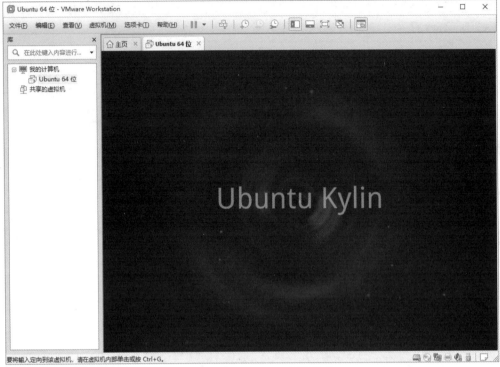

图 1-15　进入 Ubuntu 安装界面

②在左侧列表框中选择"中文(简体)",继续安装 Ubuntu,并根据情况安装下载更新,如图 1-16 所示。

图 1-16　选择语言界面

> **注意**　使用 VMware 安装 Ubuntu 的时候，由于分辨率的问题，导致安装界面显示不完整，"继续"或者"安装"等按钮被隐藏，无法进行下一步鼠标操作。此时可以按住 Alt 键，然后鼠标左键单击界面，按住鼠标左键不放可以拖动窗口到合适的位置，将按钮显示出来。

③准备安装 Ubuntu，单击"继续"按钮，如图 1-17 所示。

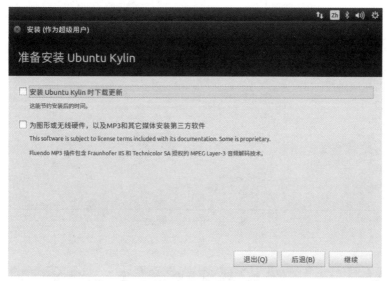

图 1-17　准备安装 Ubuntu 界面

④选择安装类型。安装类型如果选择第一项"清除整个磁盘并安装 Ubuntu Kylin"，则是由系统自动分区，系统将自动分配各个分区空间，清除整个磁盘指的是清除虚拟机里的计算机磁盘，不会影响外部的主计算机磁盘；如果选择"其他选项"，则是自己手动分配各个分区空间。两种方式都可以，读者可以根据具体需求进行选择。本教程采用自己创建分区的方式，则选择"其他选项"，单击"继续"按钮，如图 1-18 所示。

图 1-18　选择分区界面

⑤选中设备"/dev/sda",单击"新建分区表"按钮,将弹出"要在此设备上创建新的空分区表吗?"对话框,单击"继续"按钮,此处指的是虚拟机进行分区,如图1-19、图1-20所示。

图 1-19　新建分区表

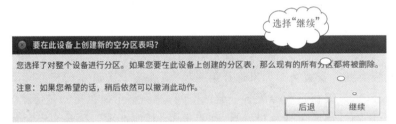

图 1-20　确定新建分区

⑥选中"空闲"设备,单击"＋"添加按钮,进行手动添加分区,如图1-21所示。

图 1-21　手动添加分区

⑦创建分区,给每个分区分配空间。本教程选择的是 60 GB 磁盘,按表 1-3 方式分别创建"/(主分区)""swap""/boot""/home"等分区。若前面选择的是 20 GB 的磁盘空间,则各分区要相应减少,如图 1-22、图 1-23、图 1-24、图 1-25、图 1-26、图 1-27 所示。

表 1-3　　　　　　　　　　　　　　各分区情况

名称	空间大小	分区类型	用于	挂载点
/(主分区)	25600 MB	主分区	Ext4 日志文件系统	/
swap 分区	6144 MB	逻辑分区	交换空间	
boot 分区	600 MB	逻辑分区	Ext4 日志文件系统	/boot
home 分区	32081 MB	逻辑分区	Ext4 日志文件系统	/home

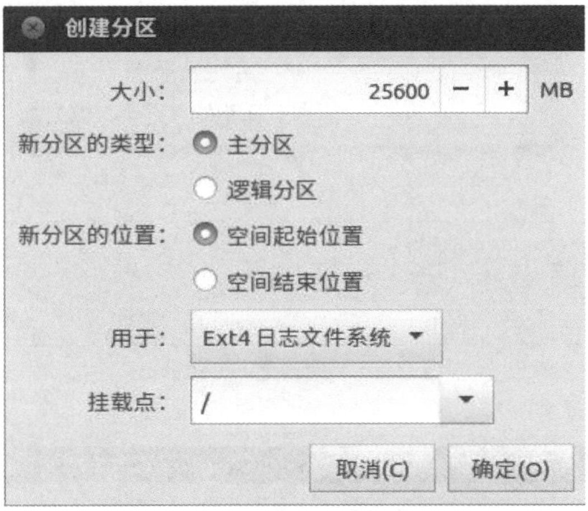

图 1-22　手动创建/(主分区)

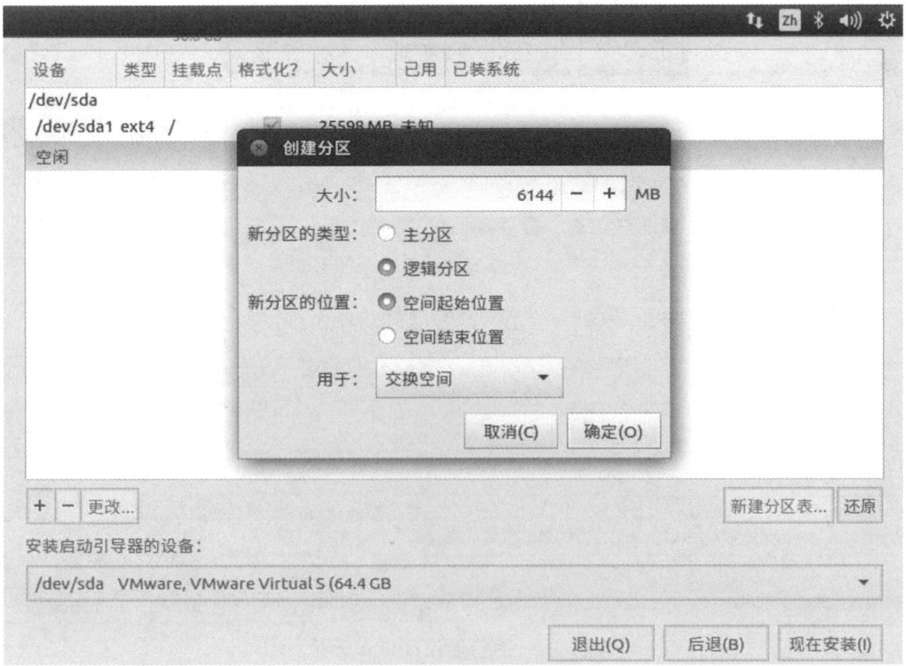

图 1-23　手动创建 swap 分区

图 1-24　手动创建/boot 分区

图 1-25　手动创建/home 分区

图 1-26 各分区情况

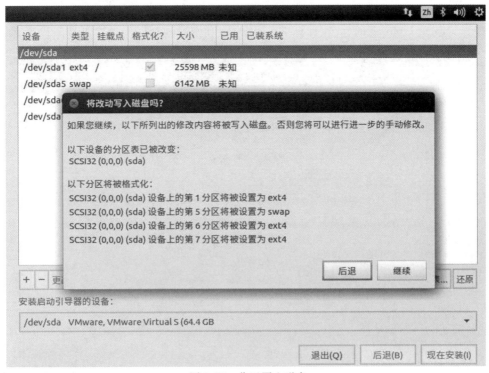

图 1-27 分区写入磁盘

⑧在"选择您的键盘布局"列表框中选择"汉语",等待文件复制完成,继续进行下一步设置,如图 1-28 所示。

图 1-28　选择键盘布局

⑨设置登录 Ubuntu 的姓名、计算机名、用户名和密码,密码需牢记,如图 1-29 所示。

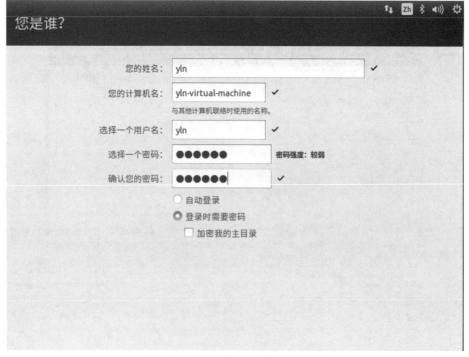

图 1-29　设置 Ubuntu 用户名和密码

⑩继续安装系统,下载语言包,如图 1-30 所示。此处需要等待较长一段时间,完成后会提示安装完毕,并重启计算机,如图 1-31 所示。此处重启计算机指的是重启虚拟机里的计算机。最后单击"现在重启"按钮。

图 1-30 下载语言包

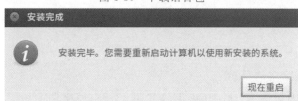

图 1-31 提示重启计算机

⑪重启完成后,正式安装完毕,进入全新的 Ubuntu 桌面,如图 1-32 所示。

图 1-32 进入 Ubuntu

1.2.2　Linux 常用命令

1. cd 命令：切换目录

(1) 切换到目录"/test/ln"，命令如下：

cd /test/ln

(2) 切换到当前目录的上一级目录，命令如下：

cd ..

(3) 切换到当前登录 Linux 系统的用户的自己的主文件夹，命令如下：

cd ~

2. ls 命令：查看文件与目录

查看目录"/test"下的所有文件和目录，命令如下：

cd /test

ls -al

3. mkdir 命令：新建目录

(1) 进入"/test"目录，创建一个名为"zj"的目录，并查看"/test"目录下已经存在哪些目录，命令如下：

cd /test

mkdir zj

ls -al

(2) 进入"/test"目录，创建目录"t1/t2"，命令如下：

cd /test

mkdir -p t1/t2

4. rmdir 命令：删除空的目录

(1) 将上面创建的目录 zj（在"/test"目录下面）删除，命令如下：

cd /test

rmdir zj

(2) 删除上面创建的目录"t1/t2"（在"/test"目录下面），然后查看"/test"目录下存在哪些目录，命令如下：

cd /test

rmdir -p t1/t2

ls -al

5. cp 命令：复制文件或目录

(1) 将当前用户的主文件夹下的文件.bashrc 复制到目录"/usr"下，并重命名为 bashrc1，命令如下：

cp ~/.bashrc /usr/bashrc1

(2) 在目录"/tmp"下新建目录 test，再把这个目录复制到"/usr"目录下，命令如下：

cd /tmp

mkdir test

cp -r /tmp/test /usr

6. mv 命令：移动文件与目录，或更名

(1) 将"/test"目录下的文件 inp 移动到"/test/t1"目录下，命令如下：

mv /test/inp /test/t1

(2)将"/test"目录下的 t1 目录重命名为 tt1,命令如下:

mv /test/t1 /test/tt1

7.rm 命令:移除文件或目录

(1)将"/test"目录下的 inp 文件删除,命令如下:

rm /test/inp

(2)将"/test"目录下的 t2 目录删除,命令如下:

rm -r /test/t2

8.cat 命令:查看文件内容

查看当前 etc 目录下的 profile 文件内容,命令如下:

cat /etc/profile

9.tac 命令:反向查看文件内容

反向查看 etc 目录下的 profile 文件的内容,命令如下:

tac /etc/profile

10.more 命令:一页一页翻动查看

翻页查看 etc 目录下的 profile 文件的内容,命令如下:

more /etc/profile

11.head 命令:取出前面几行

(1)查看 etc 目录下的 profile 文件内容前 20 行,命令如下:

head -n 20 /etc/profile

(2)查看 etc 目录下的 profile 文件内容,后面 50 行不显示,只显示前面几行,命令如下:

head -n -50 /etc/profile

12.tail 命令:取出后面几行

(1)查看 etc 目录下的 profile 文件内容最后 20 行,命令如下:

tail -n 20 /etc/profile

(2)查看 etc 目录下的 profile 文件内容,并且只列出 50 行以后的数据,命令如下:

tail -n +50 /etc/profile

13.touch 命令:修改文件时间或创建新文件

(1)在"/test"目录下创建一个空文件 abc,并查看文件时间,命令如下:

cd /test

touch abc

ls -l abc

(2)修改 abc 文件,将文件时间设置为 5 天前,命令如下:

touch -d "5 days ago" abc

14.chown 命令:修改文件所有者权限

将 abc 文件所有者改为 root 帐号,并查看属性,命令如下:

chown root /test/abc

ls -l /test/abc

15.find 命令:文件查找

找出主文件夹下文件名为 abc 的文件,命令如下:

find ~ -name abc

16.tar 命令:压缩命令

(1)在根目录"/"下新建文件夹"follow",然后在根目录"/"下打包成 follow.tar.gz,命令如下:

mkdir /follow

tar -zcv -f /follow.tar.gz test

(2)把上面的 follow.tar.gz 压缩包,解压缩到"/test"目录,命令如下:

tar -zxv -f /follow.tar.gz -C /test

> **注意** 有些语句因为权限问题,如果不是在 root 用户下,需要在语句前面加上 sudo 才能成功执行。

第 2 章 Hadoop 初体验

目标

- 了解 Hadoop 是什么？
- 了解 Hadoop 的发展简史及 Hadoop 的优势；
- 了解 Hadoop 版本；
- 熟悉 Hadoop 整个生态系统，除了 HDFS 和 MapReduce 两大核心组件外，还包括 Hbase、Hive、Mahout、Zookeeper、Flume 等；
- 熟悉 Hadoop 伪分布式环境的安装和配置。

第 2 章 Hadoop 初体验
- 2.1 理论任务：初识 Hadoop
  - 2.1.1 Hadoop 概述
  - 2.1.2 Hadoop 发展简史
  - 2.1.3 Hadoop 版本
  - 2.1.4 Hadoop 生态圈
- 2.2 实践任务：Hadoop 安装与配置

2.1 理论任务：初识 Hadoop

Hadoop 是 Apache 基金会所开发的一个开源的并且可以运行在大规模集群上的分布式计算平台，其设计核心为分布式文件系统 HDFS 和并行计算框架 MapReduce。HDFS 为海量数据提供了分布式存储，MapReduce 则为海量数据提供了计算。用户可以在不了解分布式底层细节的情况下，开发分布式程序，并充分利用集群的威力进行高速运算及存储。Hadoop 在大数据处理方面得到广泛的应用。

本章主要从 Hadoop 的发展简史及其版本，Hadoop 的优势及 Hadoop 整个生态系统等多个方面介绍 Hadoop。

2.1.1　Hadoop 概述

Hadoop 是 Apache 软件基金会用 Java 语言开发的一个开源分布式计算平台,实现在大量计算机组成的集群中对海量数据进行分布式计算,是一种适合大数据的分布式存储和计算的平台。借助于 Hadoop,程序员可以轻松地编写分布式并行程序,并将其运行于计算机集群上,完成海量数据的存储与计算。

2.1.2　Hadoop 发展简史

1. Hadoop 名字的由来

Hadoop 这个名字并不是一个缩写,它是一个虚构的名字。关于 Hadoop 这个名字,该项目的创建者 Doug Cutting 的解释为:"这个名字是我的孩子给一个棕黄色的大象玩具命名的。我的命名标准就是简短、容易发音和拼写,没有太多的意义,并且不会被用于别处。小孩子恰巧是这方面的高手。"

更有趣的是,Hadoop 后续的很多子项目和模块都是以这种风格进行命名,比如 Hive、Pig 等。

2. Hadoop 的诞生及历程

Hadoop 是由 Apache 项目 Lucene 的创始人 Doug Cutting 创建。Doug Cutting 毕业于美国斯坦福大学,1997 年底,Doug Cutting 开始研究如何用 Java 实现全文文本搜索,最终开发出全球第一个开源全文文本搜索系统函数库——Apache Lucene。之后 Doug Cutting 和 Mike Cafarella 决定开发一款可以代替当时主流搜索产品的开源搜索引擎,取名 Nutch。

Hadoop 是起源于 Nutch,Nutch 是一个以 Lucene 为基础实现的搜索引擎系统,Lucene 为 Nutch 提供了文本检索和索引的 API。Nutch 不仅仅有检索的功能,还有网页数据采集的功能。

Doug Cutting 和 Mike Cafarella 于 2002 年开始研发 Nutch 系统,但是他们很快发现他们设计的架构很难扩展到数十亿级别的网页规模,因为有这样规模的搜索引擎系统要涉及网页的分布式存储问题以及分布式建立索引的问题。而正在此时,Google 公布了支撑其搜索引擎服务的分布式文件系统架构设计——Google's Distributed Filesystem。这种被称为 GFS 的基础架构很快引起了他们的注意,并被成功引入 Nutch 系统中,在 Nutch 中被命名为 Nutch 分布式文件系统——NDFS,正是有了 NDFS 才解决了 Nutch 搜索引擎系统中网页等海量数据的存储问题。2004 年,Google 又公布了一种并行计算模型 MapReduce 的设计论文——MapReduce:Simplified Data Processing On Large Clusters。紧接着在 2005 年,Nutch 就已经实现了这种高效的并行计算模型来解决数十亿级别以上网页的分布式采集及索引构建。很快他们就发现这种 NDFS 和 MapReduce 模型不仅可以用来解决搜索引擎中的海量网页问题,同时还具有通用性,可以用来构建一种分布式的集群系统。2006 年,这两个模块就从 Nutch 中独立出来,并被正式命名为 Hadoop。因此在 Nutch-0.8.0 版本之前,Hadoop 其实还属于 Nutch 的一部分,而从 Nutch-0.8.0 开始,将其实现的 NDFS 和 MapReduce 剥离出来成立一个新的开源项目,这就是目前众所周知的 Hadoop 平台。

2008 年 1 月,Hadoop 发展成为 Apache 顶级项目;2008 年 4 月,Hadoop 就成为最快的 TB 级数据排序系统。通过一个 900 节点的集群,在 209 s 内完成了对 1 TB 数据的排序,打破了世界纪录,这标志着 Hadoop 取得成功。

近十年来,Hadoop 的主要发展历程如下:
- 2008 年 6 月,Hive 成为 Hadoop 的子项目。
- 2009 年 7 月,MapReduce 和 HDFS 成为 Hadoop 项目的独立子项目。
- 2010 年 5 月,HBase 脱离 Hadoop 项目,成为 Apache 顶级项目。
- 2010 年 9 月,Hive 脱离 Hadoop 项目,成为 Apache 顶级项目。
- 2010 年 9 月,Pig 脱离 Hadoop 项目,成为 Apache 顶级项目。
- 2011 年 1 月,Zookeeper 脱离 Hadoop 项目,成为 Apache 顶级项目。
- 2011 年 12 月,Hadoop 1.0.0 版本发布。
- 2012 年 5 月,Hadoop 2.0.0-alpha 版本发布,YARN 成为 Hadoop 子项目。
- 2012 年 10 月,Impala 加入 Hadoop 生态系统。
- 2013 年 10 月,Hadoop 2.2.0 版本发布。
- 2014 年 2 月,Spark 代替 MapReduce 成为 Hadoop 默认执行引擎,并成为 Apache 顶级项目。
- 2015 年 4 月,Hadoop 2.7.0 版本发布。
- 2016 年 7 月,Spark 2.0.0 版本发布。
- 2017 年 12 月,Hadoop 3.0.0 GA 版本发布。
- 2018 年 8 月,Hadoop 3.1.1 版本发布。
- 2019 年 2 月,Hadoop 3.1.2 版本发布。

3. Hadoop 优势

Hadoop 是一个能够对大量数据进行分布式处理的软件框架,擅长存储大量的非结构化的数据集,也擅长分布式计算,可以快速地跨多台机器处理大型数据集合。Hadoop 是一个能够让用户轻松使用的分布式计算平台,用户可以轻松地在 Hadoop 上开发和运行处理海量数据的应用程序。如今,Hadoop 在大数据处理中应用广泛,主要具备以下优势:

(1)高可靠性

Hadoop 存储采用冗余数据副本存储方式,即使某一个数据副本发生故障,其他数据副本同样可以保证正常对外提供服务。

(2)高扩展性

Hadoop 是在可用的计算机集群间分配数据并完成计算任务的,这些集群规模可以方便地扩展到数以千计的计算机节点上。

(3)高效性

Hadoop 以并行的方式工作,通过大规模的并行处理来加快数据的处理速度,并保证各个节点的动态平衡,因此保证了集群的整体处理速度。

(4)高容错性

Hadoop 能够自动保存数据的多个副本,并且能够自动将失败的任务重新分配。

(5)低成本

Hadoop 可以采用廉价的计算机集群,成本较低,普通用户也可以使用自己的 PC 机搭建 Hadoop 的运行环境。而且 Hadoop 是开源的,与一体机、商用数据仓库等相比,项目的软件成本也会大大降低。

另外，Hadoop 的并行计算框架使用 Java 语言编写，因此运行在 Linux 生产平台上是非常理想的。当然，Hadoop 上的应用程序也可以使用其他语言编写，比如 C++。

2.1.3 Hadoop 版本

1. Apache Hadoop 版本

Apache Hadoop 版本分为三代，第一代 Hadoop 称为 Hadoop 1.0；第二代 Hadoop 称为 Hadoop 2.0；第三代 Hadoop 称为 Hadoop 3.0。第一代 Hadoop 包含三个大版本，分别是 0.20.x、0.21.x 和 0.22.x。其中，0.20.x 最后演化成 1.0.x，变成了稳定版，而 0.21.x 和 0.22.x 则增加了 NameNode HA 等新的重大特性。第二代 Hadoop 包含两个版本，分别是 0.23.x 和 2.x，它们完全不同于 Hadoop 1.0，而是一套全新的架构，均包含 HDFS Federation 和 YARN(Yet Another Resource Negotiator)两个系统。第三代 Hadoop 3.0 于 2017 年 12 月发布正式版本，Hadoop 3.0 中引入了一些重要的功能和优化，包括 HDFS 可擦除编码、多 Namenode 支持、MR Native Task 优化、YARN 基于 cgroup 的内存和磁盘 IO 隔离、YARN container resizing 等特性。

下面简单列出 Hadoop 2.0 版本和 Hadoop 3.0 版本的重要特性。

(1) Hadoop 2.0 版本关键特性

① YARN

YARN 是"Yet Another Resource Negotiator"的简称，它是 Hadoop 2.0 引入的一个全新的通用分布式资源管理系统，可运行各种应用程序和框架，比如 MapReduce、Tez、Storm、Spark 等，它的引入使得各种应用运行在一个集群中成为可能。YARN 是在 MapReduce1 基础上衍化而来的，是 MapReduce 发展到一定程度的必然产物，它的出现使得 Hadoop 计算类应用进入平台化时代。

② HDFS 单点故障得以解决

Hadoop 2.0 同时解决了 NameNode 单点故障问题和内存受限问题。其中，单点故障是通过主 NameNode 和备用 NameNode 切换实现的，这是一种古老的解决服务单点故障的方案，主、备 NameNode 之间通过一个共享存储同步元数据信息，因此共享存储系统的选择成为关键，而 Hadoop 则提供了 NFS、QJM 和 Bookeeper 三种可选的共享存储系统。

③ HDFS Federation

前面提到 HDFS 的 NameNode 存在内存受限问题，该问题也在 Hadoop 2.2.0 版本中得到了解决。这是通过 HDFS Federation 实现的，它允许一个 HDFS 集群中存在多个 NameNode，每个 NameNode 分管一部分目录，而不同 NameNode 之间彼此独立，共享所有 DataNode 的存储资源。但 NameNode Federation 中的每个 NameNode 仍存在单点问题，需要为每个 NameNode 提供一个备份以解决单点故障问题。

④ HDFS 快照

HDFS 快照是指 HDFS 文件系统在某一时刻的只读镜像，它的出现使得管理员可定时为重要文件或目录做快照，以防止数据误删、丢失等。

⑤ 支持 Windows 操作系统

在 Hadoop 2.2.0 版本之前，Hadoop 仅支持 Linux 操作系统，而 Windows 操作系统仅作为实验平台使用。从 Hadoop 2.2.0 开始，Hadoop 开始支持 Windows 操作系统。

(2) Hadoop 3.0 新特性

Hadoop 3.0 在功能和性能方面，对 Hadoop 内核进行了多项重大改进，主要包括：

① Hadoop Common

精简了 Hadoop 内核，包括剔除过期的 API 和实现，将默认组件实现替换成最高效的实现。Classpath isolation 以防止不同版本 jar 包冲突，比如 google Guava 在混合使用 Hadoop、HBase 和 Spark 时，很容易产生冲突。对 Hadoop 的管理脚本进行了重构，增加了新特性，支持动态命令等。

② Hadoop HDFS

HDFS 支持数据的擦除编码，这使得 HDFS 在不降低可靠性的前提下，节省一半存储空间；提供多 NameNode 支持，即支持一个集群中包括一个 active namenode 和多个 standby namenode 的部署方式；为 MapReduce 增加了 C/C++ 的 map output collector 实现，通过作业级别参数调整就可以切换到该实现上。对于 shuffle 密集型应用，其性能可提高约 30%；MapReduce 内存参数会自动推断，在 Hadoop 2.0 中，为 MapReduce 作业设置内存参数非常烦琐，一旦设置不合理，则会使得内存资源浪费严重。

③ Hadoop YARN

基于 cgroup 的内存隔离和 IO Disk 隔离；用 curator 实现 RM leader 选举；container-resizing；Timelineserver next generation 等。

2. Hadoop 商业发行版

Hadoop 的发行版除了社区的 Apache Hadoop 外，Cloudera、Hortonworks、MapR、IBM、华为等都提供了自己的商业版本。商业版主要是提供了专业的技术支持，这对一些大型企业尤为重要。每个发行版都有自己的一些特点，以下对部分做些简单介绍。

2008 年成立的 Cloudera 是最早将 Hadoop 商用的公司，为合作伙伴提供 Hadoop 的商用解决方案，主要是包括技术支持、咨询服务、培训等。2009 年 Hadoop 的创始人 Doug Cutting 也任职于 Cloudera 公司。Cloudera 公司产品主要为 CDH（Cloudera Distribution Hadoop）、Cloudera Manager、Cloudera Support。CDH 是 Cloudera 公司的 Hadoop 发行版，完全开源，比 Apache Hadoop 在兼容性、安全性、稳定性上有所增加。Cloudera Manager 是集群的软件分发及管理监控平台，可以在几个小时内部署好一个 Hadoop 集群，并对集群的节点及服务进行实时监控。Cloudera Support 即是对 Hadoop 的技术支持。

2011 年成立的 Hortonworks 是雅虎与硅谷风投公司 Benchmark Capital 合资组建的公司。Hortonworks 的主打产品是 Hortonworks Data Platform（HDP），也同样是 100% 开源的产品。HDP 除了常见的项目外还包含了 Ambari，一款开源的安装和管理系统；HCatalog，一个元数据管理系统。

Cloudera 公司和 Hortonworks 公司均是在不断地修改完善 Apache Hadoop，而 2009 年成立的 MapR 公司则提供了一款独特的 Hadoop 发行版。用新架构重写 HDFS，构建了一个 HDFS 的私有替代品，这个替代品比当前的开源版本快三倍，自带快照功能，而且支持无 Namenode 单点故障（SPOF），并且和现有 HDFS 的 API 兼容，比较容易替换原有系统。MapR 有免费和商业两个版本，免费版本在功能上有所缩减。

IBM 推出的 InfoSphere BigInsights 软件包括 Apache Hadoop 发行版、面向 MapReduce 编程的 Pig 编程语言、针对 IBM 的 DB2 数据库的连接件以及 IBM BigSheets，后者是一种基于

浏览器的、使用电子表格隐喻的界面,用于探究和分析 Hadoop 里面的数据。IBM 在平台管理,安全认证,作业调度算法,DB2 及 netezza 的集成上做了增强。

华为在硬件上具有天然的优势,在网络、虚拟化、PC 机等都有很强的硬件实力。华为的 Hadoop 版本基于自研的 Hadoop HA 平台,构建 NameNode、JobTracker、HiveServer 的 HA 功能,进程故障后系统自动 Failover,无须人工干预,这个也是对 Hadoop 的小修补。

2.1.4　Hadoop 生态圈

经过多年的发展,Hadoop 已经不只是 HDFS 和 MapReduce 的代名词了,已经发展成为庞大的生态系统。Hadoop 生态系统除了包括核心的 HDFS 和 MapReduce 外,还包括了 YARN、Zookeeper、Hive、HBase、Ambari、Oozie、Mahout、Pig、Flume、Sqoop 等。以下为 Hadoop 2.0 以上版本的生态系统图,如图 2-1 所示:

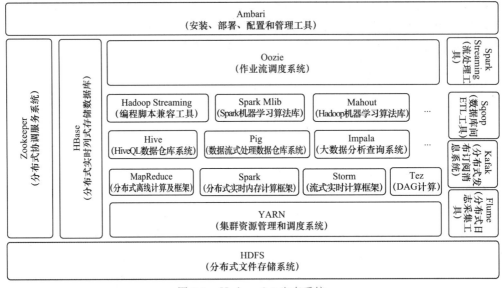

图 2-1　Hadoop 2.0 生态系统

接下来,简单介绍 Hadoop 生态系统中的各个组件。

1. HDFS

Hadoop 分布式文件系统(Hadoop Distributed File System,简称 HDFS)是 Hadoop 项目的两大核心之一,是针对谷歌文件系统(Google File System,简称 GFS)的开源实现。HDFS 是分布式计算中数据存储管理的基础,是基于流数据模式访问和处理超大文件的需求而开发的,可以运行在廉价的商用服务器上。它所具有的高容错性、高可靠性、高可扩展性、高获得性、高吞吐率等特征为海量数据提供了不怕故障的存储,为超大数据集的应用处理带来了很多便利。对于超大数据集的应用程序而言,选择 HDFS 作为底层数据存储是较好的选择。

2. MapReduce

MapReduce 是 Hadoop 项目的两大核心之一,是针对谷歌 MapReduce 的开源实现。MapReduce 是一种编程模型(也称为计算模型),用于大规模数据集(大于 1 TB)的并行运算。它将复杂的运行于大规模集群上的并行计算过程高度地抽象到了两个函数——Map

(映射)和 Reduce(归约)中,并且允许用户在无须了解分布式系统底层细节的情况下开发并行应用程序,并将其运行于廉价计算机集群上,完成海量数据的处理。MapReduce 的核心思想是"分而治之",它把输入的数据集切分为若干独立的数据块,分发给一个主节点管理下的各个分节点来共同并行完成。最后通过整合汇总各个节点的中间结果,得到最终结果。

在 Hadoop 1.0 版本中,MapReduce 既是一个计算框架,也是一个资源管理调度框架。MapReduce 架构采用主、从结构,包括一个 JobTracker 主节点,负责资源监控和作业调度;多个 TaskTracker 从节点,负责执行各节点的具体任务。

到了 Hadoop 2.0,MapReduce 中的资源管理调度功能,被单独分离出来形成了 YARN (Yet Another Resource Negotiator),它是一个纯粹的资源管理调度框架。而被剥离了资源管理调度功能的 MapReduce 框架就变成了 MapReduce 2.0,它是运行在 YARN 之上的一个纯粹的计算框架,不再自己负责资源调度管理服务,而是由 YARN 为其提供资源管理调度服务。

3.YARN

Apache Hadoop YARN(Yet Another Resource Negotiator,另一种资源协调者)是一种新的 Hadoop 集群资源管理器,它是一个通用资源管理系统,可为上层应用提供统一的资源管理和调度,它的引入为集群在利用率、资源统一管理和数据共享等方面带来了巨大好处。

YARN 是 Hadoop 2.0 中的资源管理系统,它的基本设计思想是将 MapReduce 版本 1 中的 JobTracker 拆分成两个独立的服务:一个是全局的 ResourceManager(RM,全局群集资源管理器),一个是每个应用程序特有的 ApplicationMaster(AM,专用的 JobTracker)。其中 ResourceManager 负责整个系统的资源管理和分配,而 ApplicationMaster 负责单个应用程序的管理,如图 2-2 所示。YARN 架构图如图 2-3 所示。

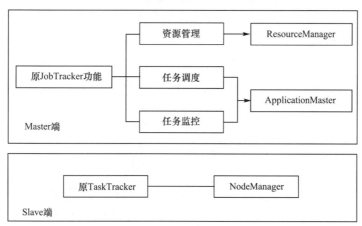

图 2-2 YARN 功能拆分

YARN 分层结构的本质是 ResourceManager,其作用是控制整个集群并管理应用程序向基础计算资源的分配,是以一个后台进程的形式运行。ResourceManageer 会追踪集群中有多少可用的活动节点和资源,通过某种共享的、安全的、多租户的方式制定分配(或者调度)决策(例如,依据应用程序的优先级、队列容量、数据位置等),将各个资源部分(计算、内存、带宽等)精心安排给基础 NodeManager(运行在单个节点的代理)。当用户提交一个应用程序时,ApplicationMaster 轻量级进程实例会启动协调应用程序内的所有任务的执行,包括监视任务;重新启动失败的任务;推测的运行缓慢的任务;以及计算应用程序计数值的总和。

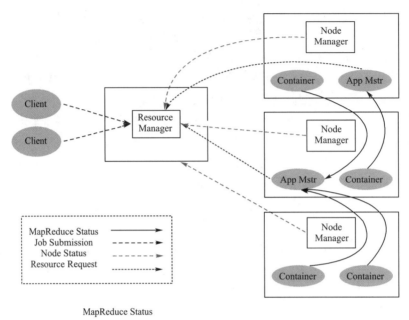

图 2-3　YARN 架构图

NodeManager 管理一个 YARN 集群中的每个节点,并提供针对集群中每个节点的服务,从监督一个容器的终生管理到监视资源和跟踪节点健康。MapReduce 1 通过插槽管理 Map 和 Reduce 任务的执行,而 NodeManager 管理抽象容器,这些容器代表着可供一个特定应用程序使用的针对每个节点的资源。YARN 可以继续使用 HDFS 层。

使用一个 YARN 集群,首先需要接收到包含应用程序的客户的请求;收到请求后,ResourceManager 会协商一个容器的必要资源,启动一个 ApplicationMaster 来表示已提交的应用程序。通过使用一个资源请求协议,ApplicationMaster 协商每个节点上供应用程序使用的资源容器。执行应用程序时,一直由 ApplicationMaster 监视容器。当应用程序完成执行后,ApplicationMaster 从 ResourceManager 注销其容器,执行周期即完成。

4. HBase

HBase 是针对谷歌 BigTable 的开源实现,是一个高可靠、高性能、面向列、可伸缩的分布式数据库,主要用来存储非结构化和半结构化的松散数据,一般采用 HDFS 作为其底层数据存储。HBase 提供对数据的随机实时读、写访问,可以直接(或通过 HBase)存储 HDFS 数据,并且可以使用 HBase 在 HDFS 读取随机访问数据。HBase 和传统关系数据库存在一个重要的区别,传统关系数据库是基于行的存储,而 HBase 是基于列的存储;HBase 具有良好的横向扩展能力,可以通过不断增加廉价的商用服务器来增加其存储能力。

物理上来说,HBase 是由主节点 HMaster、Region 节点 HRegionServer 以主从模式构成。其中,HMaster 主要负责 Table 表和 HRegion 的管理工作,比如 Region 的分配、管理 HRegionServer 的负载均衡等;HRegionServer 主要负责数据的读写服务;用户通过沟通 HRegionServer 来实现对数据的访问。

5. Hive

Hive 是基于 Hadoop 的一个数据仓库工具，并提供简单的类 SQL 的 HiveQL 语言实现查询功能，可以将类 SQL 语句转换为 MapReduce 任务进行运行。其优点是学习成本低，可以通过类 SQL 语句快速实现简单的 MapReduce 统计，不必开发专门的 MapReduce 应用，减少开发人员的学习成本，主要适合数据仓库的统计分析。

Hive 底层封装了 Hadoop 的数据仓库处理工具，使用类 SQL 的 HiveQL 语言实现数据查询，Hive 的数据存储在 Hadoop 兼容的文件系统（例如，HDFS）中。Hive 在加载数据过程中不会对数据进行任何的修改，只是将数据移动到 Hive 所设定的目录下。Hive 主要用于静态的结构以及需要经常分析的工作，其语言 HiveQL 与 SQL 相似，促使 Hive 成为 Hadoop 与其他 BI 工具结合的理想交集。

6. Pig

Pig 是一种数据流语言和运行环境，用于检索非常大的数据集。Pig 为大型数据集的处理提供了一个更高层次的抽象。与 MapReduce 相比，Pig 提供了更丰富的数据结构，还提供了一套更强大的数据变换操作，包括在 MapReduce 中被忽视的连接 Join 操作。

Pig 包括两个部分：

(1) 用于描述数据流的语言，称为 Pig Latin。

(2) 用于执行 Pig Latin 语言的执行环境，当前有两个：单 JVM 中的本地执行环境和 Hadoop 集群上的分布式执行环境。

Pig Latin 语言的编译器会把类 SQL 的数据分析请求转换为一系列经过优化处理的 MapReduce 运算。Pig 为复杂的海量数据并行计算提供了一个简单的操作和编程的接口。在 Pig 内部，每个操作或变换均是对输入进行数据处理，然后产生输出结果，这些变换操作被转换成一系列 MapReduce 作业，Pig 让程序员不需要知道这些转换具体是如何进行的，这样程序员可以将精力集中在数据上，而非执行的细节上。

7. Mahout

Mahout 是 Apache 软件基金会旗下的一个开源项目，是 Hadoop 系统基于 MapReduce 开发的数据挖掘/机器学习库，提供一些可扩展的数据挖掘/机器学习领域经典算法的实现，旨在帮助开发人员更加方便快捷地创建智能应用程序。Mahout 实现了大部分常用的数据挖掘算法，包括聚类、分类、推荐、频繁子项挖掘等。此外，通过使用 Apache Hadoop 库，Mahout 还可以有效地扩展到云中。

8. Zookeeper

Zookeeper 是一个开源的分布式协调服务，它为分布式应用提供了高效且可靠的分布式协调服务，提供了诸如统一命名空间服务、配置服务和分布式锁等分布式基础服务。Zookeeper 是 Google 的 Chubby 一个开源的实现，它是集群的管理者，监视着集群中各个节点的状态。根据节点提交的反馈进行下一步合理操作，最终将简单易用的接口和性能高效、功能稳定的系统提供给用户。Zookeeper 的目标就是封装好复杂易出错的关键服务，将简单易用的接口和性能高效、功能稳定的系统提供给用户。

Zookeeper 中的角色主要有以下三类，见表 2-1：

表 2-1　　　　　　　　　　　　Zookeeper 中的角色

角色		描述
领导者(Leader)		领导者负责进行投票的发起和决议,更新系统状态
学习者 (Learner)	跟随者 （Follower）	Follower 用于接受客户请求并向客户端返回结果,在选举过程中参与投票
	观察者 （ObServer）	ObServer 可以接收客户端连接,将写请求转发给 Leader 节点。但 ObServer 不参加投票过程,只同步 Leader 的状态。ObServer 的目的是为了扩展系统,提高读取速度
客户端(Client)		请求发起方

Zookeeper 使用了一个和文件树结构相似的数据模型,每个子目录项都被称作 znode,znode 能够自由增加、删除,并且可以存储数据。Zookeeper 包括四种类型的 znode:

(1)PERSISTENT:持久化目录节点

客户端与 Zookeeper 断开连接后,该节点依旧存在。

(2)PERSISTENT_SEQUENTIAL:持久化顺序编号目录节点

客户端与 Zookeeper 断开连接后,该节点依旧存在,只是 Zookeeper 给该节点名称进行顺序编号。

(3)EPHEMERAL:临时目录节点

客户端与 Zookeeper 断开连接后,该节点被删除。

(4)EPHEMERAL_SEQUENTIAL:临时顺序编号目录节点

客户端与 Zookeeper 断开连接后,该节点被删除,只是 Zookeeper 给该节点名称进行顺序编号。

另外,客户端注册监听所关心的目录节点时,当目录节点发生任何变化,比如数据改变、被删除或者子目录节点增加删除时,Zookeeper 都会通知客户端。

9.Sqoop

Sqoop 是 Apache 旗下一款适用于 Hadoop 和关系型数据库服务器之间传送数据的开源工具。通过 Sqoop,可以方便地将数据从 Mysql、Oracle 等关系数据库中导入到 Hadoop 的 HDFS、Hive、HBase 等数据存储系统,也可以将数据从 Hadoop 的文件系统中导出到 Mysql 等关系数据库中,使得 Hadoop 和传统关系数据库之间的数据迁移变得非常方便。Sqoop 的功能如图 2-4 所示。

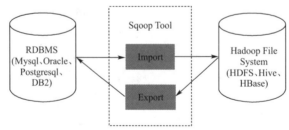

图 2-4　Sqoop 功能图

Sqoop 的底层转换操作是通过 MapReduce 去实现的,但只涉及 Map 而没有使用 Reduce,并通过 JDBC 和关系数据库进行交互。理论上,支持 JDBC 的关系数据库都可以使用

Sqoop 和 Hadoop 进行数据交互。

10.Flume

Flume 是 Cloudera 公司提供的一个高可用的、高可靠的、分布式的海量日志采集、聚合和传输的系统,Flume 支持在日志系统中定制各类数据发送方,用于收集数据。同时,Flume 提供对数据进行简单处理,并写到各种数据接受方(可定制)的能力。Flume 还提供了从 console(控制台)、RPC(Thrift-RPC)、text(文件)、tail(UNIX tail)、syslog(syslog 日志系统)等数据源上收集数据的能力。

11.Oozie

Apache Oozie 是运行在 Hadoop 平台上的一种工作流调度引擎,它可以用来调度和管理 Hadoop 任务(支持 MapReduce、Spark、Pig、Hive),把这些任务以 DAG(Directed Acyclic Graph,有向无环图)的方式串接起来。在 Hadoop 执行任务的时候,有时需要把多个 Map/Reduce 作业连接到一起,才能够达到目的。而在一个作业中只有一个 Map 和一个 Reduce 函数,这个时候就需要用到 Oozie。Oozie 可以把多个 Map/Reduce 作业组合到一个逻辑工作单元中,从而完成更大型的任务。对于 Oozie 来说,工作流就是一系列的操作,这些操作均通过有向无环图的机制控制,这种控制依赖指的是一个操作的输入依赖于前一个任务的输出,只有前一个操作全部完成后,才能开始第二个。Oozie 工作流通过 hPDL 定义(hPDL 是一种 XML 的流程定义语言)。工作流操作通过远程系统启动任务。当任务完成后,远程系统会进行回调来通知任务已经结束,然后再开始下一个操作。Oozie 属于 Web 应用程序,由 Oozie Client 和 Oozie Server 两个组件构成。

12.Tez

Tez 是 Apache 基于 Hadoop YARN 上的支持 DAG(Directed Acyclic Graph,有向无环图)作业的开源计算框架。它把 MapReduce 过程拆分成若干个子过程,同时可以把多个 MapReduce 任务组合成一个较大的 DAG 任务,减少了 MapReduce 之间的临时结果文件存储,同时合理组合其子过程,减少任务的运行时间。Tez 并不直接面向最终用户,它允许开发者为最终用户构建性能更快、扩展性更好的应用程序。

MapReduce 计算框架比较适合批量大数据的离线处理及分析,但是有些场景也并不太适合,例如机器学习等。Tez 的目的就是帮助 Hadoop 处理这些用例场景。Tez 项目的目标是支持高度定制化,这样它就能够满足各种用例的需要,让人们不必借助其他的外部方式就能完成自己的工作。比如 Hive 和 Pig 等项目使用 Tez 作为数据处理的骨干,则可以显著提升它们的响应时间。

13.Ambari

Apache Ambari 是一种基于 Web 的 Hadoop 管理工具,可以快捷地监控、部署和管理 Apache Hadoop 集群。Ambari 目前已支持大多数 Hadoop 组件,包括 HDFS、MapReduce、Hive、Pig、HBase、Zookeeper、Sqoop 和 HCatalog 等。

Ambari 目前主要取得的成绩包括:

(1)通过一步一步地安装向导简化了集群供应。

(2)预先配置好关键的运维指标(metrics),可以直接查看 Hadoop Core(HDFS 和 MapReduce)及相关项目(如 HBase、Hive 和 HCatalog)是否健康。

(3)支持作业与任务执行的可视化与分析,能够更好地查看依赖和性能。

(4) 通过一个完整的 RESTful API 把监控信息暴露出来,集成现有的运维工具。

(5) 用户界面非常直观,用户可以轻松有效地查看信息并控制集群。

Ambari 使用 Ganglia 收集度量指标,用 Nagios 支持系统报警,当需要引起管理员的关注时(比如,节点停机或磁盘剩余空间不足等问题),系统会向其发送邮件。

此外,Ambari 能够安装安全的(基于 Kerberos)Hadoop 集群,以此实现对 Hadoop 安全的支持,提供了基于角色的用户认证、授权和审计功能,并为用户管理集成了 LDAP 和 Active Directory。

14. Spark

Apache Spark 是一个基于内存计算的大数据并行计算框架,最初在 2009 年由加州大学伯克利分校的 AMPLab 开发,并于 2010 年成为 Apache 的开源项目之一。Spark 是基于 MapReduce 算法实现的分布式计算,拥有 Hadoop MapReduce 所具有的优点;但不同于 MapReduce 的是 Job 中间输出和结果可以保存在内存中,从而不再需要读写 HDFS,因此 Spark 能更好地适用于数据挖掘与机器学习等需要迭代的 MapReduce 的算法,同时 Spark 也比较适合于迭代的实时批数据处理。

2.2 实践任务:Hadoop 安装与配置

Hadoop 的安装方式有三种,分别是单机模式、伪分布式模式和分布式模式。

(1) 单机模式:Hadoop 默认模式为非分布式模式(本地模式),无须进行其他配置即可运行。该模式主要用于开发调试 MapReduce 程序的应用逻辑。

(2) 伪分布式模式:Hadoop 可以在单节点上以伪分布式的方式运行,Hadoop 进程以分离的 Java 进程来运行,节点既作为 NameNode 也作为 DataNode,同时,读取的是 HDFS 中的文件。

(3) 完全分布式模式:使用多个节点构成集群环境来运行 Hadoop。

本教程重点讲解单机伪分布式模式安装步骤。

1. 安装软件的准备

本教程的 Hadoop 安装所涉及的软件安装包主要包括以下:

① hadoop-3.1.1.tar.gz;

② jdk-8u181-linux-x64.tar.gz。

Hadoop 伪分布式安装方式,可以在 Ubuntu 操作系统在线下载安装;也可以提前下载安装包,然后把以上两个安装包发送到虚拟机内的 Ubuntu 操作系统,可以通过安装 VMware tools 工具实现外部操作系统和虚拟机里的操作系统互相通信,也可以通过邮箱进行通信。

2. 用户及 SSH 免密的准备

(1) 创建 Hadoop 用户及授权

进入 Ubuntu 系统,单击"搜索"按钮,输入"ter"即可查找出终端,双击即可打开终端,如图 2-5 所示。

图 2-5 Ubuntu 下打开终端界面

首先通过命令创建一个专门用于 Hadoop 操作的 hadoop 用户。因为刚安装好 Ubuntu 系统,并没有给管理员 root 用户设置密码。所以首先使用 sudo passwd 命令给 root 用户设置密码;再使用 su root(root 可省略)命令切换到 root 用户;再通过语句 sudo adduser hadoop 创建专门的 hadoop 用户,设置好 hadoop 用户的密码,并授权。实现命令及操作效果如图 2-6 所示。

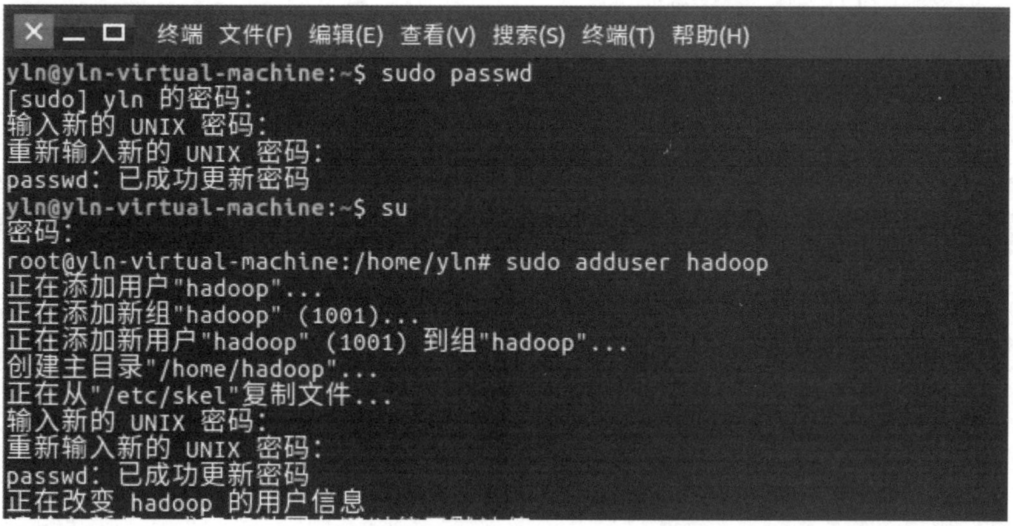

图 2-6 创建 hadoop 用户界面

接下来使用刚创建的 hadoop 用户和密码进入 Ubuntu 系统,使用 su hadoop 命令登录 hadoop 用户,测试 hadoop 用户是否创建成功。若能正常登录,则表示 hadoop 用户创建成功,可以进行授权。

切换到 root 用户，编辑 /etc 目录下的 sudoers 文件，增加 hadoop 用户权限，为教学需要，设置 hadoop 用户权限和 root 用户权限一致，如图 2-7 所示。

su root

以上命令表示切换到 root 用户。

vi /etc/sudoers 或者 gedit /etc/sudoers

以上命令表示编辑 sudoers 文件。

```
# User privilege specification
root    ALL=(ALL:ALL) ALL
hadoop  ALL=(ALL:ALL) ALL
```

图 2-7 设置 hadoop 权限

（2）安装 vim 编辑器

因后续很多操作需要用到编辑器，所以可以安装 vim 编辑器，如果已经安装好编辑器，此步可省略。root 用户下使用命令 sudo apt-get install vim 安装 vim 编辑器，命令如图 2-8 所示。

```
root@yln-virtual-machine:/home/yln# sudo apt-get install vim
E: 无法获得锁 /var/lib/dpkg/lock - open (11: 资源暂时不可用)
E: 无法锁定管理目录(/var/lib/dpkg/)，是否有其他进程正占用它？
```

图 2-8 安装 vim 编辑器

若提示资源暂时不可用，则可以先解锁再安装，命令如图 2-9 所示。

```
root@yln-virtual-machine:/# sudo rm /var/cache/apt/archives/lock
root@yln-virtual-machine:/# sudo rm /var/lib/dpkg/lock
```

图 2-9 解锁

（3）安装 SSH，配置 SSH 无密码登录

Hadoop 集群、单节点模式的安装都需要用到 SSH 登录，类似于远程登录，可以登录某台 Linux 主机，并且在上面运行命令。Ubuntu 默认安装了 SSH client，此外还需要安装 SSH server。在此使用 hadoop 用户进行后续所有操作，切换到 hadoop 用户后，使用以下命令可安装 SSH server，如图 2-10 所示。

sudo apt-get install openssh-server

```
hadoop@yln-virtual-machine:/$ sudo apt-get install openssh-server
```

图 2-10 安装 SSH server

安装后，可以使用以下命令登录本机，效果如图 2-11 所示。

ssh localhost

```
hadoop@yln-virtual-machine:~$ ssh localhost
```

图 2-11 SSH 登录本机命令

SSH 首次登录会有如下提示，如图 2-12 所示需输入 yes，然后按提示输入 hadoop 用户的密码，这样就登录到本机了。但这样的登录方式需要每次输入密码，所以需要配置成 SSH 免密码登录比较方便。

```
The authenticity of host 'localhost (127.0.0.1)' can't be established.
ECDSA key fingerprint is SHA256:Mza6Wx9DHIjOGQFl32QowiBcvcsszrTPySAVvk3GMWA.
Are you sure you want to continue connecting (yes/no)? yes
Warning: Permanently added 'localhost' (ECDSA) to the list of known hosts.
hadoop@localhost's password:
Welcome to Ubuntu 16.04.1 LTS (GNU/Linux 4.4.0-130-generic x86_64)

 * Documentation:   https://help.ubuntu.com
 * Management:      https://landscape.canonical.com
 * Support:         https://ubuntu.com/advantage
```

图 2-12 SSH 首次登录提示

SSH 免密码登录设置。首先退出上述的 ssh，回到终端窗口，利用 ssh-keygen 生成密钥，并将密钥加入授权中。命令如下，执行命令及效果如图 2-13、图 2-14、图 2-15 所示：

exit	#退出 ssh localhost
cd ~/.ssh/	#若没有该目录，请先执行一次 ssh localhost
ssh-keygen -t rsa	#生成密钥
cat ./id_rsa.pub >> ./authorized_keys	#加入授权

```
hadoop@yln-virtual-machine:/$ cd ~/.ssh/
hadoop@yln-virtual-machine:~/.ssh$ ssh-keygen -t rsa
```

图 2-13 生成密钥

```
hadoop@yln-virtual-machine:~/.ssh$ cat ./id_rsa.pub>>./authorized_keys
```

图 2-14 加入授权

```
hadoop@yln-virtual-machine:~$ cd ~/.ssh/
hadoop@yln-virtual-machine:~/.ssh$ ssh-keygen -t rsa
Generating public/private rsa key pair.
Enter file in which to save the key (/home/hadoop/.ssh/id_rsa):
Enter passphrase (empty for no passphrase):
Enter same passphrase again:
Your identification has been saved in /home/hadoop/.ssh/id_rsa.
Your public key has been saved in /home/hadoop/.ssh/id_rsa.pub.
The key fingerprint is:
SHA256:AUb7Ht+7Z8H2AOhiNneBLkGWxL2U+3MiJ/stBr9MU3w hadoop@yln-virtual-machine
The key's randomart image is:
+---[RSA 2048]----+
|      .+o.o .    |
|      . o= +     |
|       .o.. =    |
|       ...= o.   |
|       S+ . +o E |
|       .*oB.*.*. |
|       o.=.O+= + |
|         .o++o . |
|          o**.   |
+----[SHA256]-----+
hadoop@yln-virtual-machine:~/.ssh$ cat ./id_rsa.pub>>./authorized_keys
```

图 2-15 SSH 免密码登录设置

此时使用 ssh localhost 命令，则无须输入密码就可以直接登录了，如图 2-16 所示。

图 2-16　SSH 免密码登录实现

3. 下载并安装 JDK

(1) 下载 JDK 到本地 Linux 虚拟机当前用户的下载目录中。

(2) 为后续操作方便，本教程将 JDK 和 Hadoop 都统一安装到/opt 目录下。进入/opt 目录，首先创建 java 目录，然后解压并安装 JDK 到该目录，使用以下命令实现，操作过程如图 2-17 所示。

　　sudo mkdir /opt/java

　　sudo tar -zxvf jdk-8u181-linux-x64.tar.gz -C /opt/java/

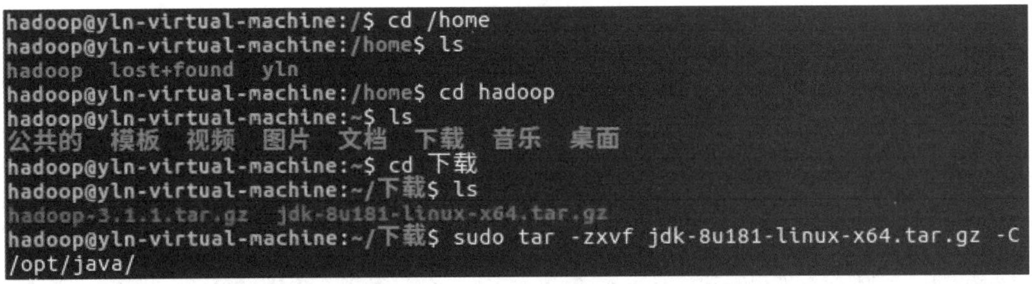

图 2-17　解压安装 JDK

(3) 配置 JDK 环境变量，包括两种方式，通过修改 profile 或者修改.bashrc 设置环境变量，任选其中一种方式即可。本教程通过修改 profile 文件设置环境变量。使用以下命令打开并编辑 profile 文件，配置 JDK 环境变量，效果如图 2-18 所示。

　　sudo vim /etc/profile 或者 sudo gedit /etc/profile

打开 profile 文件，增加如下内容：

export JAVA_HOME=/opt/java/jdk1.8.0_181

export PATH=$PATH:$JAVA_HOME/bin

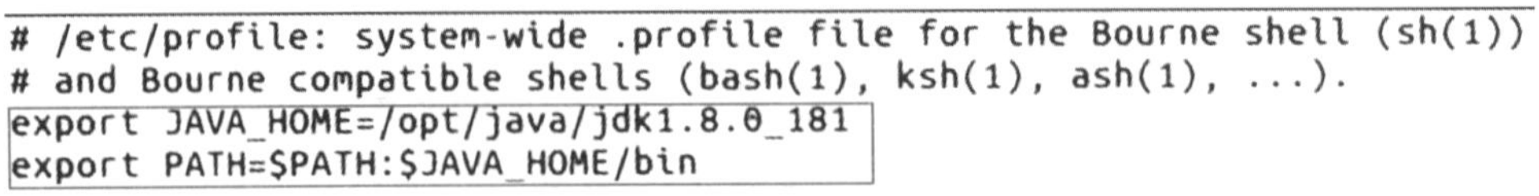

图 2-18　设置环境变量

> **注意** $JAVA_HOME 表示的是 JDK 安装路径。此环境变量的设置需要与各自安装的 JDK 的路径一致。因为本教程的 JDK 是安装在/opt/java/jdk1.8.0_181 目录下的,所以才使用上述配置方式。

(4)使用以下命令重新加载环境变量脚本,使其生效。

source /etc/profile

(5)使用以下命令验证 Java 是否安装成功,如果能正确显示 Java 版本,说明 Java 安装成功,如图 2-19 所示。

java -version

```
hadoop@yln-virtual-machine:/opt/java$ source /etc/profile
hadoop@yln-virtual-machine:/opt/java$ java -version
java version "1.8.0_181"
Java(TM) SE Runtime Environment (build 1.8.0_181-b13)
Java HotSpot(TM) 64-Bit Server VM (build 25.181-b13, mixed mode)
hadoop@yln-virtual-machine:/opt/java$
```

图 2-19 查看 JAVA 版本

4. 下载并安装 Hadoop

(1)下载 Hadoop 安装包

如图 2-20 所示,可以根据自己的需要选择版本,本教程安装版本为 hadoop-3.1.1。

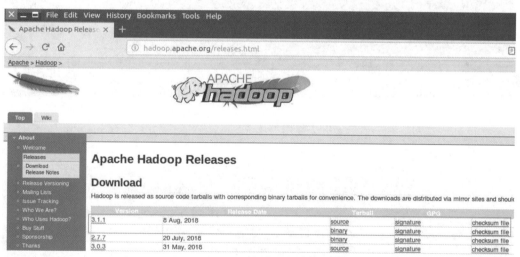

图 2-20 Hadoop 版本下载

(2)解压 Hadoop 安装包

本教程将 Hadoop 解压安装在/opt/bigdata 目录下。首先使用以下命令在/opt 目录下创建 bigdata 目录,再将 Hadoop 解压安装在该目录下,命令如下,操作过程如图 2-21 所示。

sudo mkdir /opt/bigdata   # 创建/opt/bigdata 目录
sudo tar -zxvf hadoop-3.1.1.tar.gz -C /opt/bigdata   # 解压 Hadoop 安装包

图 2-21 Hadoop 解压

在 Hadoop 安装包目录下有几个比较重要的目录,如图 2-22 所示:
① sbin 目录:启动或停止 Hadoop 相关服务的脚本。
② bin 目录:对 Hadoop 相关服务(HDFS、YARN)进行操作的脚本。
③ etc 目录:Hadoop 的配置文件目录。
④ share 目录:Hadoop 的依赖 jar 包和文档。
⑤ lib 目录:Hadoop 的本地库(对数据进行压缩及解压缩操作)。

图 2-22 Hadoop 安装包下的各目录

对 Hadoop 解压并安装后,可以使用"./hadoop version"命令查看 hadoop 版本,检查 Hadoop 是否可用,如图 2-23 所示。

图 2-23 查看 Hadoop 版本

(3)修改文件夹权限

将 hadoop-3.1.1 文件夹属性修改为 hadoop 组的 hadoop 用户,命令及操作效果如图 2-24 所示。

图 2-24 修改文件夹权限

5.配置 Hadoop 环境

(1)搭建 Hadoop 伪分布式环境,除了设置 profile 文件的环境变量,还需要修改 5 个配置文件。接下来详细介绍需要修改的 5 个配置文件。

①进入到 Hadoop 的 etc 目录下,查看需要修改的配置文件,如图 2-25 所示,用方框标出的即是需要修改的 5 个配置文件。

```
cd /opt/bigdata/hadoop-3.1.1/etc/hadoop       #切换到 Hadoop 的 etc 目录
ls                                             #查看该目录下的文件
```

```
hadoop@yln-virtual-machine:/$ cd /opt/bigdata/hadoop-3.1.1/etc/hadoop
hadoop@yln-virtual-machine:/opt/bigdata/hadoop-3.1.1/etc/hadoop$ ls
capacity-scheduler.xml              kms-log4j.properties
configuration.xsl                   kms-site.xml
container-executor.cfg              log4j.properties
core-site.xml                       mapred-env.cmd
hadoop-env.cmd                      mapred-env.sh
hadoop-env.sh                       mapred-queues.xml.template
hadoop-metrics2.properties          mapred-site.xml
hadoop-policy.xml                   shellprofile.d
hadoop-user-functions.sh.example    ssl-client.xml.example
hdfs-site.xml                       ssl-server.xml.example
httpfs-env.sh                       user_ec_policies.xml.template
httpfs-log4j.properties             workers
httpfs-signature.secret             yarn-env.cmd
httpfs-site.xml                     yarn-env.sh
kms-acls.xml                        yarnservice-log4j.properties
kms-env.sh                          yarn-site.xml
hadoop@yln-virtual-machine:/opt/bigdata/hadoop-3.1.1/etc/hadoop$
```

图 2-25 hadoop 需修改的配置文件

②修改第 1 个配置文件 hadoop-env.sh,将 JAVA_HOME 的内容根据读者自己 jdk 的安装路径进行修改,本教程安装路径为/opt/java/jdk1.8.0_181。使用以下命令可以编辑修改 hadoop-env.sh,注意路径的切换,效果如图 2-26 所示。

```
sudo vi hadoop-env.sh 或者 sudo gedit hadoop-env.sh
```

```
hadoop@yln-virtual-machine:~$ cd /opt/bigdata/hadoop-3.1.1/etc/hadoop
hadoop@yln-virtual-machine:/opt/bigdata/hadoop-3.1.1/etc/hadoop$ sudo vi hadoop-
env.sh
```

图 2-26 打开编辑 hadoop-env.sh 配置文件

找到 hadoop-env.sh 文件第 54 行,去掉 # 注释,并将 JAVA_HOME 修改如图 2-27 所示。

```
export JAVA_HOME=/opt/java/jdk1.8.0_181
```

图 2-27 hadoop-env.sh 文件中增加 JAVA_HOME

③修改第 2 个配置文件 core-site.xml,命令如下,操作效果如图 2-28 所示。

```
sudo vi core-site.xml 或者 sudo gedit core-site.xml
```

```
hadoop@yln-virtual-machine:/opt/bigdata/hadoop-3.1.1/etc/hadoop$ sudo vi core-site.xml
```

图 2-28 打开编辑 core-site.xml 配置文件

配置文件 core-site.xml 可以配置 HDFS 的 NameNode 地址和 Hadoop 运行时产生数据的存储目录。本教程 Hadoop 运行时产生数据的存储目录为:/opt/bigdata/hadoop-3.1.1/tmp。其中:/opt/bigdata/hadoop-3.1.1 代表安装 Hadoop 目录,需根据自己安装 Hadoop 的路径做相应修改。

配置文件 core-site.xml 内容修改如下所示：
```xml
<configuration>
    <!--配置 hdfs 的 namenode 的地址 -->
    <property>
        <name>fs.defaultFS</name>
        <value>hdfs://localhost:9000</value>
    </property>
    <!-- 配置 Hadoop 运行时产生数据的存储目录为/opt/bigdata/hadoop-3.1.1/tmp -->
    <property>
        <name>hadoop.tmp.dir</name>
        <value>file:/opt/bigdata/hadoop-3.1.1/tmp</value>
    </property>
</configuration>
```

④修改第 3 个配置文件 hdfs-site.xml，命令如下，操作效果如图 2-29 所示。

sudo vi hdfs-site.xml 或者 sudo gedit hdfs-site.xml

```
hadoop@yln-virtual-machine:/opt/bigdata/hadoop-3.1.1/etc/hadoop$ sudo vi hdfs-site.xml
```

图 2-29　打开编辑 hdfs-site.xml 配置文件

配置文件 hdfs-site.xml 可以配置 HDFS 的副本数量，因为本次任务为 Hadoop 伪分布式安装，只有一个节点，即此节点既是 NameNode 又是 DataNode，所以在此副本配置为 1。Hadoop 完全分布式安装，默认副本一般设置为 3。配置文件 hdfs-site.xml 内容修改如下所示：

```xml
<configuration>
    <!--根据需要指定 HDFS 存储数据的副本数据量 -->
    <property>
        <name>dfs.replication</name>
        <value>1</value>
    </property>
    <property>
        <name>dfs.namenode.http-address</name>
        <value>localhost:50070</value>
    </property>


    <property>
        <name>dfs.namenode.name.dir</name>
        <value>file:/opt/bigdata/hadoop-3.1.1/tmp/dfs/name</value>
    </property>
    <property>
        <name>dfs.datanode.data.dir</name>
        <value>file:/opt/bigdata/hadoop-3.1.1/tmp/dfs/data</value>
    </property>
</configuration>
```

此外,伪分布式虽然只需要配置 fs.defaultFS 和 dfs.replication 就可以运行,不过若没有配置 hadoop.tmp.dir 参数,则默认使用的临时目录为 /tmp/hadoo-hadoop,而这个目录在重启时有可能被系统清理掉,导致必须重新执行 Format 才可以。所以本教程进行了设置,同时也指定 dfs.namenode.name.dir 和 dfs.datanode.data.dir。

⑤修改第 4 个配置文件 mapred-site.xml,命令如下,操作效果如图 2-30 所示。

sudo vi mapred-site.xml 或者 sudo gedit mapred-site.xml

```
hadoop@yln-virtual-machine:/opt/bigdata/hadoop-3.1.1/etc/hadoop$ sudo vi mapred-site.xml
```

图 2-30　打开编辑 mapred-site.xml 配置文件

配置文件 mapred-site.xml 可以指定 MapReduce 编程模型运行在 yarn 上,修改内容如下所示:

<configuration>
  <!--指定 mapreduce 编程模型运行在 yarn 上-->
  <property>
    <name>mapreduce.framework.name</name>
    <value>yarn</value>
  </property>
</configuration>

⑥修改第 5 个配置文件 yarn-site.xml,命令如下,操作效果如图 2-31 所示。

sudo vi yarn-site.xml 或者 sudo gedit mapred-site.xml

```
hadoop@yln-virtual-machine:/opt/bigdata/hadoop-3.1.1/etc/hadoop$ sudo vi yarn-site.xml
```

图 2-31　打开编辑 yarn-site.xml 配置文件

配置文件 yarn-site.xml 可以配置 yarn 的 ResourceManager 的地址及 mapreduce 执行 shuffle 时获取数据的方式,修改内容如下所示:

<configuration>
  <!--指定 yarn 的老大(ResourceManager 的地址)-->
  <property>
    <name>yarn.resourcemanager.hostname</name>
    <value>localhost</value>
  </property>
  <!-- mapreduce 执行 shuffle 时获取数据的方式 -->
  <property>
    <name>yarn.nodemanager.aux-services</name>
    <value>mapreduce_shuffle</value>
  </property>
</configuration>

⑦修改完以上配置文件后,使用以下命令修改 /etc/profile 文件。

sudo vi /etc/profile 或者 sudo gedit /etc/profile

在 profile 文件中添加以下环境变量,需根据自己安装路径进行配置,本教程各环境变量配置如图 2-32 所示。

```
export JAVA_HOME=/opt/java/jdk1.8.0_181
export JRE_HOME=/opt/java/jdk1.8.0_181/jre
export CLASSPATH=:$JAVA_HOME/lib:$JRE_HOME/lib:$CLASSPATH
export HADOOP_HOME=/opt/bigdata/hadoop-3.1.1
export HADOOP_COMMON_LIB_NATIVE_DIR=$HADOOP_HOME/lib/native
export YARN_HOME=/opt/bigdata/hadoop-3.1.1
export HADOOP_HDFS_HOME=/opt/bigdata/hadoop-3.1.1
export PATH=$HADOOP_HOME/bin:$HADOOP_HOME/sbin:$JAVA_HOME/bin:$JRE_HOME/bin:$PATH
```

图 2-32 profile 环境变量设置

profile 文件修改并保存后,执行以下命令使 profile 文件生效。

source /etc/profile

注意 PATH 变量一般配置在最后。

(2)对 HDFS 进行初始化,即格式化 HDFS。

使用以下命令格式化 HDFS,操作过程如图 2-33 所示。

cd /opt/bigdata/hadoop-3.1.1/bin/　　　　#切换到安装 hadoop 的 bin 目录下
sudo ./hdfs namenode -format　　　　　　#在 bin 目录下格式化 HDFS

`hadoop@yln-virtual-machine:/opt/bigdata/hadoop-3.1.1/bin$ sudo ./hdfs namenode -format`

图 2-33 HDFS 格式化操作

执行 HDFS 格式化命令后,如果提示如下信息,则证明 HDFS 格式化成功,效果如图 2-34 所示。

```
2019-03-04 21:23:41,198 INFO common.Storage: Storage directory /opt/bigdata/hadoop-3.1.1/tmp/dfs/name has been successfully formatted.
2019-03-04 21:23:41,229 INFO namenode.FSImageFormatProtobuf: Saving image file /opt/bigdata/hadoop-3.1.1/tmp/dfs/name/current/fsimage.ckpt_0000000000000000000 using no compression
2019-03-04 21:23:41,404 INFO namenode.FSImageFormatProtobuf: Image file /opt/bigdata/hadoop-3.1.1/tmp/dfs/name/current/fsimage.ckpt_0000000000000000000 of size 389 bytes saved in 0 seconds.
2019-03-04 21:23:41,469 INFO namenode.NNStorageRetentionManager: Going to retain 1 images with txid >= 0
2019-03-04 21:23:41,487 INFO namenode.NameNode: SHUTDOWN_MSG:
/************************************************************
SHUTDOWN_MSG: Shutting down NameNode at yln-virtual-machine/127.0.1.1
************************************************************/
hadoop@yln-virtual-machine:/opt/bigdata/hadoop-3.1.1/bin$
```

图 2-34 HDFS 格式化成功界面

6.启动并测试 Hadoop 是否成功启动

注意 如果设置 ssh 免密步骤和安装 hadoop 不是一次性完成,则需要在启动 hadoop 前再执行一次:ssh localhost,然后再启动 hadoop。

(1)切换目录到安装 hadoop 的 sbin 目录下,执行以下命令分别启动 HDFS 和 yarn。如果/etc/profile 文件中设置好 HADOOP_HOME 等环境变量,则可以在任何目录下启动,而无须切换目录。启动 hadoop 命令及效果如图 2-35 所示。

start-dfs.sh　　　　　　　　#启动 HDFS
start-yarn.sh　　　　　　　 #启动 yarn
jps　　　　　　　　　　　　#查看 JAVA 进程

```
hadoop@yln-virtual-machine:~$ cd /opt/bigdata/hadoop-3.1.1
hadoop@yln-virtual-machine:/opt/bigdata/hadoop-3.1.1$ ./sbin/start-dfs.sh
Starting namenodes on [localhost]
Starting datanodes
Starting secondary namenodes [yln-virtual-machine]
2019-03-19 22:15:42,110 WARN util.NativeCodeLoader: Unable to load native-hadoop
 library for your platform... using builtin-java classes where applicable
hadoop@yln-virtual-machine:/opt/bigdata/hadoop-3.1.1$ ./sbin/start-yarn.sh
Starting resourcemanager
Starting nodemanagers
hadoop@yln-virtual-machine:/opt/bigdata/hadoop-3.1.1$ jps
6976 SecondaryNameNode
7761 Jps
6802 DataNode
7394 NodeManager
7269 ResourceManager
6685 NameNode
```

图 2-35　启动 hadoop 成功界面

启动 Hadoop 后如果出现以上警告，后续操作不会有影响，但如果希望去掉这个警告，可以修改/etc/profile 文件，增加以下配置，然后使用 source 命令使其重新生效即可。

export HADOOP_OPTS="$HADOOP_OPTS -Djava.library.path=/opt/bigdata/hadoop-3.1.1/lib/native/"

source /etc/profile

> **注意**：如果启动过程中报错如图 2-36 所示，则修改 Hadoop 安装目录下的 sbin 目录中的 4 个文件：start-dfs.sh、stop-dfs.sh、start-yarn.sh、stop-yarn.sh。

```
hadoop@yln-virtual-machine:/opt/bigdata/hadoop-3.1.1/sbin$ sudo ./start-dfs.sh
Starting namenodes on [localhost]
ERROR: Attempting to operate on hdfs namenode as root
ERROR: but there is no HDFS_NAMENODE_USER defined. Aborting operation.
Starting datanodes
ERROR: Attempting to operate on hdfs datanode as root
ERROR: but there is no HDFS_DATANODE_USER defined. Aborting operation.
Starting secondary namenodes [yln-virtual-machine]
ERROR: Attempting to operate on hdfs secondarynamenode as root
ERROR: but there is no HDFS_SECONDARYNAMENODE_USER defined. Aborting operation.
hadoop@yln-virtual-machine:/opt/bigdata/hadoop-3.1.1/sbin$
```

图 2-36　启动 hadoop 错误界面

编辑 start-dfs.sh 和 stop-dfs.sh 文件，命令及操作如图 2-37、图 2-38 所示。

```
hadoop@yln-virtual-machine:/opt/bigdata/hadoop-3.1.1/sbin$ sudo vi start-dfs.sh
```

图 2-37　编辑 start-dfs.sh 文件

```
hadoop@yln-virtual-machine:/opt/bigdata/hadoop-3.1.1/sbin$ sudo vi stop-dfs.sh
```

图 2-38　编辑 stop-dfs.sh 文件

将 start-dfs.sh、stop-dfs.sh 两个文件顶部添加以下参数，命令如下所示。

#! /usr/bin/env bash

HDFS_DATANODE_USER=root

HADOOP_DATANODE_SECURE_USER=hdfs

HDFS_NAMENODE_USER=root

HDFS_SECONDARYNAMENODE_USER=root

编辑 start-yarn.sh 和 stop-yarn.sh 文件，命令及操作如图 2-39、图 2-40 所示。

```
hadoop@yln-virtual-machine:/opt/bigdata/hadoop-3.1.1/sbin$ sudo vi start-yarn.sh
```

图 2-39　编辑 start-yarn.sh 文件

```
hadoop@yln-virtual-machine:/opt/bigdata/hadoop-3.1.1/sbin$ sudo vi stop-yarn.sh
```

图 2-40　编辑 stop-yarn.sh 文件

start-yarn.sh、stop-yarn.sh 顶部也需添加以下参数，命令如下所示。

#！/usr/bin/env bash
YARN_RESOURCEMANAGER_USER＝root
HADOOP_SECURE_DN_USER＝yarn
YARN_NODEMANAGER_USER＝root

> **注意**　如果启动 hadoop 时提示不能写入日志文件或者数据文件等权限问题，则应给 logs 和 tmp 目录授权，命令及操作如图 2-41、图 2-42 所示。

```
hadoop@yln-virtual-machine:/opt/bigdata/hadoop-3.1.1$ sudo chmod -R 777 logs
```

图 2-41　logs 目录授权

```
hadoop@yln-virtual-machine:/opt/bigdata/hadoop-3.1.1$ sudo chmod -R 777 tmp
```

图 2-42　tmp 目录授权

(2) 重新执行 ./start-dfs.sh、./start-yarn.sh 命令启动 hadoop

① Hadoop 完全启动后，可以通过 jps 命令检查进程是否存在 NameNode、DataNode、SecondaryNameNode、ResourceManager、NodeManager 等 5 个进程。只有这 5 个进程都存在，才表示 Hadoop 安装成功并启动，如图 2-43 所示。每次重启，进程 ID 号都会不一样。

```
hadoop@yln-virtual-machine:/opt$ start-dfs.sh
Starting namenodes on [localhost]
Starting datanodes
Starting secondary namenodes [yln-virtual-machine]
hadoop@yln-virtual-machine:/opt$ start-yarn.sh
Starting resourcemanager
Starting nodemanagers
hadoop@yln-virtual-machine:/opt$ jps
8384 NodeManager
8258 ResourceManager
7683 NameNode
7813 DataNode
8762 Jps
8015 SecondaryNameNode
hadoop@yln-virtual-machine:/opt$
```

图 2-43　hadoop 成功启动界面

② Hadoop 成功启动后，可以在浏览器输入地址：localhost：50070（在配置文件 hdfs-site.xml 中配置），即可以访问 HDFS 的管理界面，如图 2-44 所示。

图 2-44　浏览器访问 HDFS

③Hadoop 成功启动后,可以在浏览器输入地址:localhost:8088,即可以访问 YARN 的管理界面,如图 2-45 所示。

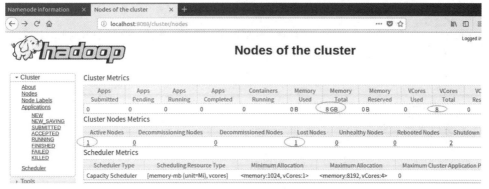

图 2-45　浏览器访问 Yarn

④如果想停止所有服务,则执行命令 stop-all.sh 即可,如图 2-46 所示。

```
hadoop@yln-virtual-machine:/opt$ stop-all.sh
WARNING: Stopping all Apache Hadoop daemons as hadoop in 10 seconds.
WARNING: Use CTRL-C to abort.
Stopping namenodes on [localhost]
Stopping datanodes
Stopping secondary namenodes [yln-virtual-machine]
Stopping nodemanagers
Stopping resourcemanager
hadoop@yln-virtual-machine:/opt$
```

图 2-46　停止 hadoop 服务

7. Hadoop 无法正常启动的解决方法

如果 Hadoop 无法正常启动，一般可以通过查看启动日志来排查原因，这里需注意以下几点：

(1) 启动时会提示类似 "yln-virtual-machine：starting namenode, logging to /bigdata/hadoop-3.1.1/logs/hadoop-hadoop-namenode-panzhengjun.out" 这样的语句，其中 yln-virtual-machine 对应机器名，启动日志信息记录在/opt/bigdata/hadoop/logs/hadoop-hadoop-namenode-yln-virtual-machine.log 中，所以通常查看后缀为.log 的文件，如图 2-47 所示。

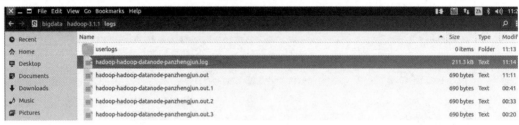

图 2-47　日志文件目录

(2) 每一次的启动日志都是追加在日志文件之后，所以需滚动到文件最后，对比下记录的时间，一般出错的提示在最后，通常是写着 Fatal、Error、Warning 或者 Java Exception 的地方。

(3) 此外，若是 DataNode 没有启动，可尝试如下的方法。

专门针对 DataNode 无法启动的解决方法如下：

```
./sbin/stop-dfs.sh              ＃关闭 HDFS
rm -r ./tmp                     ＃删除 tmp 文件，注意这将会删除 HDFS 中原有的所有数据
./bin/hdfs namenode -format     ＃重新格式化 NameNode
./sbin/start-dfs.sh             ＃重新启动 HDFS
```

> **注意**　这种方法将会删除 HDFS 中原有的所有数据，所以如果原有的数据很重要请不要使用此操作。

第 3 章 Hadoop 分布式文件系统

目标

- 了解 HDFS 相关概念；
- 掌握 HDFS 体系结构；
- 了解 HDFS 运行原理及保障；
- 掌握 HDFS 访问方式。

第 3 章 Hadoop 分布式文件系统
- 3.1 理论任务：HDFS 入门
  - 3.1.1 认识 HDFS
  - 3.1.2 HDFS 相关概念
  - 3.1.3 HDFS 体系结构
  - 3.1.4 HDFS 运行原理及保障
- 3.2 实践任务：HDFS 基本操作
  - 3.2.1 使用 HDFS shell 访问
  - 3.2.2 使用 JAVA API 与 HDFS 交互

3.1 理论任务：了解 HDFS

3.1.1 认识 HDFS

1. 分布式文件系统

相对于传统的本地文件系统而言，分布式文件系统（Distributed File System）是一种通过网络实现文件在多台主机上进行分布式存储的文件系统。分布式文件系统允许将一个文件通过网络在多台主机上以多副本的方式进行存储，实际上就是通过网络来访问文件，但用户和程序看起来跟访问本地的磁盘一样。

目前，应用广泛的分布式文件系统主要包括 GFS 和 HDFS 两种，HDFS 是 GFS 的开源实现。

2. HDFS 简介

HDFS 是 Hadoop 分布式文件系统（Hadoop Distributed File System）的缩写，是 Apache Hadoop 的核心子项目。HDFS 支持海量数据的存储，是分布式计算中数据存储和管理的基础，是基于流数据模式访问和处理超大文件的需求而开发的，可以运行于廉价的商用机器上。HDFS 所具有的高容错、高可靠性、高可扩展性、高吞吐率等特征为海量数据提供了不怕故障的存储，为超大数据集的应用处理带来了很多便利。

3. HDFS 的优缺点

➢ 优点：

(1) 支持超大文件的处理

HDFS 处理的数据文件通常达到 GB、TB，甚至 PB 的级别。

(2) 支持流式的访问数据

HDFS 提供"一次写入，多次读取"的服务。文件一旦写入不能修改，只能追加。后续作业如果需要用到已存储好的数据，只需通过集群读取即可。

(3) 可构建在廉价机器上

Hadoop 的设计目标就是能够在低廉的商用硬件环境中运行，无须昂贵的高可用性机器，这样可以降低成本。但廉价的商用机在大型集群中也容易出现故障，因此 HDFS 通过多副本机制来提高可靠性，即数据可根据参数自动保存为多个副本，若其中某个副本丢失，也可以通过其他副本自动恢复。

➢ 缺点：

(1) 不适合低延时数据访问

HDFS 本身是为存储大数据而设计的，若需要处理一些用户要求时间比较低延时的应用请求，则 HDFS 不适合。它适合高吞吐率的场景，就是在某一时间内写入大量的数据，但是在低延时的情况下是不适合的，比如毫秒级以内读取数据，则较难做到。若对于一些有低延时要求的应用程序，则可以通过 HBase 或 Spark 实现。

(2) 无法高效存储大量小文件

HDFS 的元数据（包括文件、目录、块信息等）存储在 NameNode 中，所以 HDFS 能容纳的文件数目是由 NameNode 的内存大小决定的。如果集群中的小文件过多会增加 NameNode 压力，也会影响整个集群的性能。这里的小文件指的是文件大小要比一个 HDFS 块（Hadoop 3.0 版本默认为 128 MB，Hadoop 2.0 版本默认为 64 MB）小很多的文件。通常可以采用 Har 文件归档的方式 SequenceFile 合并小文件，依赖 HBase 外部系统的数据访问模式等方式进行处理。

(3) 不支持多用户并发写入和任意修改文件

HDFS 的一个文件只能有一个写入者，不允许多个线程同时写，且仅支持数据追加，不支持文件的任意修改。

3.1.2 HDFS 相关概念

1. 数据块（Block）

传统的文件系统中，为提高磁盘读写效率，通常不是以字节为单位，而是以数据块为单位进行读写操作。HDFS 同样采用了数据块的概念，最基本的存储单位即是数据块，

Hadoop 3.0 版本默认数据块的大小是 128 MB(有些旧版本为 64 MB)。

2. 名称节点(NameNode)

在 HDFS 中,名称节点主要负责管理分布式文件系统的命名空间,它将所有的文件和文件夹的元数据保存在一个文件系统树中。NameNode 是整个文件系统的管理节点,维护着整个文件系统的文件目录树,元数据信息和每个文件对应数据块列表,并接收用户的操作请求。

NameNode 目录结构如下:

```
${dfs.name.dir}/current /VERSION
                       /edits
                       /fsimage
                       /fstime
```

具体描述如下:

(1)VERSION:文件存放 HDFS 的版本信息。

(2)EditLog:存放操作日志。

(3)FsImage:元数据镜像文件,存储某一时段 NameNode 内存的元数据信息。

(4)Fstime:保存最近一次检查点的时间。

3. 数据节点(DataNode)

在 HDFS 中,数据节点是工作节点,负责数据的真正存储和读取,会根据 NameNode 的调度来进行数据的存储和检索,并且定期向 NameNode 发送自己所存储的块的列表。所有数据节点的数据保存在各自节点的本地 Linux 文件系统中。

4. 第二名称节点(Secondary NameNode)

Secondary NameNode 并不是 NameNode 节点出现问题时的备用节点,HDFS 也并不支持把系统直接切换到 Secondary NameNode 上。

NameNode 元数据信息存储在 FsImage 中,NameNode 每次重启后会把 FsImage 读取到内存中,在运行过程中为了防止数据丢失,NameNode 的操作会被不断的写入本地 EditLog 文件中。当检查点被触发,FsImage 会把 EditLog 文件中的操作应用一遍,然后把新版的 FsImage 写回磁盘中,并删除 EditLog 文件中旧的事务信息。检查点有两种触发机制:按秒为单位的时间间隔触发;达到文件系统累加的事务值触发。

而 FsImage 和 EditLog 文件的合并就用到了 Secondary NameNode 组件,其工作过程如下:

(1)合并之前通知 NameNode 把所有操作写入新的 EditLog 文件中,并将其命名为 edits.new;

(2)Secondary NameNode 从 NameNode 处请求合并 FsImage 和 EditLog;

(3)Secondary NameNode 把 FsImage 和 EditLog 合并成新的 FsImage 文件;

(4)NameNode 从 Secondary NameNode 获取合并好的新的 FsImage 文件,并将旧的替换掉,并把 EditLog 用(1)中创建的 edits.new 替换;

(5)更新 Fstime 中的检查点。

所以,Secondary NameNode 主要是完成 FsImage 和 EditLog 的合并操作,减小 EditLog 大小,缩短 NameNode 重启时间,另外还可以作为 NameNode 的检查点,保存 NameNode 的元数据信息。

3.1.3 HDFS 体系结构

HDFS 采用了主从（Master/Slave）结构，如图 3-1 所示。一个 HDFS 集群是由一个名称节点（NameNode）和多个数据节点（DataNode）组成，通常配置在不同的机器上。名称节点作为中心服务器，负责管理文件系统的命名空间及客户端对文件的访问。而数据节点，通常是一个节点一台机器，是分布式文件系统 HDFS 的工作节点，负责对应节点数据的存储和读取，会根据客户端或者是名称节点的调度来进行数据的存储和检索。从内部看，一个文件被分割成一个或多个块，这些块被存储在一组数据节点中。名称节点用来操作文件命名空间的文件或目录操作，如打开、关闭、重命名等，它同时确定数据块与数据节点的映射。数据节点负责来自文件系统客户的读写请求，同时还要执行块的创建、删除、和来自名称节点的块复制指令。另外，每个数据节点都会周期性地向名称节点发送"心跳"信息，报告自己的状态，没有按时发送心跳信息的数据节点会被标记为"宕机"，即名称节点不会再给它分配任何 I/O 请求。

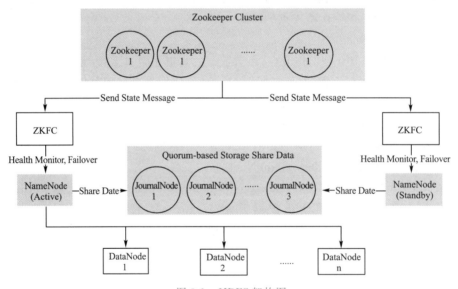

图 3-1　HDFS 架构图

NameNode 是 HDFS 集群中的主节点，也是中心节点，它的可靠性直接关系到整个集群的可靠性。对于不同版本的 Hadoop 对此也有不同的处理机制。Hadoop 低版本中，NameNode 是 HDFS 集群的单点故障点，每一个集群只有一个 NameNode，如果这个机器或节点不可用，整个集群就无法使用，直到重启 NameNode 或者重新启动一个 NameNode 节点。而 Hadoop 2.0 后的 HDFS 增加了两个重大特性，HA 和 Federaion。HA 即为 High Availability，用于解决 NameNode 单点故障问题，该特性通过热备的方式为主 NameNode 提供一个备用者，一旦主 NameNode 出现故障，可以迅速切换至备用 NameNode，从而实现不间断对外提供服务。Federation 即为"联邦"，该特性允许一个 HDFS 集群中存在多个 NameNode 同时对外提供服务，这些 NameNode 分管一部分目录（水平切分），彼此之间相互隔离，但共享底层的 DataNode 存储资源。一个典型的 HDFS HA 场景中，通常由两个 NameNode 组成,一个处于活动 Active 状态;另一个处于待机 Standby 状态。Active NameNode 对外提供服务,比如处理来自客户端的 RPC 请求,而 Standby NameNode 则不对外提供服务,仅同步 Active NameNode 的状态,以便能够在它失败时快速进行切换。而在 Hadoop 3.0 中允许用户运行多个备用的 NameNode,例如,通过配置 3 个 NameNode(1 个 Active NameNode 和 2 个 Standby NameNode)和 5 个 JournalNode 节点,集群可以容忍 2 个 NameNode 节点故障。但是 Active NameNode 始终只有 1 个,余下的都是 Standby NameNode。Standby NameNode 会不断与 JournalNode 同步,保证自己获取最新的 EditLog,并将 edits 同步到自己维护的 Image 中去,这样便可以实现设备在发生问题的时候,立马切换成 Active 状态,对外提供服务。同时,JournalNode 只允许一个 Active 状态的 NameNode 写入。

3.1.4 HDFS 运行原理及保障

1. HDFS 读写流程

(1) HDFS 读数据流程

客户端通过连续调用 open()、read()、close() 读取数据,具体执行过程如图 3-2 所示。

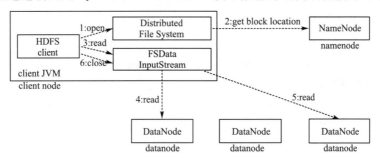

图 3-2 HDFS 读数据流程

① 客户端发送请求,通过调用 FileSystem 的 open 方法(Distributed File System 具体实现了 FileSystem),将请求发送到 NameNode,获得要读取的数据文件对应的数据块的存储位置信息,因为真正的数据块是存在 DataNode 上的,而 NameNode 里存放了数据块位置信息的元数据。

② NameNode 返回保存该数据块的所有数据节点的地址,同时根据距离客户端的远近对数据节点进行排序,并将这些信息返回给客户端。

③ 客户端得到数据块的位置信息后,先到距离最近的 DataNode 上调用 FSDataInputStream 的 read 方法,通过反复调用 read 方法,可以将数据从 DataNode 传递到客户端。

④ 当读取完所有的数据之后,FSDataInputStream 会关闭与该 DataNode 的连接。然后继续寻找下一个数据块的最佳位置,读取数据。

⑤ 客户端读取数据完毕后,调用 FSDataInputStream 的 close 方法,并关闭输入流。

(2) HDFS 写数据流程

客户端通过连续调用 create()、write()、close() 写数据,具体执行过程如图 3-3 所示。

① 客户端发送请求,调用 Distributed File System 的 create 方法创建文件。调用 create 方法后,Distributed File System 会创建 FSDataOutputStream 输出流。

② Distributed File System 通过 RPC 远程调用 NameNode,在文件系统的命名空间中创建一个新文件。此时,NameNode 会做一系列的检查,比如文件是否已经存在、客户端是否拥有

创建文件权限等。若检查通过,NameNode 会构造一个新文件,并添加相关文件信息。

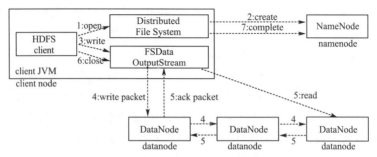

图 3-3　HDFS 写数据流程

③客户端调用 FSDataOutputStream 的 write 方法将数据写到一个内部队列中。如果数据副本数量是 3,则将队列中的数据写入第 3 个副本对应的 DataNode 上。但并不是由客户端分别往第 3 个 DataNode 上写 3 份,而是由已经收到数据包的第 1 个 DataNode,将数据包发送给第 2 个 DataNode,第 2 个 DataNode 再将数据包发送给第 3 个 DataNode。

④每个 DataNode 写完一个块后,会返回确认信息。FSDataOutputStream 内部维护着一个确认队列。当接收到所有 DataNode 确认写完的信息后,数据才会从确认队列中进行删除。

⑤当客户端写完所有数据,则调用 close 方法关闭输出流。

2. HDFS 副本机制与机架感知策略

HDFS 作为一个分布式文件系统,为了保证其系统的可靠性和容错性,采用了多副本的方式存储数据。副本的数量可以在 hdfs-site.xml 配置文件中通过参数设定,如下所示。通常每个数据块默认 3 个副本,每个副本会分配到不同的数据节点上。

```
<property>
    <name>dfs.replication</name>
    <value>3</value>      ♯此处的 3 代表 3 个副本
</property>
```

为提高数据的可靠性与系统可用性,以及充分利用网络带宽,HDFS 使用机架感知策略存储数据。一个 HDFS 集群通常包括多个机架,同一个机架中不同机器之间的通信不需要经过交换机或路由器,但不同机架间的数据通信则需要经过交换机或路由器,这也充分说明一个机架中不同机器间的通信要比不同机架的机器之间通信带宽要大。

HDFS 数据块默认副本为 3 个,通常每个数据块都会被保存在不同的三个地方。其中,有 2 个副本存储在同一个机架的不同机器上面,第 3 个副本存储在不同机架的机器上面,这样存储有利于保证机架发生异常时数据的恢复,也有利于提高数据的读写性能。总而言之,HDFS 的副本放置策略如下:

(1)若是在集群内部发起的写操作请求,则把第 1 个副本放置在发起写操作请求的数据节点上,实现就近写入数据。若是来自集群外部的写操作请求,则随机挑选一个磁盘不太满、CPU 不太忙的数据节点进行第 1 个副本的存储。

(2)第 2 个副本会被放置在和第 1 个副本不同机架的数据节点上。

(3)第 3 个副本则会被放置在和第 2 个副本相同机架的不同数据节点上。

(4)如果还有更多的副本,则会随机从集群中选择数据节点进行存放。

3. 数据复制和心跳机制

HDFS 采用主从模式，主节点 NameNode，从节点 DataNode。NameNode 和 DataNode 主要通过心跳的方式进行通信。DataNode 向 NameNode 定期发送心跳报告，报告自己的存活状态和自己存储的块信息。

NameNode 全权管理数据块的复制，并且利用心跳机制来确保数据块的复制成功。NameNode 周期性地从集群中的每个 DataNode 接收心跳信号和块状态报告。接收到心跳信号意味着该 DataNode 节点工作正常。块状态报告包含了在 DataNode 中存储的所有数据块的列表。NameNode 凭借文件名、副本个数、数据块的 id 序列等信息控制数据复制操作。若 NameNode 长时间未收到某个 DataNode 的心跳，亦会向 DataNode 发送检查报告，若多次未得到该 DataNode 的回应，则认为该 DataNode 宕机，并会检查副本数据，若不满足副本数量则进行数据块的复制。

4. HDFS 负载均衡

HDFS 上的数据也许并不能非常均匀地分布在各个 DataNode 中。HDFS 集群也非常容易出现机器与机器之间磁盘利用率不平衡的情况，其中一个常见的原因是，在现有的集群上经常会增添新的 DataNode。当新增一个数据块（一个文件的数据被保存在一系列的块中）时，NameNode 在选择 DataNode 接收这个数据块之前，要考虑到很多因素。其中某些因素如下：

(1) 将数据块的一个副本放在正在写这个数据块的节点上。

(2) 尽量将数据块的不同副本分布在不同的机架上，这样集群可在完全失去某一机架的情况下还能存活。

(3) 一个副本通常被放置在和写文件的节点同一机架的某个节点上，这样可以减少跨越机架的网络 I/O。

(4) 尽量均匀地将 HDFS 数据分布在集群的 DataNode 中。

由于上述多种考虑需要取舍，所以数据可能并不会均匀分布在 DataNode 中。当 HDFS 出现不平衡状况的时候，将引发很多问题，比如 MapReduce 程序无法很好地利用本地计算的优势、机器之间无法达到更好的网络带宽使用率、机器磁盘无法更好利用等。可见，保证 HDFS 中的数据平衡是非常重要的。旧版本的 Hadoop 只支持在 DataNode 之间进行负载均衡，每个节点内部不同硬盘之间若发生了数据不平衡，则没有一个好的办法进行处理。现在 Hadoop 3.0 版本可以通过 hdfs diskbalancer 命令，进行节点内部硬盘间的数据平衡。该功能默认是关闭的，需要手动设置参数 dfs.disk.balancer.enabled 为 true 来开启。

3.2 实践任务：HDFS 基本操作

Hadoop 分布式文件系统（Hadoop Distributed File System，HDFS）是 Hadoop 核心组件之一，如果已经安装了 Hadoop，其中就已经包含了 HDFS 组件，不需要另外安装。

3.2.1 使用 HDFS shell 访问

Hadoop 支持很多 Shell 命令，可以查看 HDFS 文件系统的目录结构、上传和下载数据、创建文件等。

Hadoop 可以使用的三种 shell 命令方式：
(1)hadoop fs,可以适用于任何不同的文件系统。
(2)hadoop dfs,只能适用于 HDFS 文件系统,旧版本曾使用过,已过时。
(3)hdfs dfs,只能适用于 HDFS 文件系统,目前较常用。

1.常用 Shell 命令解析
(1)hdfs dfs -appendToFile <localsrc> ... <dst>
可同时上传多个文件到 HDFS 里面。
(2)hdfs dfs -cat URI [URI ...]
查看文件内容。
(3)hdfs dfs -chgrp [-R] GROUP URI [URI ...]
修改文件所属组。
(4)hdfs dfs -chmod [-R] <MODE[,MODE]... | OCTALMODE> URI [URI ...]
修改文件权限。
(5)hdfs dfs -chown [-R] [OWNER][:[GROUP]] URI [URI]
修改文件所有者,文件所属组,其他用户的读、写执行权限。
(6)hdfs dfs -copyFromLocal <localsrc> URI
复制文件到 hdfs。
(7)hdfs dfs -copyToLocal [-ignorecrc] [-crc] URI <localdst>
复制文件到本地。
(8)hdfs dfs -count [-q] <paths>
统计文件及文件夹数目。
(9)hdfs dfs -cp [-f] URI [URI ...] <dest>
Hadoop HDFS 文件系统间的文件复制。
(10)hdfs dfs -du [-s] [-h] URI [URI ...]
统计目录下的文件及大小。
(11)hdfs dfs -dus <args>
汇总目录下的文件总大小。
(12)hdfs dfs -get [-ignorecrc] [-crc] <src> <localdst>
下载文件到本地。
(13)hdfs dfs -getmerge <src> <localdst> [addnl]
合并下载文件到本地。
(14)hdfs dfs -ls <args>
查看目录。
(15)hdfs dfs -ls -R <args>
循环列出目录、子目录及文件信息 。
(16)hdfs dfs -mkdir [-p] <paths>
创建空白文件夹。
(17)dfs -moveFromLocal <localsrc> <dst>
剪切文件到 hdfs。

(18)hdfs dfs -moveToLocal [-crc] <src> <dst>

剪切文件到本地。

(19)hdfs dfs -mv URI [URI ...] <dest>

剪切 hdfs 文件。

(20)hdfs dfs -put <localsrc> ... <dst>

上传文件。

(21)hdfs dfs -rm [-skipTrash] URI [URI ...]

删除文件或空白文件夹。

(22)hdfs dfs -rm -r [-skipTrash] URI [URI ...]

递归删除,删除文件及文件夹下的所有文件。

(23)hdfs dfs -setrep [-R] [-w] <numReplicas> <path>

修改副本数。

(24)hdfs dfs -stat URI [URI ...]

显示文件统计信息。

(25)hdfs dfs -tail [-f] URI

查看文件尾部信息。

(26)hdfs dfs -test -[ezd] URI

对 PATH 进行如下类型的检查:

-e PATH 是否存在,如果 PATH 存在,返回 0,否则返回 1;

-z 文件是否为空,如果长度为 0,返回 0,否则返回 1;

-d 是否为目录,如果 PATH 为目录,返回 0,否则返回 1。

(27)hdfs dfs -text <src>

查看文件内容。

(28)hdfs dfs -touchz URI [URI ...]

创建长度为 0 的空文件。

2.常用操作

(1)命令查看方式

可以在终端输入如下命令,查看 hdfs dfs 一共支持了哪些命令,操作如图 3-4 所示。

hdfs dfs

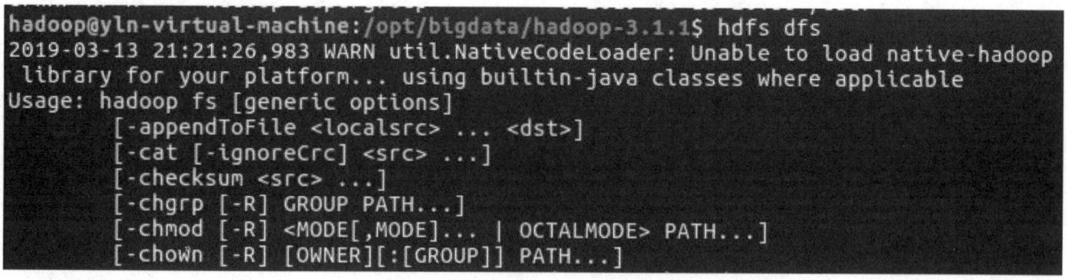

```
hadoop@yln-virtual-machine:/opt/bigdata/hadoop-3.1.1$ hdfs dfs
2019-03-13 21:21:26,983 WARN util.NativeCodeLoader: Unable to load native-hadoop
 library for your platform... using builtin-java classes where applicable
Usage: hadoop fs [generic options]
        [-appendToFile <localsrc> ... <dst>]
        [-cat [-ignoreCrc] <src> ...]
        [-checksum <src> ...]
        [-chgrp [-R] GROUP PATH...]
        [-chmod [-R] <MODE[,MODE]... | OCTALMODE> PATH...]
        [-chown [-R] [OWNER][:[GROUP]] PATH...]
```

图 3-4 查看 hdfs dfs 支持哪些命令

在终端通过 help 命令,可以查看具体某个命令的使用方式。

例如:查看 put 命令如何使用,可以输入如下命令,操作如图 3-5 所示。

hdfs dfs -help put

```
hadoop@yln-virtual-machine:/opt/bigdata/hadoop-3.1.1$ hdfs dfs -help put
2019-03-13 21:22:15,951 WARN util.NativeCodeLoader: Unable to load native-hadoop
 library for your platform... using builtin-java classes where applicable
-put [-f] [-p] [-l] [-d] <localsrc> ... <dst> :
  Copy files from the local file system into fs. Copying fails if the file alrea
dy
  exists, unless the -f flag is given.
  Flags:

  -p  Preserves access and modification times, ownership and the mode.
  -f  Overwrites the destination if it already exists.
  -l  Allow DataNode to lazily persist the file to disk. Forces
      replication factor of 1. This flag will result in reduced
      durability. Use with care.

  -d  Skip creation of temporary file(<dst>._COPYING_).
hadoop@yln-virtual-machine:/opt/bigdata/hadoop-3.1.1$
```

图 3-5　查看 put 命令使用方式

（2）目录操作

① 创建目录命令如下：

hdfs dfs -mkdir /dir1/dir2　　　　 # 创建单级目录

hdfs dfs -mkdir -p /dir1/dir2　　　# 创建多级目录

需要注意的是，Hadoop 系统安装好以后，第一次使用 HDFS 时，需要首先在 HDFS 中创建用户目录。本教程全部使用 hadoop 用户登录 Linux 系统，因此，需要在 HDFS 中为 hadoop 用户创建一个用户目录，命令及操作效果如图 3-6 所示。

```
hadoop@yln-virtual-machine:/opt/bigdata/hadoop-3.1.1$ hdfs dfs -mkdir /user/hado
op
2019-03-13 20:58:46,244 WARN util.NativeCodeLoader: Unable to load native-hadoop
 library for your platform... using builtin-java classes where applicable
hadoop@yln-virtual-machine:/opt/bigdata/hadoop-3.1.1$ hdfs dfs -ls /user
2019-03-13 20:59:25,226 WARN util.NativeCodeLoader: Unable to load native-hadoop
 library for your platform... using builtin-java classes where applicable
Found 2 items
drwxr-xr-x   - hadoop supergroup          0 2019-03-13 20:58 /user/hadoop
drwxr-xr-x   - hadoop supergroup          0 2019-03-13 20:43 /user/yuan
hadoop@yln-virtual-machine:/opt/bigdata/hadoop-3.1.1$
```

图 3-6　HDFS 创建目录

该命令表示在 HDFS 中创建一个"/user/hadoop"目录，"-mkdir"是创建目录的操作，"-p"表示如果是多级目录，则父目录和子目录一起创建。这里"/user/hadoop"是一个多级目录，但因为之前已经存在/user 目录，所以没有加 -p 参数，如果不存在/user 目录，直接创建多级目录，就必须使用参数"-p"，否则会出错。

创建目录成功后，可以通过浏览器输入地址 localhost:50070，来查看创建的目录，如图 3-7 所示。

图 3-7　通过浏览器查看 HDFS 创建的目录

②删除目录命令如下,如果目录非空则会提示 not empty,不执行删除。

    hdfs dfs -rmdir /dir1/dir2　　　　　　＃目录为空,删除目录

    hdfs dfs -rm -r /dir1/dir2　　　　　　＃目录不为空,强制删除目录

在 HDFS 的根目录下创建一个名称为 input 的目录,如果 input 目录为空,则可以使用 rmdir 命令删除一个目录;如果 input 目录不为空,则使用 rm 命令,"-r"参数表示删除"/input"目录及其子目录下的所有内容。如果要删除的一个目录包含子目录,则必须使用"-r"参数,否则会执行失败,命令及操作效果如图 3-8、图 3-9 所示。

图 3-8　HDFS 删除空的目录操作

图 3-9　HDFS 删除不为空的目录操作

③文件操作

在实际应用中,经常需要从本地文件系统向 HDFS 系统中上传文件,或者把 HDFS 中的文件下载到本地文件系统中。

首先,使用 vim 或 gedit 编辑器,在本地 Linux 文件系统的"/opt/inputs/"目录下创建一个文件名为 myLocalFile.txt 的文件,里面可以随意输入一些单词,比如,输入如下三行字符串:

Hadoop

Spark

www.sise.edu.cn

然后，可以使用如下命令把本地文件系统的"/opt/inputs/myLocalFile.txt"上传到 HDFS 中的当前用户目录的 input 目录下，也就是上传到 HDFS 的"/input"目录下，命令及操作如图 3-10 所示。

```
hadoop@yln-virtual-machine:/opt/bigdata/hadoop-3.1.1$ hdfs dfs -put /opt/inputs/myLocalFile.txt /input
```

图 3-10　HDFS 上传文件

可以使用 ls 命令查看一下文件是否成功上传到 HDFS 中，命令及操作如图 3-11 所示。

```
hadoop@yln-virtual-machine:/opt/bigdata/hadoop-3.1.1$ hdfs dfs -ls /input
2019-03-13 22:17:13,173 WARN util.NativeCodeLoader: Unable to load native-hadoop library for your platform... using builtin-java classes where applicable
Found 1 items
-rw-r--r--   1 hadoop supergroup         29 2019-03-13 22:16 /input/myLocalFile.txt
hadoop@yln-virtual-machine:/opt/bigdata/hadoop-3.1.1$
```

图 3-11　查看文件是否已经上传到 HDFS

可以使用如下命令查看 HDFS 中的 myLocalFile.txt 这个文件的内容，命令及操作如图 3-12 所示。

```
hadoop@yln-virtual-machine:/opt/bigdata/hadoop-3.1.1$ hdfs dfs -cat /input/myLocalFile.txt
2019-03-13 22:19:19,348 WARN util.NativeCodeLoader: Unable to load native-hadoop library for your platform... using builtin-java classes where applicable
Hadoop
Spark
www.sise.edu.cn
hadoop@yln-virtual-machine:/opt/bigdata/hadoop-3.1.1$
```

图 3-12　查看上传到 HDFS 的文件内容

接着将 HDFS 中的 myLocalFile.txt 文件下载到本地文件系统中的"/opt/inputs/"目录下，命令及操作如图 3-13 所示。

```
hadoop@yln-virtual-machine:/opt/bigdata/hadoop-3.1.1$ hdfs dfs -get /input/myLocalFile.txt /opt/inputs
```

图 3-13　从 HDFS 下载文件

如果提示权限不够，则需要将下载的本地文件系统的目录进行授权，命令及操作如图 3-14 所示。

```
hadoop@yln-virtual-machine:/opt$ sudo chmod -R 777 inputs/
```

图 3-14　linux 本地文件授权

可以使用如下命令，到本地文件系统查看下载下来的文件 myLocalFile.txt，命令及操作如图 3-15 所示。

```
hadoop@yln-virtual-machine:/opt/bigdata/hadoop-3.1.1$ cd /opt/inputs
hadoop@yln-virtual-machine:/opt/inputs$ ls
a.txt  myLocalFile.txt
hadoop@yln-virtual-machine:/opt/inputs$ cat myLocalFile.txt
Hadoop
Spark
www.sise.edu.cn
hadoop@yln-virtual-machine:/opt/inputs$
```

图 3-15　查看已下载文件内容

最后,了解一下如何将文件从 HDFS 中的一个目录复制到 HDFS 中的另外一个目录。比如,如果要把 HDFS 的"/input/myLocalFile.txt"文件,复制到 HDFS 的另外一个目录"/user"中,命令及操作如图 3-16 所示。

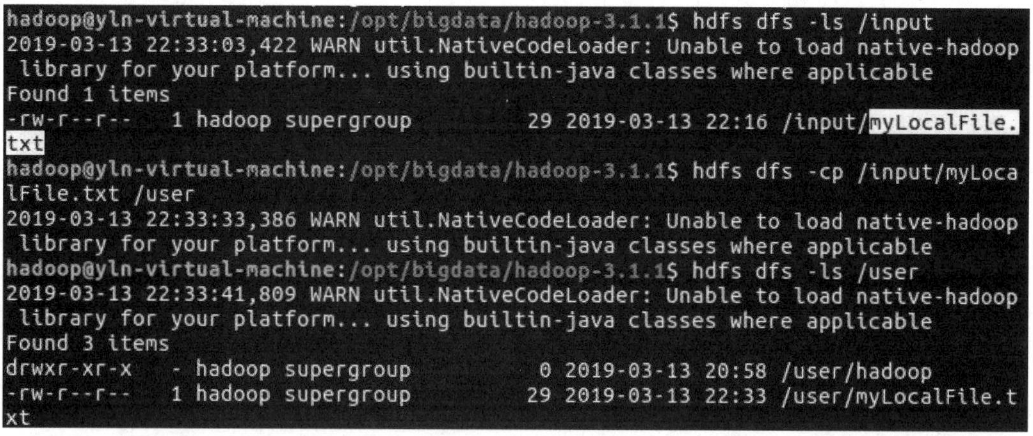

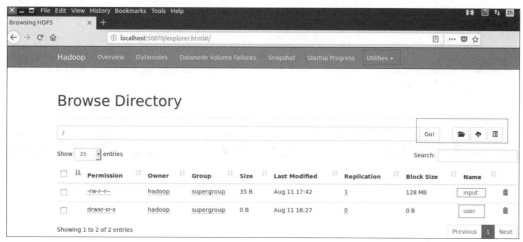

图 3-16 HDFS 文件复制

④利用 Web 界面管理 HDFS

打开 Linux 自带的 Firefox 浏览器,单击"Utilities"选项,链接 HDFS 的 Web 界面,即可看到 HDFS 的 Web 管理界面,访问地址:localhost:50070,如图 3-17 所示。

图 3-17 通过浏览器查看 HDFS 文件

3.2.2 使用 JAVA API 与 HDFS 交互

使用 Java API 与 HDFS 交互,需要利用软件 Eclipse 编写 Java 程序。所以第一步是下载并安装 Eclipse,第二步是使用 Eclipse 编写 Java 程序。

1. 下载并安装 Eclipse

(1)下载 Eclipse,本教程安装包版本为 eclipse-java-neon-2-linux-gtk-x86_64.tar.gz。本教程安装包都被下载或复制到当前登录用户的下载目录中,如图 3-18 所示。

```
hadoop@yln-virtual-machine:~/下载$ ls
apache-hive-2.3.3-bin.tar.gz          hadoop-3.1.1.tar.gz
eclipse-java-neon-2-linux-gtk-x86_64.tar.gz   jdk-8u181-linux-x64.tar.gz
```

图 3-18　安装包已获取界面

(2) 解压安装 eclipse 到/opt 目录下，如图 3-19 所示。

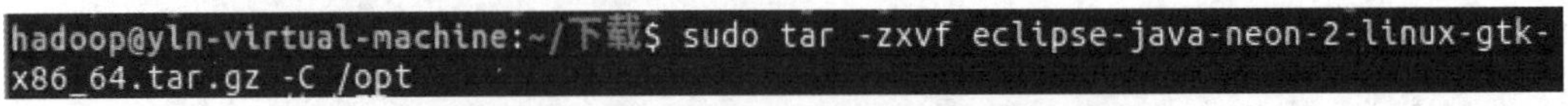

```
hadoop@yln-virtual-machine:~/下载$ sudo tar -zxvf eclipse-java-neon-2-linux-gtk-x86_64.tar.gz -C /opt
```

图 3-19　eclipse 解压安装到/opt 目录操作

(3) 查看解压结果，如图 3-20 所示。

```
hadoop@yln-virtual-machine:/opt$ ls
bigdata  eclipse  hbase  hive  java
```

图 3-20　eclipse 解压结果

(4) 在 Linux 系统中设置 Eclipse 的快捷方式。

① 执行命令：sudo gedit /usr/share/applications/eclipse.desktop

② 向 eclipse.desktop 中添加以下内容：

 [Desktop Entry]

 Encoding=UTF-8

 Name=Eclipse

 Comment=Eclipse IDE

 Exec=/opt/eclipse/eclipse

 Icon=/opt/eclipse/icon.xpm

 Terminal=false

 StartupNotify=true

 Type=Application

 Categories=Application;Developmet;

③ 通过以下语句给 eclipse.desktop 文件赋予权限，操作如图 3-21 所示。

sudo chmod u+x /usr/share/applications/eclipse.desktop

```
hadoop@yln-virtual-machine:/opt$ sudo chmod u+x /usr/share/applications/eclipse.desktop
```

图 3-21　给 eclipse.desktop 文件赋权

此时可以看到，刚才建立的 eclipse.desktop 文件变成了 Eclipse 的图标。

④ 找到文件/usr/share/applications/eclipse.desktop，单击右键复制到桌面，即可在 Ubuntu 桌面看到 Eclipse 图标。

2. 利用 Java API 与 HDFS 交互

Hadoop 不同的文件系统之间可以通过调用 Java API 进行交互，上一节介绍的 Shell 命令，本质上也是 Java API 的应用。

利用 Java API 与 HDFS 交互，需要使用软件 Eclipse 编写 Java 程序。

(1) 在 Eclipse 创建项目。

(2) 第一次打开 Eclipse，需要填写 Workspace（工作空间），用来保存程序所在的位置，这里按照默认，不需要改动，如图 3-22 所示。单击"OK"按钮，进入 Eclipse 软件。

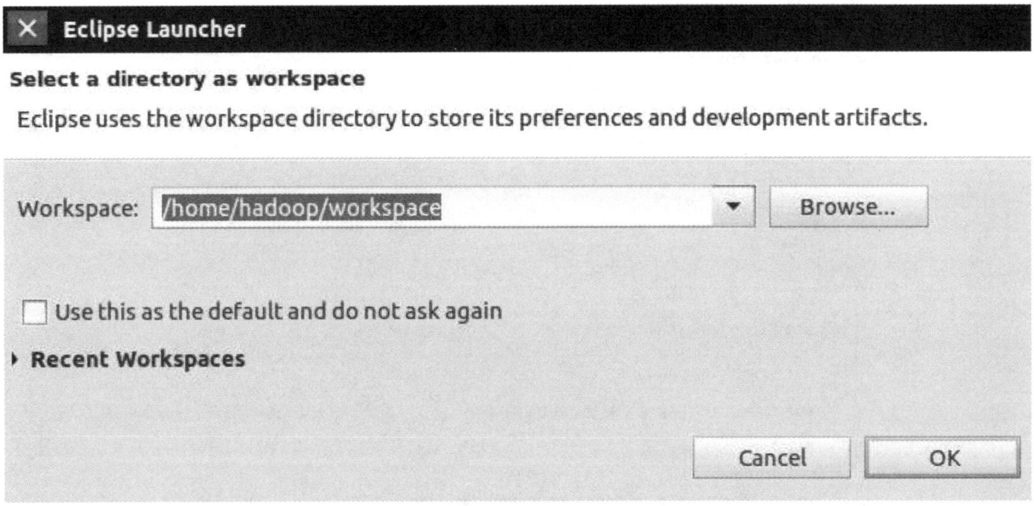

第 3 章 Hadoop 分布式文件系统

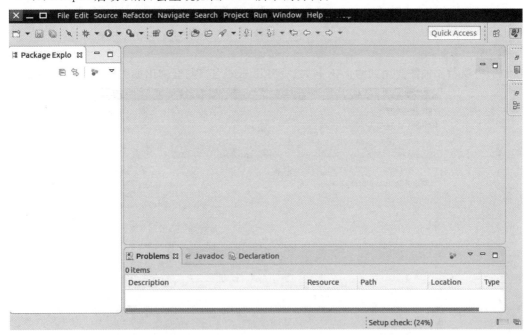

图 3-22 填写 Workspace

可以看出,由于当前采用 hadoop 用户登录了 Linux 系统,因此,默认的工作空间目录位于 hadoop 用户目录"/home/hadoop"下。

(3)Eclipse 启动以后,会呈现如图 3-23 所示的界面。

图 3-23 Eclipse 启动后的界面

(4)选择"File->New->Java Project"菜单,开始创建一个 Java 工程,会弹出如图 3-24 所示界面。

在"Project name"输入框输入工程名称"HDFSTest",选中"Use default location"选项,让这个 Java 工程的所有文件都保存到"/home/hadoop/workspace/HDFSTest"目录下。在"JRE"这个选项卡中,可以选择当前的 Linux 系统中已经安装好的 JDK,本教程安装的是 jdk1.8.0_181。然后,单击"Next>"按钮,进入下一步的设置。

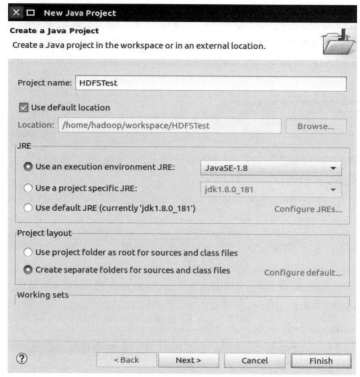

图 3-24　创建新工程

（5）为项目添加需要用到的 JAR 包，选择"Libraries"选项，会弹出如图 3-25 所示对话框。

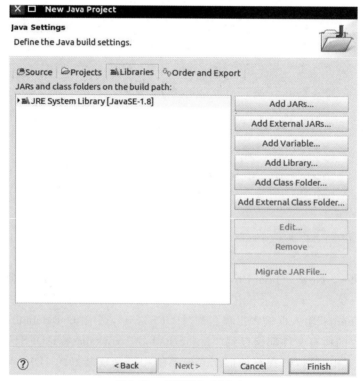

图 3-25　打开添加 JAR 包

（6）需要在这个界面中加载该 Java 工程所需要用到的 JAR 包，这些 JAR 包中包含可以访问 HDFS 的 Java API。这些 JAR 包都位于 Linux 系统的 Hadoop 安装目录下，对于本教程而言，就是在"/bigdata/hadoop-3.1.1/share/hadoop"目录下。单击界面中的"Libraries"选项卡，然后，单击界面右侧的"Add External JARs..."按钮，会弹出如图 3-26 所示对话框。

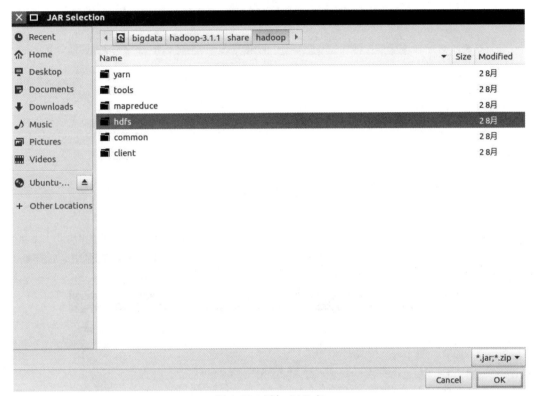

图 3-26　添加 JAR 包

（7）在该界面中，左侧的一排目录按钮（即"yarn""tools""mapreduce""hdfs""common""client"），当单击某个目录按钮时，就会在下面列出该目录的内容。

为了编写一个能够与 HDFS 交互的 Java 应用程序，一般需要向 Java 工程中添加以下 JAR 包：

①"/opt/bigdata/hadoop-3.1.1/share/hadoop/common"目录下的 hadoop-common-3.1.1.jar 和 haoop-nfs-3.1.1.jar；

②"/opt/bigdata/hadoop-3.1.1/share/hadoop/common/lib"目录下的所有 JAR 包；

③"/opt/bigdata/hadoop-3.1.1/share/hadoop/hdfs"目录下的 haoop-hdfs-3.1.1.jar、haoop-hdfs-client-3.1.1.jar 和 haoop-hdfs-nfs-3.1.1.jar；

④"/opt/bigdata/hadoop-3.1.1/share/hadoop/hdfs/lib"目录下的所有 JAR 包。

比如，如果要把"/bigdata/hadoop-3.1.1/share/hadoop/common"目录下的 hadoop-common-3.1.1.jar 和 haoop-nfs-3.1.1.jar 添加到当前的 Java 工程中，可以在界面中单击目录按钮，进入 common 目录，然后会显示出 common 目录下的所有内容，如图 3-27 所示。

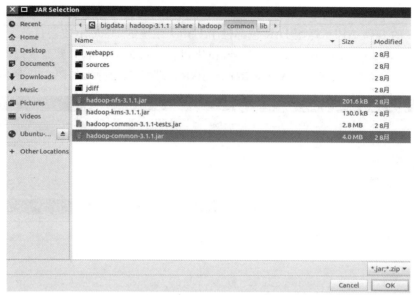

图 3-27　选择相关 JAR 包

（8）请在对话框中用鼠标单击选中 hadoop-common-3.1.1.jar 和 hadoop-nfs-3.1.1.jar，然后单击右下角的"OK"按钮，就可以把这两个 JAR 包增加到当前 Java 工程中，如图 3-28 所示。

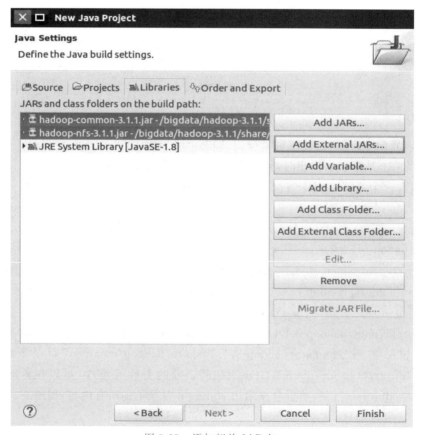

图 3-28　添加相关 JAR 包

(9)可以看出,hadoop-common-3.1.1.jar 和 haoop-nfs-3.1.1.jar 已经被添加到当前 Java 工程中。然后,按照类似的操作方法,可以再次单击"Add External JARs…"按钮,把剩余的其他 JAR 包都添加进来。需要注意的是,当需要选中某个目录下的所有 JAR 包时,可以使用"Ctrl+A"组合键进行全选操作。全部添加完毕以后,以单击界面右下角的"Finish"按钮,完成 Java 工程 HDFSTest 的创建。

(10)编写 Java 应用程序代码

下面编写一个 Java 应用程序,用来检测 HDFS 中是否存在一个文件。

请在 Eclipse 工作界面左侧的"Package Explorer"面板中,找到刚才创建好的工程名称"HDFSTest",如图 3-29 所示。然后在该工程名称上单击鼠标右键,在弹出的菜单中选择"New->Class"菜单,会出现如图 3-30 所示对话框。

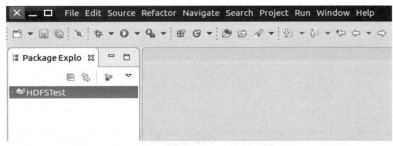

图 3-29　显示 HDFSTest 工程界面

图 3-30　创建 class

在该界面中,只需要在"Name"后面输入新建的Java类文件的名称,这里采用名称"HDFSFileIfExist",其他都可以采用默认设置。然后,单击右下角"Finish"按钮,出现如图3-31所示界面。

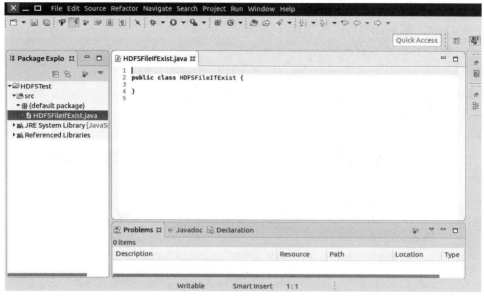

图 3-31 编辑程序界面

可以看出,Eclipse自动创建了一个名为"HDFSFileIfExist.java"的源代码文件,请在该文件中输入以下代码:

```java
import org.apache.hadoop.conf.Configuration;
import org.apache.hadoop.fs.FileSystem;
import org.apache.hadoop.fs.Path;
public class HDFSFileIfExist {
    public static void main(String[] args){
        try{
            String fileName = "test";
            Configuration conf = new Configuration();
            conf.set("fs.defaultFS","hdfs://localhost:9000");
            conf.set("fs.hdfs.impl","org.apache.hadoop.hdfs.DistributedFileSystem");
            FileSystem fs = FileSystem.get(conf);
            if(fs.exists(new Path(fileName))){
                System.out.println("文件存在");
            }else{
                System.out.println("文件不存在");
            }
        }catch (Exception e){
            e.printStackTrace();
        }
    }
}
```

该程序用来测试 HDFS 中是否存在一个文件，其中一行代码为：
```
String fileName = "test"
```
这行代码给出了需要被检测的文件名称是"test"，没有给出路径全称，所以表示是采用了相对路径，实际上就是测试当前登录 Linux 系统的用户 hadoop，在 HDFS 中对应的用户目录下是否存在 test 文件，也就是测试 HDFS 中的"/user/hadoop/"目录下是否存在 test 文件。

(11) 编译运行程序

在开始编译运行程序之前，请一定确保 Hadoop 已经启动运行。如果还没有启动，则需要打开一个 Linux 终端，输入命令 start-dfs.sh 启动 Hadoop。

接下来就可以编译运行上面编写的代码。可以直接单击 Eclipse 工作界面上的运行程序的快捷按钮，当把鼠标移动到该按钮上时，在弹出的菜单中选择"Run As"，如图 3-32 所示，继续在弹出的菜单中选择"Java Application"。

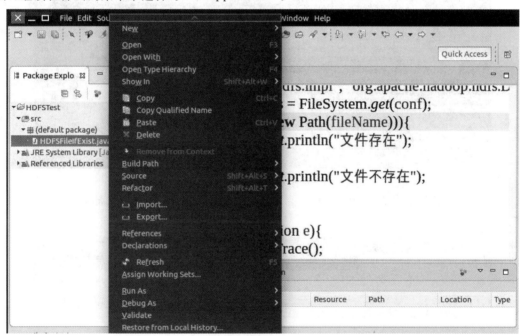

图 3-32　编译运行界面

程序运行结束后，会在底部的"Console"面板中显示运行结果信息，如图 3-33 所示。由于目前 HDFS 的"/user/hadoop"目录下还没有 test 文件，因此，程序运行结果是"文件不存在"。同时，"Console"面板中还会显示一些类似"log4j：WARN..."的警告信息，可以不用理会。

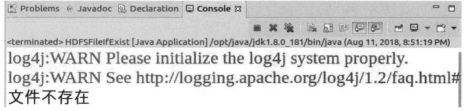

图 3-33　运行消息界面

3. HDFS shell 和 JAVA API 两种实现方式对比

分别使用 HDFS shell 和 JAVA API 实现创建文件、创建目录、删除文件、删除目录，上传文件，下载文件，追加文件等常用功能。

(1)提供一个 HDFS 的目录的路径，对该目录进行创建和删除操作。创建目录时，如果目录文件所在目录不存在则自动创建相应目录；删除目录时，由用户指定当该目录不为空时是否还删除该目录。

①使用 HDFS shell 实现。

◆ 创建目录，命令如下，操作如图 3-34 所示。

hdfs dfs -mkdir -p /dir1/dir2

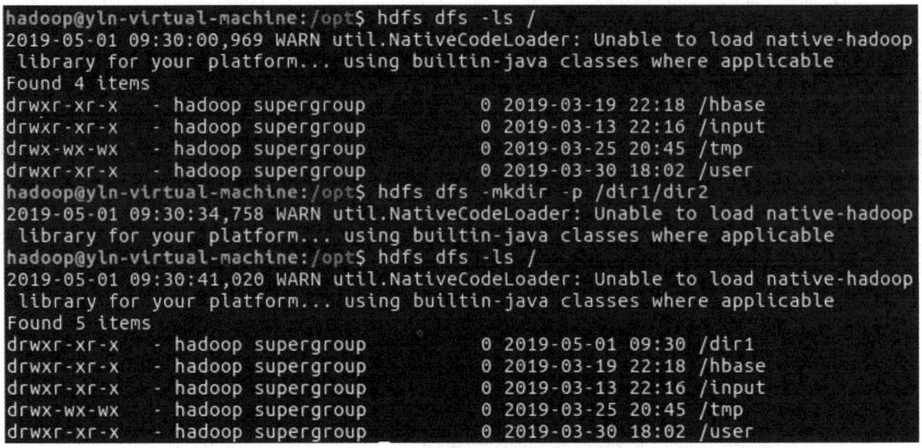

图 3-34　使用 shell 实现创建目录操作

验证目录是否创建成功，除了使用上述命令查看，还可以通过浏览器查看，如图 3-35 所示。

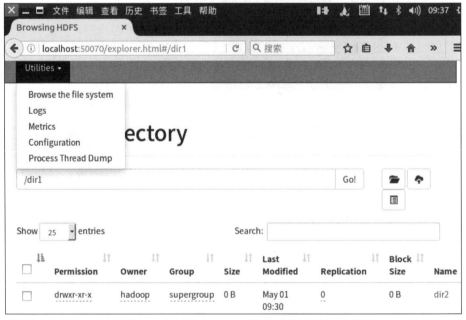

图 3-35　使用浏览器查看是否成功创建目录

- 删除目录(如果目录非空,则会提示 not empty,不执行删除),命令如下,操作如图 3-36 所示。

hdfs dfs -rmdir /dir1/dir2

目录为空时,可以使用以上命令进行目录删除。

```
hadoop@yln-virtual-machine:/opt$ hdfs dfs -rmdir /dir1/dir2
2019-05-01 09:41:22,478 WARN util.NativeCodeLoader: Unable to load native-hadoop
library for your platform... using builtin-java classes where applicable
hadoop@yln-virtual-machine:/opt$ hdfs dfs -ls /
2019-05-01 09:41:33,385 WARN util.NativeCodeLoader: Unable to load native-hadoop
library for your platform... using builtin-java classes where applicable
Found 5 items
drwxr-xr-x   - hadoop supergroup          0 2019-05-01 09:41 /dir1
drwxr-xr-x   - hadoop supergroup          0 2019-03-19 22:18 /hbase
drwxr-xr-x   - hadoop supergroup          0 2019-03-13 22:16 /input
drwx-wx-wx   - hadoop supergroup          0 2019-03-25 20:45 /tmp
drwxr-xr-x   - hadoop supergroup          0 2019-03-30 18:02 /user
hadoop@yln-virtual-machine:/opt$ hdfs dfs -ls /dir2
2019-05-01 09:41:39,602 WARN util.NativeCodeLoader: Unable to load native-hadoop
library for your platform... using builtin-java classes where applicable
ls: `/dir2': No such file or directory
```

图 3-36 使用 shell 实现删除目录操作

目录非空时,使用以上命令不能删除目录,需要使用强制方式删除目录,操作如图 3-37 所示。

```
hadoop@yln-virtual-machine:/opt$ hdfs dfs -put /opt/a.txt /dir1/dir2
2019-05-01 09:46:19,075 WARN util.NativeCodeLoader: Unable to load native-hadoop
library for your platform... using builtin-java classes where applicable
hadoop@yln-virtual-machine:/opt$ hdfs dfs -ls /dir1/dir2
2019-05-01 09:46:41,143 WARN util.NativeCodeLoader: Unable to load native-hadoop
library for your platform... using builtin-java classes where applicable
Found 1 items
-rw-r--r--   1 hadoop supergroup          6 2019-05-01 09:46 /dir1/dir2/a.txt
hadoop@yln-virtual-machine:/opt$ hdfs dfs -rmdir /dir1/dir2
2019-05-01 09:46:54,453 WARN util.NativeCodeLoader: Unable to load native-hadoop
library for your platform... using builtin-java classes where applicable
rmdir: `/dir1/dir2': Directory is not empty
```

图 3-37 目录不为空时删除目录报错界面

强制删除目录,命令如下,操作如图 3-38 所示。

hdfs dfs -rm -r /dir1/dir2

```
hadoop@yln-virtual-machine:/opt$ hdfs dfs -ls /dir1/dir2
2019-05-01 09:48:17,119 WARN util.NativeCodeLoader: Unable to load native-hadoop
library for your platform... using builtin-java classes where applicable
Found 1 items
-rw-r--r--   1 hadoop supergroup          6 2019-05-01 09:46 /dir1/dir2/a.txt
hadoop@yln-virtual-machine:/opt$ hdfs dfs -rm -r /dir1/dir2
2019-05-01 09:48:32,940 WARN util.NativeCodeLoader: Unable to load native-hadoop
library for your platform... using builtin-java classes where applicable
Deleted /dir1/dir2
hadoop@yln-virtual-machine:/opt$ hdfs dfs -ls /dir1
2019-05-01 09:48:41,614 WARN util.NativeCodeLoader: Unable to load native-hadoop
library for your platform... using builtin-java classes where applicable
hadoop@yln-virtual-machine:/opt$
```

图 3-38 使用 shell 实现强制删除非空目录

②使用 JAVA API 实现,代码如下。

import org.apache.hadoop.conf.Configuration; import org.apache.hadoop.fs.*;
import java.io.*; public class HdfsApi {

```java
/**
 * 判断路径是否存在
 */
public static boolean test(Configuration conf,String path) throws IOException {
    FileSystem fs = FileSystem.get(conf);
    return fs.exists(new Path(path));
}
/**
 * 判断目录是否为空
 * true:空;false:非空
 */
public static boolean isDirEmpty(Configuration conf,String remoteDir) throws IOException {
    FileSystem fs = FileSystem.get(conf);
    Path dirPath = new Path(remoteDir);
    RemoteIterator<LocatedFileStatus> remoteIterator = fs.listFiles(dirPath,true);
    return ! remoteIterator.hasNext();
}
/**
 * 创建目录
 */
public static boolean mkdir(Configuration conf,String remoteDir) throws IOException {
    FileSystem fs = FileSystem.get(conf);
    Path dirPath = new Path(remoteDir);
    boolean result = fs.mkdirs(dirPath);
    fs.close();
    return result;
}
/**
 * 删除目录
 */
public static boolean rmDir(Configuration conf,String remoteDir) throws IOException {
    FileSystem fs = FileSystem.get(conf);
    Path dirPath = new Path(remoteDir);
    /*第二个参数表示是否递归删除所有文件*/
    boolean result = fs.delete(dirPath,true);
    fs.close();
    return result;
}
/**
 * 主函数
 */
public static void main(String[] args) {
    Configuration conf = new Configuration();
```

```
    conf.set("fs.default.name","hdfs://localhost:9000");
    String remoteDir = "/user/hadoop/input";   // HDFS 目录
    Boolean forceDelete = false;   //是否强制删除
    try {
      /* 判断目录是否存在,不存在,则创建;存在,则删除 */
      if ( ! HdfsApi.test(conf,remoteDir) ) {
        HdfsApi.mkdir(conf,remoteDir); //创建目录
        System.out.println("创建目录:" + remoteDir);
      } else {
        if ( HdfsApi.isDirEmpty(conf,remoteDir) || forceDelete ) { //目录为空或强制删除
          HdfsApi.rmDir(conf,remoteDir);
          System.out.println("删除目录:" + remoteDir);
        } else   { // 目录不为空
          System.out.println("目录不为空,不删除:" + remoteDir);
        }
      }
    } catch (Exception e) {
      e.printStackTrace();
    }
  }
}
```

(2)向 HDFS 中指定的文件追加内容,由用户指定内容追加到原有文件的开头或结尾。

①使用 HDFS shell 实现。

◆ 查看追加命令帮助,命令如下,操作如图 3-39 所示。

hdfs dfs -help appendToFile

```
hadoop@yln-virtual-machine:/opt$ hdfs dfs -help appendToFile
2019-05-01 09:59:05,450 WARN util.NativeCodeLoader: Unable to load native-hadoop lib
rary for your platform... using builtin-java classes where applicable
-appendToFile <localsrc> ... <dst> :
  Appends the contents of all the given local files to the given dst file. The dst
  file will be created if it does not exist. If <localSrc> is -, then the input is
  read from stdin.
```

图 3-39　查看追加命令帮助

◆ 追加到文件末尾,命令如下。

hdfs dfs -appendToFile local.txt text.txt

例:首先使用命令创建 localText.txt 文件,内容为"hello hadoop"字符串;创建 desText.txt 文件,内容为"append text"字符串。命令及操作如图 3-40、图 3-41 所示。

```
hadoop@yln-virtual-machine:/opt$ sudo echo "hello hadoop">localText.txt
```
图 3-40　创建 localText.txt 文件

```
hadoop@yln-virtual-machine:/opt$ sudo echo "append text'>desText.txt
```
图 3-41　创建 desText.txt 文件

如果提示权限不够,则可以使用以下语句实现操作,如图 3-42、图 3-43 所示。

```
hadoop@yln-virtual-machine:/opt$ sudo sh -c 'echo "hello hadoop">localText.txt'
```
图 3-42　创建 localText.txt 文件

```
hadoop@yln-virtual-machine:/opt$ sudo sh -c 'echo "append text">desText.txt'
```

图 3-43　创建 desText.txt 文件

将 desText.txt 文件上传到 hdfs 的 / 目录下，并将 localText.txt 内容追加到 desText.txt 文件末尾，然后查看 desText.txt 文件内容，命令及操作如图 3-44、图 3-45 所示。

```
hadoop@yln-virtual-machine:/opt$ hdfs dfs -put /opt/desText.txt /
2019-05-01 10:24:05,071 WARN util.NativeCodeLoader: Unable to load native-hadoop lib
rary for your platform... using builtin-java classes where applicable
hadoop@yln-virtual-machine:/opt$ hdfs dfs -ls /
2019-05-01 10:24:21,722 WARN util.NativeCodeLoader: Unable to load native-hadoop lib
rary for your platform... using builtin-java classes where applicable
Found 5 items
-rw-r--r--   1 hadoop supergroup         12 2019-05-01 10:24 /desText.txt
drwxr-xr-x   - hadoop supergroup          0 2019-03-19 22:18 /hbase
drwxr-xr-x   - hadoop supergroup          0 2019-03-13 22:16 /input
drwx-wx-wx   - hadoop supergroup          0 2019-03-25 20:45 /tmp
drwxr-xr-x   - hadoop supergroup          0 2019-03-30 18:02 /user
hadoop@yln-virtual-machine:/opt$ hdfs dfs -appendToFile /opt/localText.txt /desText.
txt
```

图 3-44　追加文件操作

```
hadoop@yln-virtual-machine:/opt$ hdfs dfs -cat /desText.txt
2019-05-01 10:25:43,270 WARN util.NativeCodeLoader: Unable to load native-hadoop lib
rary for your platform... using builtin-java classes where applicable
append text
hello hadoop
```

图 3-45　查看 desText.txt 文件内容

◆ 追加到文件开头，命令如下，操作如图 3-46 所示。

```
hdfs dfs -copyFromLocal -f localText.txt /desText.txt
```

```
hadoop@yln-virtual-machine:/opt$ hdfs dfs -cat /desText.txt
2019-05-01 10:34:02,970 WARN util.NativeCodeLoader: Unable to load native-hadoop lib
rary for your platform... using builtin-java classes where applicable
append text
hello hadoop
hadoop@yln-virtual-machine:/opt$ hdfs dfs -copyFromLocal -f localText.txt /desText.t
xt
2019-05-01 10:34:55,559 WARN util.NativeCodeLoader: Unable to load native-hadoop lib
rary for your platform... using builtin-java classes where applicable
hadoop@yln-virtual-machine:/opt$ hdfs dfs -cat /desText.txt
2019-05-01 10:34:59,846 WARN util.NativeCodeLoader: Unable to load native-hadoop lib
rary for your platform... using builtin-java classes where applicable
hello hadoop
```

图 3-46　追加到文件开头操作

② 使用 JAVA API 实现，代码如下。

```java
import org.apache.hadoop.conf.Configuration;
import org.apache.hadoop.fs.*;
import java.io.*;
public class HdfsApi {
    /**
     *判断路径是否存在
     */
    public static boolean test(Configuration conf,String path) throws IOException {
        FileSystem fs = FileSystem.get(conf);
        return fs.exists(new Path(path));
    }
    /**
     *追加文本内容
```

```java
 */
public static void appendContentToFile(Configuration conf,String content,String remoteFilePath) throws IOException {
    FileSystem fs = FileSystem.get(conf);
    Path remotePath = new Path(remoteFilePath);
    /* 创建一个文件输出流,输出的内容将追加到文件末尾 */
    FSDataOutputStream out = fs.append(remotePath);
    out.write(content.getBytes());
    out.close();
    fs.close();
}
/**
 * 追加文件内容
 */
public static void appendToFile(Configuration conf,String localFilePath,String remoteFilePath) throws IOException {
    FileSystem fs = FileSystem.get(conf);
    Path remotePath = new Path(remoteFilePath);
    /* 创建一个文件读入流 */
    FileInputStream in = new FileInputStream(localFilePath);
    /* 创建一个文件输出流,输出的内容将追加到文件末尾 */
    FSDataOutputStream out = fs.append(remotePath);
    /* 读写文件内容 */
    byte[] data = new byte[1024];
    int read = -1;
    while ( (read = in.read(data)) > 0 ) {
        out.write(data,0,read);
    }
    out.close();
    in.close();
    fs.close();
}
/**
 * 移动文件到本地
 * 移动后,删除源文件
 */
public static void moveToLocalFile(Configuration conf,String remoteFilePath,String localFilePath) throws IOException {
    FileSystem fs = FileSystem.get(conf);
    Path remotePath = new Path(remoteFilePath);
    Path localPath = new Path(localFilePath);
    fs.moveToLocalFile(remotePath,localPath);
}
```

```java
/**
 * 创建文件
 */
public static void touchz(Configuration conf,String remoteFilePath) throws IOException {
    FileSystem fs = FileSystem.get(conf);
    Path remotePath = new Path(remoteFilePath);
    FSDataOutputStream outputStream = fs.create(remotePath);
    outputStream.close();
    fs.close();
}

/**
 * 主函数
 */
public static void main(String[] args) {
    Configuration conf = new Configuration();
    conf.set("fs.default.name","hdfs://localhost:9000");
    String remoteFilePath = "/user/hadoop/text.txt";    // HDFS 文件
    String content = "新追加的内容\n";
    String choice = "after";    //追加到文件末尾
    String choice = "before";    //追加到文件开头
    try {
        /*判断文件是否存在*/
        if ( ! HdfsApi.test(conf,remoteFilePath) ) {
            System.out.println("文件不存在:" + remoteFilePath);
        } else {
            if ( choice.equals("after") ) { //追加在文件末尾
                HdfsApi.appendContentToFile(conf,content,remoteFilePath);
                System.out.println("已追加内容到文件末尾" + remoteFilePath);
            } else if ( choice.equals("before") )  { // 追加到文件开头
/*没有相应的api可以直接操作,因此先把文件移动到本地,创建一个新的HDFS,再按顺序追加内容*/
                String localTmpPath = "/user/hadoop/tmp.txt";
                HdfsApi.moveToLocalFile(conf,remoteFilePath,localTmpPath);   // 移动到本地
                HdfsApi.touchz(conf,remoteFilePath);    //创建一个新文件
                HdfsApi.appendContentToFile(conf,content,remoteFilePath);   //先写入新内容
                HdfsApi.appendToFile(conf,localTmpPath,remoteFilePath); //再写入原来内容
                System.out.println("已追加内容到文件开头:" + remoteFilePath);
            }
        }
    } catch (Exception e) {
        e.printStackTrace();
    }
}
```

4.删除 HDFS 中指定的文件

(1)使用 HDFS shell 实现,命令如下,操作如图 3-47 所示。

hdfs dfs -rm /desText.txt

```
hadoop@yln-virtual-machine:/opt$ hdfs dfs -rm /desText.txt
```

图 3-47　shell 实现删除文件操作

(2)使用 JAVA 实现,代码如下。

```java
import org.apache.hadoop.conf.Configuration;import org.apache.hadoop.fs.*;
import java.io.*;public class HdfsApi {
  /**
   *删除文件
   */
  public static boolean rm(Configuration conf,String remoteFilePath) throws IOException {
    FileSystem fs = FileSystem.get(conf);
    Path remotePath = new Path(remoteFilePath);
    boolean result = fs.delete(remotePath,false);
    fs.close();
    return result;
  }


  /**
   *主函数
   */
  public static void main(String[] args) {
    Configuration conf = new Configuration();
  conf.set("fs.default.name","hdfs://localhost:9000");
    String remoteFilePath = "/user/hadoop/text.txt";   // HDFS 文件
    try {
      if ( HdfsApi.rm(conf,remoteFilePath) ) {
        System.out.println("文件删除:" + remoteFilePath);
      } else {
        System.out.println("操作失败(文件不存在或删除失败)");
      }
    } catch (Exception e) {
      e.printStackTrace();
    }
  }
}
```

5.删除 HDFS 中指定的目录

由用户指定目录中如果存在文件时是否删除目录。

(1)使用 HDFS shell 实现。

删除目录(如果目录非空则会提示 not empty,不执行删除)

hdfs dfs -rmdir dir1/dir2

强制删除目录

hdfs dfs -rm -R dir1/dir2

（2）使用 JAVA 实现。

```java
import org.apache.hadoop.conf.Configuration;
import org.apache.hadoop.fs.*;
import java.io.*;
public class HdfsApi {
    /**
     *判断目录是否为空
     * true:空; false:非空
     */
    public static boolean isDirEmpty(Configuration conf, String remoteDir) throws IOException {
        FileSystem fs = FileSystem.get(conf);
        Path dirPath = new Path(remoteDir);
        RemoteIterator<LocatedFileStatus> remoteIterator = fs.listFiles(dirPath,true);
        return ! remoteIterator.hasNext();
    }
    /**
     *删除目录
     */
    public static boolean rmDir(Configuration conf, String remoteDir, boolean recursive) throws IOException {
        FileSystem fs = FileSystem.get(conf);
        Path dirPath = new Path(remoteDir);
        /*第二个参数表示是否递归删除所有文件*/
        boolean result = fs.delete(dirPath,recursive);
        fs.close();
        return result;
    }
    /**
     *主函数
     */
    public static void main(String[] args) {
        Configuration conf = new Configuration();
        conf.set("fs.default.name","hdfs://localhost:9000");
        String remoteDir = "/user/hadoop/dir1/dir2";   // HDFS 目录
        Boolean forceDelete = false;   //是否强制删除
        try {
            if ( ! HdfsApi.isDirEmpty(conf,remoteDir) && ! forceDelete ) {
                System.out.println("目录不为空,不删除");
            } else {
                if ( HdfsApi.rmDir(conf,remoteDir,forceDelete) ) {
                    System.out.println("目录已删除: " + remoteDir);
                } else {
                    System.out.println("操作失败");
```

            }
          }
        } catch (Exception e) {
          e.printStackTrace();
        }
      }
    }

6.在 HDFS 中,将文件从源路径移动到目的路径

(1)使用 HDFS shell 实现,命令如下,操作如图 3-47 所示。

hdfs dfs -mv /desText.txt /dir1

```
hadoop@yln-virtual-machine:/opt$ hdfs dfs -mv /desText.txt /dir1
```

图 3-47 shell 实现文件路径转移

(2)使用 JAVA 实现,代码如下。

```java
import org.apache.hadoop.conf.Configuration;import org.apache.hadoop.fs.*;
import java.io.*;public class HdfsApi {
  /**
   *移动文件
   */
  public static boolean mv(Configuration conf,String remoteFilePath,String remoteToFilePath)
throws IOException {
      FileSystem fs = FileSystem.get(conf);
      Path srcPath = new Path(remoteFilePath);
      Path dstPath = new Path(remoteToFilePath);
      boolean result = fs.rename(srcPath,dstPath);
      fs.close();
      return result;
  }
  /**
   *主函数
   */
  public static void main(String[] args) {
    Configuration conf = new Configuration();
conf.set("fs.default.name","hdfs://localhost:9000");
    String remoteFilePath = "hdfs:///user/hadoop/text.txt";   //源文件 HDFS 路径
    String remoteToFilePath = "hdfs:///user/hadoop/input";   //目的 HDFS 路径
    try {
      if ( HdfsApi.mv(conf,remoteFilePath,remoteToFilePath) ) {
        System.out.println("将文件 " + remoteFilePath + " 移动到 " + remoteToFilePath);
      } else {
          System.out.println("操作失败(源文件不存在或移动失败)");
      }
    } catch (Exception e) {
```

```
            e.printStackTrace();
        }
    }
}
```

第 4 章
Hadoop 分布式计算框架

目标

- 了解 MapReduce 是什么？
- 了解 MapReduce 设计思想和特征；
- 熟悉 MapReduce 适合及不适合场景；
- 掌握 MapReduce 编程模型。

第 4 章 Hadoop 分布计算框架
- 4.1 理论任务：认识 MapReduce
  - 4.1.1 MapReduce 简介
  - 4.1.2 MapReduce 编程模型
  - 4.1.3 MapReduce 实例分析
- 4.2 实践任务：MapReduce 应用开发

4.1 理论任务：认识 MapReduce

MapReduce 最早是由 Google 公司提出的一种面向大规模数据处理的并行计算模型和方法，其设计初衷是为了解决其搜索引擎中大规模网页数据的并行化处理。Google 公司使用 MapReduce 改写了搜索引擎中的 Web 文档索引处理系统。MapReduce 可以应用于很多大规模数据的计算问题，后续将广泛应用于很多大规模数据处理问题。2003 年—2004 年，Google 公司在国际会议上分别发表了两篇关于 Google 分布式文件系统和 MapReduce 的论文，公布了 Google 的 GFS 和 MapReduce 的基本原理和主要设计思想。

2004 年，开源项目 Lucene（搜索索引程序库）和 Nutch（搜索引擎）的创始人 Doug Cutting 发现 MapReduce 正是其所需要的解决大规模 Web 数据处理的重要技术，因而模仿 Google MapReduce，基于 Java 设计开发了一个名为 Hadoop 的开源 MapReduce 并行计算框架和系统，并得到了广泛的推广和应用。Hadoop MapReduce 运行在 HDFS 上。Hadoop 2.0 版本以后 MapReduce 只是运行在 YARN 之上的一个纯粹的计算框架，不再自己负责资源调度管理服务,而是由 YARN 为其提供资源管理调度服务。

4.1.1 Mapreduce 简介

1.MapReduce 的定义

MapReduce 是一种分布式并行编程模型,主要用于大规模数据集(大于 1 TB)的并行运算。大数据集的计算通常采用并行计算的处理手法,但对众多开发者来说,完全由自己实现一个并行计算程序难度太大,而 MapReduce 就是一种简化并行计算的编程模型,它可以使得那些没有多少并行计算经验的开发人员也可以开发并行应用程序。通过简化编程模型,降低开发并行应用程序的入门门槛。MapReduce 的核心思想是"分而治之"。

MapReduce 的定义隐含了以下三层含义:

(1)MapReduce 是一个基于集群的高性能并行计算平台。它允许用市场上普通的商用服务器构成一个包含数十、数百甚至数千个节点的分布式并行计算集群。

(2)MapReduce 是一个并行计算与运行软件框架。它提供了一个庞大的、设计精良的并行计算软件框架,能自动完成计算任务的并行化处理,自动划分计算数据和计算任务,在集群节点上自动分配和执行任务以及收集计算结果,将数据分布存储、数据通信、容错处理等并行计算涉及的很多系统底层的复杂细节交由系统负责处理,大大减少了软件开发人员的负担。

(3)MapReduce 是一个并行程序设计模型与方法。它借助函数式程序设计语言 Lisp 的设计思想,提供了一种简便的并行程序设计方法,用 Map 和 Reduce 两个函数编程实现基本的并行计算任务;提供了抽象的操作和并行编程接口,以简单方便地完成大规模数据的编程和计算处理。

2.MapReduce 的主要设计思想和特征

(1)向"外"横向扩展,而非向"上"纵向扩展。

MapReduce 集群可以采用价格便宜、易于扩展的大量廉价商用服务器或者 PC 机,而非价格昂贵、不易扩展的高端服务器。由于需要处理的是海量数据,所以当资源不够时,可以通过简单的添加机器的方法来扩展其计算能力。

(2)高容错性。

MapReduce 设计的初衷就是使程序能够部署在廉价的 PC 机上,使得廉价 PC 机的节点硬件失效和软件出错成为常态。因而,一个良好设计、具有容错性的并行计算系统不能因为某个节点的失效而影响计算服务的质量,任何节点失效都不应该导致结果的不一致或不确定;任何一个节点失效时,其他节点要能够无缝接管失效节点的计算任务;当失效节点恢复后应能自动无缝加入集群,而不需要管理员人工进行系统配置。MapReduce 并行计算软件框架使用多种有效的错误检测和恢复机制,如节点自动重启技术,使集群和计算框架具有对付节点失效的健壮性,能有效处理失效节点的检测和恢复。

(3)"迁就"数据,将处理向数据迁移。

传统高性能计算系统通常有很多处理器节点与一些外存储器节点相连,而大规模数据处理时,外存文件数据 I/O 访问会成为一个制约系统性能的瓶颈。为减少大规模数据并行计算系统中的数据通信开销,将处理向数据靠拢和迁移。MapReduce 采用了数据/代码互定位的技术方法,计算节点首先负责计算其本地存储的数据,仅当节点无法处理本地数据时,再采用就近原则寻找其他可用计算节点,并把数据传送到该可用计算节点上进行计算。

(4) 顺序处理数据,避免随机访问数据。

大规模数据处理的特点决定了大量的数据记录不可能全部存放在内存中,通常是放在外存中进行处理。而磁盘的顺序访问比随机访问要快得多,因此 MapReduce 设计为面向顺序式大规模数据的磁盘访问处理的并行计算系统,所有计算都被组织成很长的流式操作,以便能利用分布在集群中大量节点上磁盘集合的高传输带宽。

(5) 易于编程,为应用开发者隐藏系统层细节。

MapReduce 提供了一种抽象机制将程序员与系统层细节隔离开来,程序员仅需描述需要计算的内容,而具体怎么去做可以交由系统的执行框架处理,只需简单实现一些接口,就可以完成一个分布式程序。这样程序员可从系统底层细节中解放出来,无须考虑数据分布存储管理、数据分发、数据通信和同步、计算结果收集等细节问题,而致力于其应用本身计算问题的算法设计。

(6) 平滑无缝的可扩展性。

这里的可扩展性主要包括数据扩展和系统规模扩展。多项研究发现基于 MapReduce 的计算性能可随节点数目增长而保持近似于线性的增长。

3. MapReduce 适合及不适合场景

MapReduce 易于编程,更加适合海量数据的离线处理,而非数据的实时处理。

MapReduce 虽然有很多优势,但也有不擅长的地方,不擅长不代表不能做,而是实现的效果不太好。MapReduce 不适合场景主要包括:

(1) 实时计算,MapReduce 无法在毫秒或者秒级内迅速反馈结果,不能实时响应。

(2) 流式计算,流式计算的输入数据是动态的,而 MapReduce 的输入数据集是静态的。但自从 Hadoop 2.0 之后的版本有了 YARN,所以 Hadoop 可以借助其他工具进行流式计算。

(3) DAG(有向无环图)计算,若多个应用程序相互存在依赖关系,后一个应用程序的输入是前一个应用程序的输出,这种情况,MapReduce 也不适合,因为会降低使用性能。

4.1.2 MapReduce 编程模型

MapReduce 的思想是"分而治之",通过 Map(映射)函数和 Reduce(归约)函数实现。MapReduce 之所以易于编程,主要是由于程序员只需关注如何实现 Map 函数和 Reduce 函数,而无须考虑分布式存储、负载均衡、工作调度等其他复杂问题,这些问题皆可由 MapReduce 框架负责处理。

(1) Mapper 负责"分",即把复杂的任务分解为若干个"简单的任务"来处理。"简单的任务"主要包含三层含义:一是数据或计算的规模相对原任务要缩小很多;二是就近计算原则,即任务会分配到存放着所需数据的节点上进行计算;三是这些小任务可以进行并行计算,彼此之间几乎没有依赖关系。

(2) Reducer 负责对 Map 阶段的结果进行汇总。

Map 函数和 Reduce 函数都是以<key(键),value(值)>作为输入,按照一定的映射规则转换成另一个或一批<key,value>进行输出,见表 4-1。

表 4-1　　　　　　　　　Map 函数和 Reduce 函数的输入/输出

函数	输入	输出	说明
Map	<key1,value1>	List(<key2,value2>)	(1)将小数据集进一步解析成一批<key,value>,输入 Map 中进行处理 (2)每一个输入的<key1,value1>会输出一批<key2,value2>,<key2,value2>是计算的中间结果
Reduce	<key2,List（value2）>	<key3,value3>	输入的中间结果<key2,List（value2）>中的 List（value2)表示是一批属于同一个 key2 的 value

Map 函数将输入的元素转换成<key,value>形式的键值对,键和值的类型可以是任意的,其中键没有唯一性,不作为输出的身份标识,即可以通过 Map 函数生成具有相同键的多个<key,value>。

Reduce 函数的任务就是将输入的一系列具有相同键的键值对以某种方式组合起来,输出处理后的键值对,输出结果会合并成为一个文件。

MapReduce 的工作流程图如图 4-1 所示。

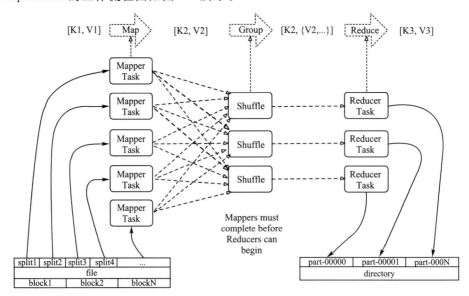

图 4-1　MapReduce 的工作流程图

MapReduce 的执行步骤:

1.Map 任务处理

(1) 读取 HDFS 中的文件,将每一行解析成一个<key,value>键值对,每一个键值对调用一次 Map 函数,Map 函数处理输入的每一行。

(2)根据用户自定义的映射规则,根据相关逻辑自定义 Map 函数,对(1)产生的<key,value>键值对进行处理,转换为新的<key,value>进行输出。

(3)对(2)输出的<key,value>进行分区,根据业务要求把 Map 输出的数据分成多个区,默认分为一个区。

(4)对不同分区中的数据,根据 key 值进行排序、分组,相同 key 的 value 放到一个集合中。

2. Reduce 任务处理

(1)每个 Reduce 会接收各个 Map 中相同分区中的数据,对多个 Map 任务的输出,按照不同的分区通过网络复制到不同 Reduce 节点。

(2)对多个 Map 任务的输出进行合并、排序,接收分组后的数据,实现自己的业务逻辑,处理后产生新的<key,value>输出。

(3)将 Reduce 输出的<key,value>写入到 HDFS 中。

接下来从逻辑实体的角度描述 MapReduce 工作流程,按照时间顺序主要包括输入分片(Input split)、Map 阶段、Combiner 阶段、Shuffle 阶段和 Reduce 阶段。

(1)输入分片(Input split):在进行 Map 计算之前,MapReduce 会根据输入文件计算输入分片,每个输入分片针对一个 Map 任务,输入分片存储的并非数据本身,而是一个分片长度和一个记录数据位置的数组,输入分片和 HDFS 的数据块关系很密切。假如设定 HDFS 的数据块大小是 128 MB,如果输入三个文件,大小分别是 10 MB、138 MB 和 254 MB,那么 Mapreduce 会把 10 MB 文件分为一个输入分片,138 MB 则是两个输入分片,而 254 MB 也是两个输入分片。对于大多数作业来说,一个合理的分片大小趋向于 HDFS 的一个块的大小。因此,在此阶段主要是把需要处理的数据进行分片,把每个分片交给不同 Map 程序进行处理,分片后数据会被解析为<key,value>键值对输入到 Map 中进行处理。

(2) Map 阶段:对分片后的数据根据用户自定义的映射规则,通过 Map 函数输出一系列<key,value>作为中间结果,一般 Map 操作都是本地化操作也就是在数据存储节点上进行。

(3)Combiner(合并)阶段:此阶段可以选择。Combiner 其实是一个本地化的 Reduce 操作,它是 Map 运算的后续操作,是在 Map 计算出中间文件前做一个简单的合并重复 key 值的操作。例如对文件里的单词频率做统计,Map 计算时若碰到一个 Hadoop 的单词就会记录为 1,但是这篇文章里 Hadoop 可能会出现 n 多次,那么 Map 输出文件冗余就会很多。因此在 Reduce 计算前对相同的 key 做一个合并操作,那么文件会变小,这样就提高了带宽的传输效率。但是 Combiner 操作是有风险的,使用它的原则是 Combiner 的输入不会影响到 Reduce 计算的最终输入,例如:如果计算只是求总数、最大值,最小值可以使用 Combiner,但是做平均值计算使用 Combiner 的话,最终的 Reduce 计算结果就会出错。

(4)Shuffle 阶段:将 Map 的输出作为 Reduce 输入的过程就是 Shuffle,这是 MapReduce 优化的重点。Shuffle 首先是 Map 阶段做输出操作,因为一般 MapReduce 计算的都是海量数据,Map 输出时不可能把所有文件都放到内存操作,所以 Map 写入磁盘的过程十分的复杂,况且 Map 输出时还需对结果进行排序,内存开销非常大。Map 在做输出时会在内存开启一个环形内存缓冲区,这个缓冲区专门用来输出,默认大小是 100 MB,并且在配置文件里为这个缓冲区设定了一个阈值,默认是 0.80(这个大小和阈值都是可以在配置文件里进行配置的)。同时 Map 还会为输出操作启动一个守护线程,如果缓冲区的内存达到了阈值的 80%,这个守护线程就会把内容写到磁盘上,这个过程叫 Spill。另外的 20% 内存可以继续写入要写入磁盘的数据。写入磁盘和写入内存操作是互不干扰的,如果缓存区被撑满了,那么 Map 就会阻止写入内存的操作,让写入磁盘操作完成后再继续执行写入内存操作。数据写入磁盘前会有个排序操作,这个是在写入磁盘操作时候进行,不是在写入内存时进行,若定义了 Combiner 函数,那么还会执行 Combiner 操作。每次 Spill 操作也就是写入磁盘操作时会写一个溢出文件,也就是说在做 Map 输出时,有几次 Spill 就会有多少个溢出文件。等 Map 输出全部完成后,Map 会合并这些输出文件,这个过程里还会有一个 Partitioner 操作。其实 Partitioner 操作和 Map 阶段的输入分片很像,一个 Partitioner 对应一个 Reduce 作业,若 MapReduce 操作只有一个 Reduce 操作,那么 Partitioner 就只有一个,若有多个 Reduce 操作,那么对应的 Partitioner 就会有多个。这个可以通过编程控制,根据实际 key 和 value 的值,根据实际业务类型或者为了更好地 Reduce 负载均衡要求进行编程,这是提高 Reduce 效率的一个关键所在。到了 Reduce 阶段就是合并 Map 输出文件,Partitioner 会找到对应的 Map 输出文件,然后进行复制操作,复制操作时 Reduce 会开启几个复制线程,这些线程默认个数是 5 个,也可以在配置文件时更改复制线程的个数。这个复制过程和 Map 写入磁盘过程类似,也有阈值和内存大小,阈值可以在配置文件里配置,而内存大小是直接使用 Reduce 的 tasktracker 的内存大小,复制的时候 Reduce 还会进行排序操作和合并文件操作,这些操作完了就会进行 Reduce 计算。

(5)Reduce 阶段:对前面阶段得到的数据,通过自己的业务逻辑处理后产生新的<key,value>进行输出,最终结果是存储在 HDFS 上。

3.MapReduce 的特点

(1)若 JobTracker 不能正常运行,则整个作业都不能运行,存在单点故障。

(2)JobTracker 既负责资源管理又负责作业控制,当作业增多时,JobTracker 内存是扩展的瓶颈。

(3)Map task 全部完成后才能执行 reduce task,造成资源空闲浪费。

而 YARN 的设计考虑了以上缺点,对 MapReduce 进行了重新设计:

(1)将 JobTracker 职责分离,ResouceManager 进行全局资源管理,ApplicationMaster 管理作业的调度。

(2)对 ResouceManager 做了 HA 设计。

(3)设计了更细粒度的抽象资源容器 Container。

4.1.3 MapReduce 实例分析

接下来给出一个 WordCount 的实例,通过此实例来阐述使用 MapReduce 解决问题的基本思路及实现过程。

1.WordCount 实例任务

类似于学习编程语言的"Hello Word"实例,该 WordCount 也为 MapReduce 的入门级实例。其任务见表 4-2,表 4-3 列出了 WordCount 实例的输入输出。

表 4-2　　　　　　　　　　　　　WordCount 实例任务

项目	描述
程序名称	WordCount
输入	一个包含大量单词的文本文件

(续表)

项目	描述
输出	统计文件中每个单词及其出现的次数,且按照单词字母顺序排序,每个单词和其出现次数分别占一行,单词和出现次数之间有空格间隔

表 4-3　　　　　　　　　　WordCount 的输入/输出

输入	输出
Hello Sise Bye Sise Hello Hadoop Bye Hadoop Bye Hadoop Hello Hadoop	Bye 3 Hadoop 4 Hello 3 Sise 2

2. WordCount 实例设计思路

首先,需要确定 WordCount 实例是否适合采用 MapReduce 来实现。适合使用 MapReduce 来处理的数据集需要满足一个条件:待处理的数据集可以分解为许多个小的数据集,且每个小数据集不存在相互依赖性。在 WordCount 实例中,统计不同单词出现的次数,各个单词的统计相互独立,并且可以把不同单词分发给不同机器进行统计处理,所以该实例可以使用 MapReduce 来实现。

其次,确定 MapReduce 的设计思路。思路较简单,把文本文件里的各个单词进行拆分解析,然后再把所有相同的单词聚集到一起,最后计算出每个单词出现的次数,并进行输出。

最后,确定 MapReduce 程序的执行过程。把文本文件的内容进行输入分片,把每个分片输入给不同机器上的 Map 任务,并行执行完成"从文本文件中解析出所有单词"的任务。Map 的输入采用<key,value>方式,即文件的行号作为 key,文件的一行作为 value。Map 的输出是以单词作为 key,1 作为 value。Map 阶段完成后,会输出一系列类似<单词,1>这种形式的中间结果。接着 Shuffle 阶段会对这个中间结果进行排序、分区,分发给不同的 Reduce 任务。Reduce 接收到所有的中间结果后进行汇总计算,最后得到每个单词的出现次数并把结果输出到 HDFS 中。

3. WordCount 实例具体执行过程

(1) Map 过程:并行读取文本,对读取的单词进行 Map 操作,每个词都以<key,value>形式生成,如图 4-2 所示。

一个有三行文本的文件进行 MapReduce 操作。

读取第一行 Hello Sise Bye Sise,分割单词形成 Map 输出。

<Hello,1> <Sise,1> <Bye,1> <Sise,1>

读取第二行 Hello Hadoop Bye Hadoop,分割单词形成 Map 输出。

<Hello,1> <Hadoop,1> <Bye,1> <Hadoop,1>

读取第三行 Bye Hadoop Hello Hadoop,分割单词形成 Map 输出。

<Bye,1> <Hadoop,1> <Hello,1> <Hadoop,1>

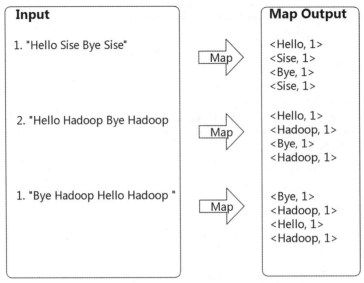

图 4-2　Map 过程

（2）Reduce 操作是对 Map 的结果进行排序、合并、最后得出词频，如图 4-3 所示。

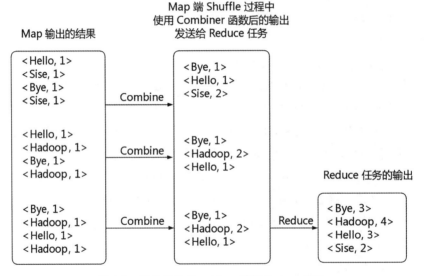

图 4-3　用户定义 Combiner 时的 Reduce 过程

4.2 实践任务：MapReduce 应用开发

MapReduce 是一种分布式并行编程模型，是 Hadoop 核心子项目之一，如果已经安装了 Hadoop，就不需要另外安装 MapReduce。MapReduce 的程序可以用 Eclipse 编译运行或使用命令行编译打包运行，本次实践使用 Eclipse 编译运行 MapReduce 程序。

1. Eclipse 的安装与配置

在第三章已经介绍过 Eclipse 的安装与配置，此处省略。

2. Hadoop-Eclipse-Plugin 的安装与配置

(1)安装 Hadoop-Eclipse-Plugin

要在 Eclipse 上编译和运行 MapReduce 程序,需要安装插件 hadoop-eclipse-plugin。本教程下载的插件为 hadoop2x-eclipse-plugin-master.zip。将插件下载到 Ubuntu 后,将 hadoop2x-eclipse-plugin-master.zip 进行解压,解压后将 release 目录中的 hadoop-eclipse-kepler-plugin-2.6.0.jar 复制到 Eclipse 安装目录的 plugins 文件夹中,运行 eclipse -clean,重新启动 Eclipse 即可。注意,添加插件后只需要运行一次该命令,以后按照正常方式启动即可。解压及复制命令如下,操作如图 4-4、图 4-5 所示。

    unzip hadoop2x-eclipse-plugin-master.zip

以上命令表示将 hadoop2x-eclipse-plugin-master.zip 解压到当前目录中。

    sudo cp hadoop-eclipse-plugin-2.6.0.jar /opt/eclipse/plugins

以上命令表示将 hadoop-eclipse-plugin-2.6.0.jar 复制到 eclipse 安装目录的 plugins 目录下。

    /opt/eclipse/plugins -clean

以上命令表示添加插件后需要用这种方式使插件生效。

图 4-4 解压 hadoop2x-eclipse-plugin-master.zip

图 4-5 复制 hadoop-eclipse-plugin-2.6.0.jar

(2)配置 Hadoop-Eclipse-Plugin

在配置 Hadoop-Eclipse-Plugin 前请确保已经启动 Hadoop,成功启动 Hadoop 界面如图 4-6 所示。

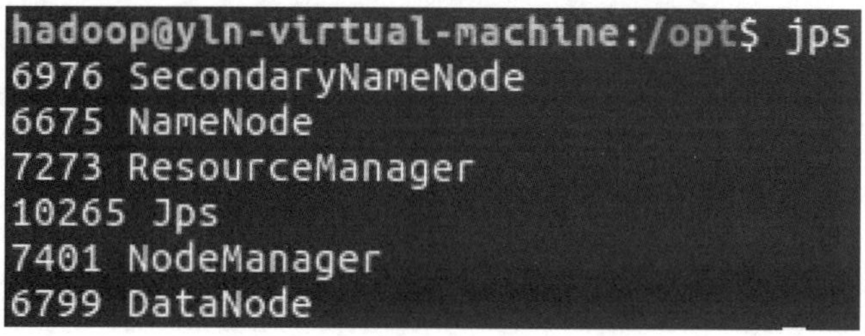

图 4-6 Hadoop 启动后的进程

启动 Eclipse 后,在左侧的 Project Explorer 中可以看到 DFS Locations(若看到的是 welcome 界面,则单击左上角的×关闭就可以看到)。效果如图 4-7 所示。

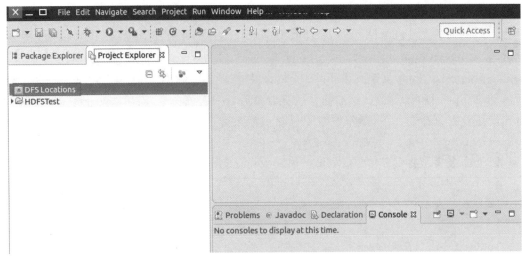

图 4-7　启动 Eclipse 界面

接下来对插件进行进一步的配置。

第一步:选择 Eclipse 中 Window 菜单下的 Preference 选项,如图 4-8 所示。

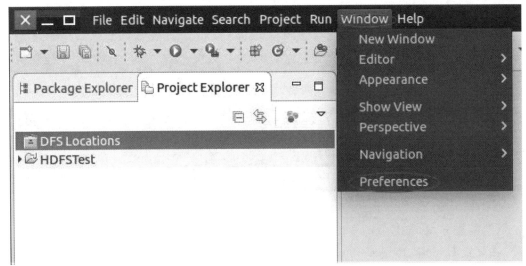

图 4-8　选择 Preference 选项界面

此时会弹出一个窗体,窗体的左侧会多出 Hadoop Map/Reduce 选项,选择此选项,单击右边的 Browse 按钮选择 Hadoop 的安装目录(如/opt/bigdata/hadoop/hadoop-3.1.1,如果觉得选择目录不方便,也可以直接输入路径)。效果如图 4-9 所示。

第二步:切换 Map/Reduce 开发视图。在 Eclipse 中 Window 菜单下选择 Window -> Perspective -> Open Perspective -> Other,将弹出一个窗体,从中选择 Map/Reduce 选项即可进行切换。效果如图 4-10 所示:

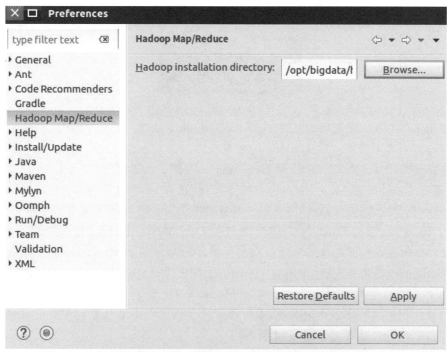

图 4-9　Preference 设置

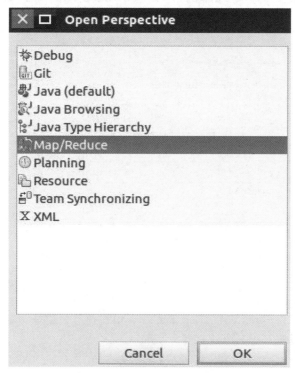

图 4-10　Open Perspective 选项

第三步：建立与 Hadoop 集群的连接。单击 Eclipse 软件右下角的 Map/Reduce Locations 面板，在下面的空白面板中单击右键，选择 New Hadoop Location，如图 4-11 所示。

图 4-11 新建 Map/Reduce Locations 界面

在弹出来的 General 选项面板中进行 Map/Reduce(V2) Master 和 DFS Master 的设置。此项设置需要与前期安装 Hadoop 的配置一致。因为本教程使用的是 Hadoop 伪分布式,因此 Map/Reduce(V2) Master 和 DFS Master 是同一个节点,所以两个 Host 的配置值相同,且都是 localhost。Map/Reduce(V2) Master 的 Port 值使用默认的 50020 即可,但 DFS Master 的 Port 值需要修改,因为第二章安装 Hadoop 时 HDFS 的配置文件中设置 fs.defaultFS 为 hdfs://localhost:9000,所以此处的 DFS Master 的 Port 值需要更改为 9000。Location Name 可以根据各自想法随意取名。另外一个 Advanced parameters 选项面板主要是对 Hadoop 参数进行配置,即填写 Hadoop 的配置项(/opt/bigdata/Hadoop 3.1.1/etc/hadoop 中的配置文件),如果在第二章安装 Hadoop 时配置了 hadoop.tmp.dir,则需要进行相应的修改。但修改起来会比较烦琐,本教程后续在第五点中通过复制配置文件的方式进行解决。最后的设置效果图如图 4-12 所示:

图 4-12 设置 Map/Reduce Locations

配置 General,单击 Finish,Map/Reduce Location 则已创建好。

3. 在 Eclipse 中操作 HDFS 中的文件

配置好 Hadoop-Eclipse-Plugin 插件后,单击左上角 Project Explorer 中的 DFS Locations 前的三角形控件进行目录展开,则可以看到 Map/Reduce Location,继续展开就能直接查看 HDFS 中的文件列表。需要注意的是 HDFS 中要有文件才能显示。双击 HDFS 中的文件就可以查看文件内容,选中目录单击鼠标右键则可以进行文件的上传、下载和删除等相关操作,和 hdfs dfs 等命令效果一样。

图 4-13 则表示通过 Eclipse 查看/input/myLocalFile.txt 文件的相关内容。

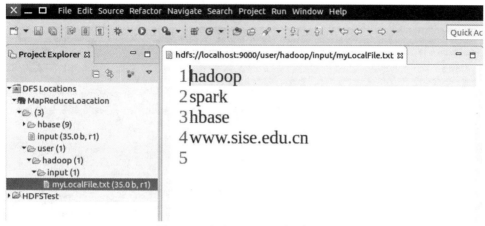

图 4-13　通过 eclipse 查看文件界面

如果无法查看，可右键单击 Location 尝试 Reconnect 或重启 Eclipse。

> **注意**　如果 HDFS 中的内容发生变动后，Eclipse 不会同步刷新，需要右键单击 Project Explorer 中的 MapReduce Location，选择 Refresh，才能看到变动后的文件。

4．在 Eclipse 中创建 MapReduce 项目，统计各个单词出现的次数

单击 File 菜单，选择 New -> Project…；选择 Map/Reduce Project，单击 Next 按钮，如图 4-14 所示。

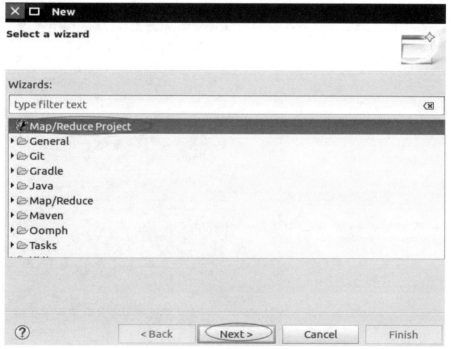

图 4-14　新建 Map/Reduce Project

在 Project name 右侧输入框内填写 WordCount 即可,单击 Finish 按钮就完成项目的创建,如图 4-15 所示。

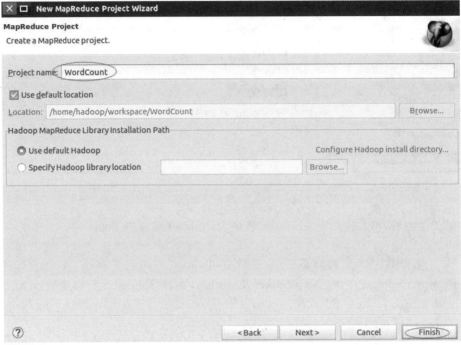

图 4-15　填写项目名称界面

此时在左侧的 Project Explorer 列表下就能看到刚才创建的项目了,效果如图 4-16 所示。

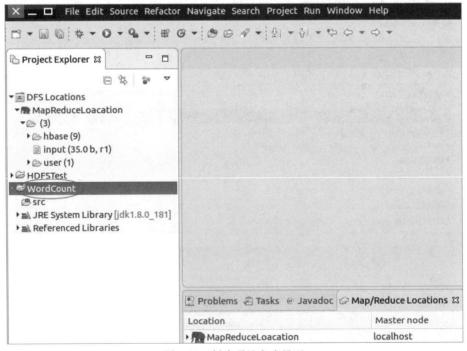

图 4-16　创建项目完成界面

接着鼠标右键单击刚创建的 WordCount 项目下的 src，选择 New->Class，需要填写两个地方：在 Package 处填写 org.apache.hadoop.examples；在 Name 处填写 WordCount，最后单击"Finish"按钮，如图 4-17 所示。

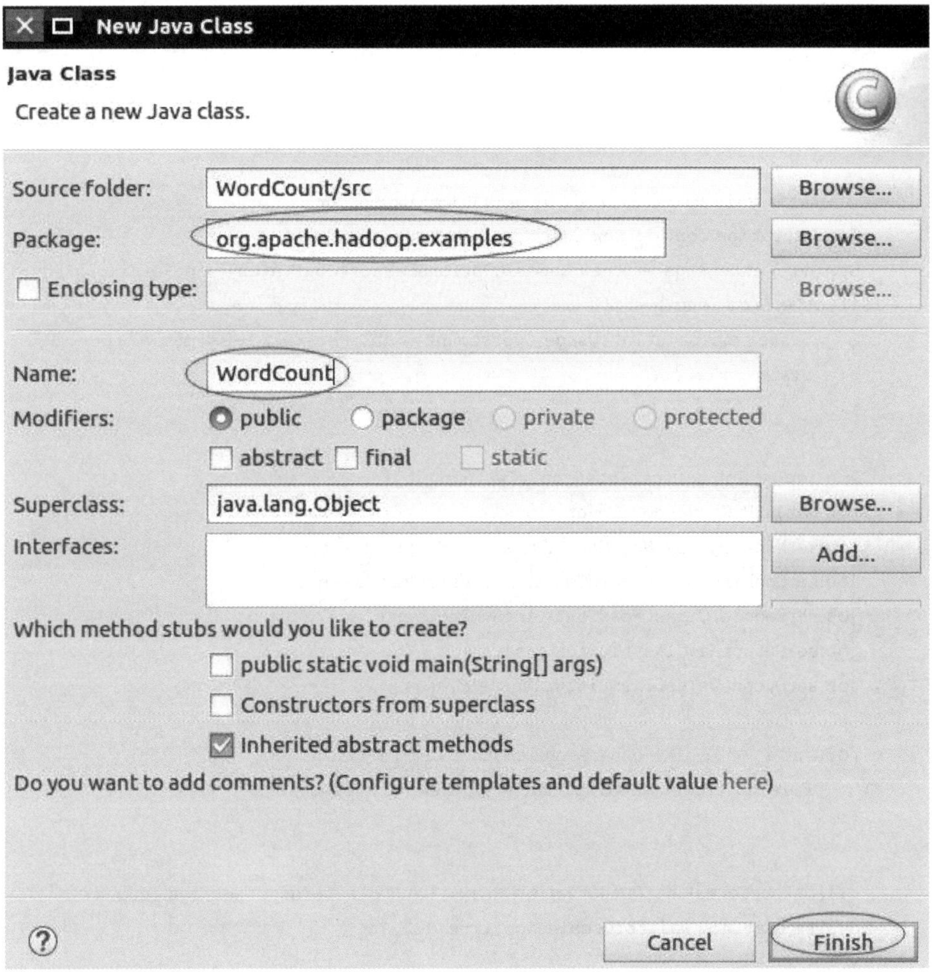

图 4-17　创建 class 界面

创建 Class 完成后，在 Project 的 src 中就能看到 WordCount.java 这个文件。将如下 WordCount 的代码复制到该文件中。

```
package org.apache.hadoop.examples;

import java.io.IOException;
import java.util.Iterator;
import java.util.StringTokenizer;
import org.apache.hadoop.conf.Configuration;
import org.apache.hadoop.fs.Path;
import org.apache.hadoop.io.IntWritable;
import org.apache.hadoop.io.Text;
import org.apache.hadoop.mapreduce.Job;
import org.apache.hadoop.mapreduce.Mapper;
```

```java
import org.apache.hadoop.mapreduce.Reducer;
import org.apache.hadoop.mapreduce.lib.input.FileInputFormat;
import org.apache.hadoop.mapreduce.lib.output.FileOutputFormat;
import org.apache.hadoop.util.GenericOptionsParser;

public class WordCount {
    public WordCount() {
    }

    public static void main(String[] args) throws Exception {
        Configuration conf = new Configuration();
        String[] otherArgs = (new GenericOptionsParser(conf,args)).getRemainingArgs();
        if(otherArgs.length < 2) {
            System.err.println("Usage: wordcount <in> [<in>...] <out>");
            System.exit(2);
        }

        Job job = Job.getInstance(conf,"wordcount");
        job.setJarByClass(WordCount.class);
        job.setMapperClass(WordCount.TokenizerMapper.class);
        job.setCombinerClass(WordCount.IntSumReducer.class);
        job.setReducerClass(WordCount.IntSumReducer.class);
        job.setOutputKeyClass(Text.class);
        job.setOutputValueClass(IntWritable.class);

        for(int i = 0; i < otherArgs.length - 1; ++i) {
            FileInputFormat.addInputPath(job,new Path(otherArgs[i]));
        }

        FileOutputFormat.setOutputPath(job,new Path(otherArgs[otherArgs.length - 1]));
        System.exit(job.waitForCompletion(true)? 0:1);
    }

    public static class IntSumReducer extends Reducer<Text,IntWritable,Text,IntWritable> {
        private IntWritable result = new IntWritable();
        public IntSumReducer() {
        }

        public void reduce (Text key, Iterable<IntWritable> values, Reducer<Text,IntWritable,Text,IntWritable>.Context context) throws IOException,InterruptedException {
            int sum = 0;

            IntWritable val;
            for(Iterator i$ = values.iterator(); i$.hasNext(); sum += val.get()) {
                val = (IntWritable)i$.next();
            }
```

```java
            this.result.set(sum);
            context.write(key,this.result);
        }
    }

    public static class TokenizerMapper extends Mapper<Object,Text,Text,IntWritable> {
        private static final IntWritable one = new IntWritable(1);
        private Text word = new Text();

        public TokenizerMapper() {
        }

        public void map(Object key,Text value,Mapper<Object,Text,Text,IntWritable>.Context context) throws IOException,InterruptedException {
            StringTokenizer itr = new StringTokenizer(value.toString());

            while(itr.hasMoreTokens()) {
                this.word.set(itr.nextToken());
                context.write(this.word,one);
            }

        }
    }
}
```

5. 通过 Eclipse 运行 MapReduce

在运行 MapReduce 程序前,还需要执行一项重要操作(也就是前面提到的通过复制配置文件解决参数设置问题),如图 4-18 所示。将/opt/bigdata/Hadoop-3.1.1/etc/hadoop 中修改过的配置文件(如伪分布式需要 core-site.xml 和 hdfs-site.xml),以及 log4j.properties 复制到 WordCount 项目下的 src 文件夹(本教程目录为/home/hadoop/workspace/WordCount/src)中,命令如下:

cp /opt/bigdata/hadoop-3.1.1/etc/hadoop/core-site.xml /home/hadoop/workspace/WordCount/src

cp /opt/bigdata/hadoop-3.1.1/etc/hadoop/hdfs-site.xml /home/hadoop/workspace/WordCount/src

cp /opt/bigdata/hadoop-3.1.1/etc/hadoop/log4j.properties /home/hadoop/workspace/WordCount/src

```
hadoop@yln-virtual-machine:/opt$ cp /opt/bigdata/hadoop-3.1.1/etc/hadoop/core-site.xml /home/hadoop/workspace/WordCount/src
hadoop@yln-virtual-machine:/opt$ ls /home/hadoop/workspace/WordCount/src
core-site.xml  org
hadoop@yln-virtual-machine:/opt$ cp /opt/bigdata/hadoop-3.1.1/etc/hadoop/hdfs-site.xml /home/hadoop/workspace/WordCount/src
hadoop@yln-virtual-machine:/opt$ cp /opt/bigdata/hadoop-3.1.1/etc/hadoop/log4j.properties /home/hadoop/workspace/WordCount/src
```

图 4-18 复制配置参数

如果没有复制这些文件的话,程序将无法正确运行,具体原因本实践内容最后进行解释。

复制完成后,右键单击 WordCount 选择 refresh 进行刷新(不会自动刷新,需要手动刷新),则可以看到文件结构如图 4-19 所示。

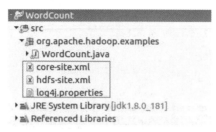

图 4-19　查看配置文件

单击工具栏中的 Run 图标,或者右键单击 Project Explorer 中的 WordCount.java,选择 Run As -> Run on Hadoop,即可运行 MapReduce 程序。不过由于没有指定参数,运行时会提示"Usage:wordcount...",效果如图 4-20 所示,所以需要通过 Eclipse 设定一下运行参数。

图 4-20　运行报错

可以通过以下两种方式进行运行参数的设置:

(1)右键单击 WordCount.java,选择 Run As -> Run Configurations,在此处可以设置运行时的相关参数(如果 Java Application 下面没有 WordCount,那么需要先双击 Java Application 进行显示)。切换到"Arguments"选项,在 Program arguments 处填写"input output"即可,如图 4-21 所示。

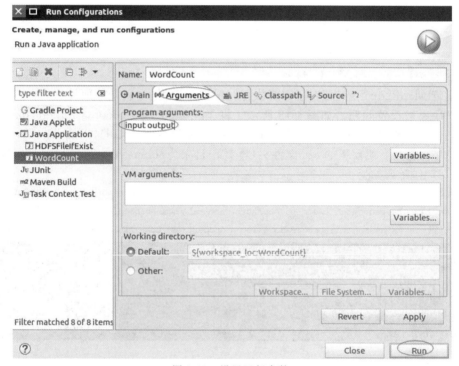

图 4-21　设置运行参数

(2)或者也可以直接在代码中设置好输入参数。可以将 main()函数的代码 String[] otherArgs = new GenericOptionsParser(conf, args).getRemainingArgs();注释掉并修改为:

```
// String[] otherArgs = new GenericOptionsParser(conf,args).getRemainingArgs();
String[] otherArgs=new String[]{"input","output"}; /* 直接设置输入参数 */
```

至此，就可以使用 Eclipse 进行 MapReduce 程序的开发。

6.使用上述程序进行单词统计测试

实现功能描述：在本地 Linux 文件系统中新建一个文件 input.txt 并写入 4 行单词，上传到 hdfs 上，然后通过前面的程序进行 input.txt 中所有的单词统计。实现如下：

首先，使用 vim 或者 gedit 编辑器，在本地 Linux 文件系统的"/opt"目录下创建一个文件 input.txt，里面可以随意输入一些单词，比如，输入如下四行单词：

hello hadoop
hello hbase
hello mapreduce
hello hdfs hbase

接着，可以使用如下命令把本地 Linux 文件系统的"/opt/input.txt"上传到 HDFS 中的当前用户目录的根目录下，也就是上传到 HDFS 的"/user/hadoop/input/"目录下。然后查看是否上传成功，操作如图 4-22 所示：

图 4-22 查看文件是否上传成功

最后重新运行 WordCount.java 文件，如果提示成功，则刷新 DFS Locations 后就能看到输出的 output 文件夹，展开 output 文件夹，打开 part-r-00000(44.ob,r1)文件，可以看到每个单词的统计次数，如图 4-23 所示。

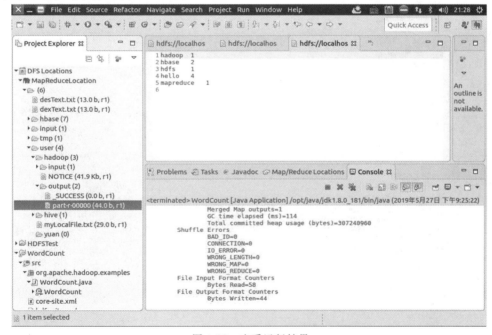

图 4-23 查看运行结果

7.在 Eclipse 中运行 MapReduce 程序会遇到的问题

在使用 Eclipse 运行 MapReduce 程序时,会读取 Hadoop-Eclipse-Plugin 的 Advanced parameters 作为 Hadoop 的运行参数,如果未进行修改,则默认的参数其实就是单机(非分布式)参数,因此程序运行时是读取本地目录而不是 HDFS 目录,就会提示 Input 路径不存在。错误内容如下:

```
Exception in thread "main" org.apache.hadoop.mapreduce.lib.input.InvalidInputException: Input path does not exist: file:/home/hadoop/workspace/WordCountProject/input
```

所以需要将配置文件复制到项目中的 src 目录,来覆盖这些参数,让程序能够正确运行。

而 log4j 主要用于记录程序的输出日志,所以也需要 log4j.properties 这个配置文件,如果没有复制该文件到项目中,运行程序后会在 Console 面板中会出现以下警告提示:

```
log4j:WARN No appenders could be found for logger (org.apache.hadoop.metrics2.lib.MutableMetricsFactory).
log4j:WARN Please initialize the log4j system properly.
log4j:WARN See http://logging.apache.org/log4j/1.2/faq.html#noconfig for more info.
```

虽然不影响程序的正确运行,但程序运行时可能会只看到出错信息,而无法看到任何提示消息。

第 5 章

Hadoop 分布式数据库 HBase

> 目标
>
> - 了解 HBase 是什么？
> - 掌握 HBase 数据模型；
> - 了解 HBase 体系结构；
> - 掌握 HBase 的安装；
> - 熟练使用 HBase Shell 操作 HBase；
> - 熟练使用 HBase Java API 操作 HBase。

第 5 章 Hadoop 分布式数据库 HBase
- 5.1 理论任务：认识 HBase
  - 5.1.1 HBase 简介
  - 5.1.2 HBase 数据模型
  - 5.1.3 HBase 体系结构
- 5.2 实践任务：HBase 基本操作
  - 5.2.1 HBase 安装与配置
  - 5.2.2 HBase Shell 命令
  - 5.2.3 HBase 编程

5.1 理论任务：认识 HBase

5.1.1 HBase 简介

HBase(Hadoop DataBase)是一个分布式的、面向列的开源 NoSQL 数据库,是针对谷歌 Bigtable 的开源实现。HBase 是 Apache 的 Hadoop 项目的子项目,用来提供高可靠性、高性能、面向列、可伸缩的分布式数据存储系统,实现对大型数据的实时、随机的读写访问。HBase 不同于传统的 Oracle、SQL Server、MySQL 等关系型数据库,它主要用来存储非结构化和半结构化的松散数据。HBase 可以支持超大规模数据存储,可以通过水平扩展的方式,利用廉价计算机集群处理由超过十亿行数据和数百万列元素组成的数据表。HBase 不支持关系型数据库的 SQL 语句,不以行的方式存储数据,而是以列的方式存储数据。

HBase 是 Hadoop 生态系统的一部分,通常使用 HDFS 作为高可靠的底层存储,利用廉价集群提供海量数据的存储能力。HBase 也可以直接使用本地文件系统或者其他任何支持 Hadoop 接口的文件系统作为底层存储。但通常为了发挥 HBase 处理大数据的功能,为了提高数据可靠性和系统健壮性,HBase 一般都使用 HDFS 作为底层的数据存储方式,并对外提供读写访问。另外,HBase 利用 Hadoop MapReduce 实现高性能计算,利用 Zookeeper 实现稳定服务和失败恢复。

5.1.2 HBase 数据模型

1.数据模型

在 HBase 中,数据是存储在有行有列的表格中,与关系型数据库相比,HBase 中表的特点如下:

(1)可容纳的数据规模大。HBase 中单表可容纳数十亿行、上百万列的数据表,且无性能问题。若关系型数据库的表达到如此规模,则查询和写入性能将严重下降。

(2)无模式。HBase 不像关系型数据库表有严格的模式结构,HBase 表结构不固定,每行可以有任意多的列,而且列可以根据需要进行动态增加,不同行可以有不同的列。

(3)具有稀疏性。HBase 中值为空的列不占存储空间,表可以非常稀疏,但实际存储时,能进行压缩。

(4)面向列。面向列(族)的存储和权限控制,支持列(族)独立检索。关系型数据库表中的数据是按行进行存储的,且数据量大时,通过索引提高查询速度,而创建及维护索引都需要耗费大量的时间和空间,而 HBase 中数据是按列存储,检索数据只需访问所涉及列的数据,大大降低了系统的 I/O。

(5)数据多版本。每个单元中的数据可以有多个版本,通常利用时间戳来标识版本。HBase 中没有修改操作,执行更新操作时,并不会删除数据旧的版本,而是生成一个新的版本。

(6)数据类型单一。HBase 中只有字符串类型,只保存字符串。而关系型数据库表中有较多数据类型。

HBase 数据模型中涉及一些专业术语,具体如下:

(1)Table(表)

HBase 使用表存储数据,表由行和列组成,列划分为若干个列族,是稀疏表,即不存储值为 NULL 的数据。

(2)Row(行)

每个 HBase 表由若干行组成,每行里面包含一个行键(Row Key)和一个或者多个列。行由行键唯一标识。

(3)Row Key(行键)

Row Key 是用来确定唯一一行的标识,不同的行键代表不同的行,是检索记录的主键,必须在设计上保证其唯一性。访问表中的行只有三种方式:通过单个行键访问;通过一个行键的范围来访问;全表扫描。行键可以是任意字符串,数据按照行键的字母顺序存储在表中,因此行键的设计非常重要,需要将经常一起读取的行存储在一起。数据的存储目标是相近的数据存储到一起。比如,若行键格式是网站域名,则可以将域名进行反转(org.apache.www,org.apache.mail,org.apache.jira)再存储。这样的话,所有 apache 域名将会存储在一起。

(4) Column Family(列族)

Hbase 表中的每个列,都归属于某个列族。列族是表模式的一部分,必须在表使用前定义,每个表至少有一个列族。一个列族的所有列具有相同的前缀,列可以表示为＜列族＞:＜列限定符＞,例如,列 class:name、class:sno 都属于 class 这个列族。表格中的每一行拥有相同的列族,尽管一个给定的行可能没有存储任何数据在一个给定的列族中。访问控制、磁盘和内存的使用统计都是在列族上进行,所以应该将经常一起查询的列放在一个列族中,以提高查询效率。列族中的列限定符可以根据需要动态增加,不同行的列限定符可以不一致。不太推荐创建太多的列族,因为跨列族的访问非常低效,列族的名字也尽量短小,可以节省存储空间,提高查询速度。

(5) Cell(单元)

HBase 中值是作为一个单元存储在系统中,是由行键、列族、列限定符和时间戳唯一确定的单元。Cell 中的数据全部是字节数组,以二进制形式存储。

(6) Timestamp(时间戳)

时间戳是写在值旁边的一个用于区分值版本的数据。默认情况下,时间戳表示的是当数据写入 HRegionSever 时系统自动赋值的时间点,也可以在写入数据时指定一个不同的时间戳。但为避免数据版本冲突,必须保证时间戳的唯一性。时间戳的类型一般是 64 位整型。每个 Cell 中,不同版本的数据按照时间倒序排序,即最新的数据排在最前面,可以被最先读取。

接下来用一个实例来解释 HBase 的数据模型,如图 5-1 所示。

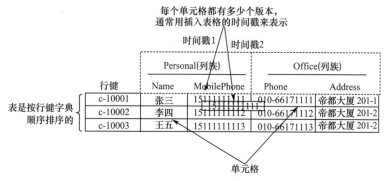

图 5-1 HBase 数据模型实例

图 5-1 是一张存储客户信息的 HBase 表,客户编号作为行键来唯一标识每个客户,表中设计了两个列族,一个列族 Personal 用来保存客户个人信息,另一个列族 Office 用来保存客户办公信息。列族 Personal 中包含两个列,分别是 Name 和 MobilePhone,用来保存客户的姓名和手机号码。列族 Office 中也包含两个列,分别是 Phone 和 Address,用来保存客

户的办公电话和办公地址。

2．概念视图

若在关系型数据库中有一张客户表 Customer，主要包括客户编号(cid)、姓名(name)、所在城市(city)、电话(tel)四个字段，主键为 cid。见表 5-1。

表 5-1　　　　　　　　　　　　　客户表 Customer

cid	name	city	tel
101	Jany	Beijing	13908098888
102	Petty	Shanghai	13890906666

主键可以唯一标识一行记录，所以很容易通过客户编号找到其对应的电话号码，但如果碰到以下问题该如何处理？

(1)如果新增客户编号为"101"的客户属性性别为"女"，能否不修改表结构的情况下保存其性别信息？

(2)如果客户编号为"101"的客户有了新的电话号码"13890906699"，能否保存新旧两个电话号码？

(3)如果某个客户只有客户编号、姓名和电话信息，而没有所在城市的信息，能否只存储客户编号、姓名和电话信息而节省存储空间呢？

对于关系型数据库，问题(1)和问题(2)必须通过修改表结构来进行解决，但无法保证后续的需求不会再次发生变化。问题(3)不能有选择性地保存数据。

而对于 HBase，以上需求可以完美解决。表 5-2 将客户表 Customer 转为 HBase 中的概念视图。

表 5-2　　　　　　　　　　　　HBase 数据的概念视图

行键(cid)	时间戳	列族(resume)		列族(attach)	
		列	值	列	值
101	t6	resume:name	Jany		
	t5			attach:city	Beijing
	t4			attach:tel	13908098888
102	t3	resume:name	Petty		
	t2			attach:city	Shanghai
	t1			attach:tel	13890906666

以上表中包含了行键、时间戳、两个列族(resume、attach)，行包含了"101"和"102"两行数据。数据写入时必须指定行键和列族，每增加一条数据，都会对应一个时间戳，时间戳默认自动生成，并且按时间倒序排序。

针对前面三个问题，现在基于 HBase 进行回答：

(1)新增客户编号为"101"的客户属性性别为"女"，不需要修改表结构(列族结构不变)保存其性别信息，只需插入数据，列 attach:xb 赋值为"女"即可。见表 5-3。

表 5-3　　　　　　　　　　　　　HBase 中新增性别数据

行键(cid)	时间戳	列族(resume)		列族(attach)	
		列	值	列	值
101	t7			attach:xb	女
	t6	resume:name	Jany		
	t5			attach:city	Beijing
	t4			attach:tel	13908098888
102	t3	resume:name	Petty		
	t2			attach:city	Shanghai
	t1			attach:tel	13890906666

（2）客户编号为"101"的客户有了新的电话号码"13890906699"，需要保存新旧两个电话号码，只需插入数据列 attach:tel 赋值为"13890906699"即可，见表 5-4。因为数据是以时间戳降序排列，所以如果读取行键为"101"的电话，则默认是最新电话。

表 5-4　　　　　　　　　　　　　HBase 中包括多个版本数据

行键(cid)	时间戳	列族(resume)		列族(attach)	
		列	值	列	值
101	t8			attach:tel	13890906699
	t7			attach:xb	女
	t6	resume:name	Jany		
	t5			attach:city	Beijing
	t4			attach:tel	13908098888
102	t3	resume:name	Petty		
	t2			attach:city	Shanghai
	t1			attach:tel	13890906666

（3）HBase 是基于稀疏设计，所以有数据则存储，没有数据即不需存储。

3. 物理视图

从概念视图层面看，HBase 中每个表是由许多行组成，但在物理层面，HBase 并不像关系型数据库采用基于行的存储方式，而是采用了基于列的存储方式。表 5-2 的概念视图在物理存储时，对应的物理视图见表 5-5、表 5-6。也就是说，HBase 表会按照 resume 和 attach 这两个列族分开存放，属于同一个列族的数据保存在一起，另外还包括行键和时间戳。

表 5-5　　　　　　　　　　　　　HBase 物理视图 1

行键(cid)	时间戳	列族(resume)	
		列	值
101	t6	resume:name	Jany
102	t3	resume:name	Petty

表 5-6　　　　　　　　　　　HBase 物理视图 2

行键(cid)	时间戳	列族(attach)	
		列	值
101	t5	attach:city	Beijing
	t4	attach:tel	13908098888
102	t2	attach:city	Shanghai
	t1	attach:tel	13890906666

5.1.3　HBase 体系结构

HBase 同样采用主/从服务器结构，它由 HBase Master 服务器(HBase Master Server)和 HRegion 服务器(HRegion Server)群构成。HBase Master 服务器负责管理所有的 HRegion 服务器，而 HBase 中所有的服务器都是通过 Zookeeper 来进行协调，并处理 HBase 服务器运行期间可能遇到的错误。HBase Master Server 本身不存储 HBase 中的任何数据，HBase 逻辑上的表可能会被划分为多个 HRegion，然后存储到 HRegion Server 群中，HBase Master Server 中存储的是从数据到 HRegion Server 中的映射。HRegion server 负责数据的读写服务。用户通过沟通 HRegion server 来实现对数据的访问。Hadoop DataNode 负责存储所有 HRegion Server 所管理的数据。HBase 中的数据通常都是以 HDFS 文件的形式存储的。出于对 HRegion server 所管理的数据更加本地化的考虑，HRegion server 是根据 DataNode 分布的。HBase 的数据在写入的时候都存储在本地。但当某一个 Region 被移除或被重新分配的时候，就可能产生数据不在本地的情况。

HBase 体系结构如图 5-2 所示：

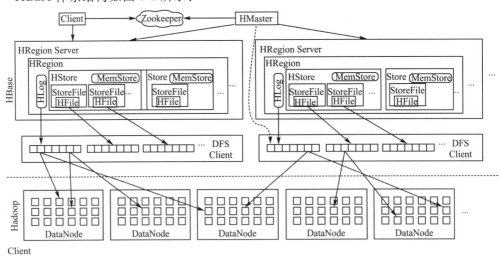

图 5-2　HBase 体系结构图

1. Client

HBase Client 使用 HBase 的 RPC(远程过程调用)机制与 HBase Master 服务器和 HRegion 服务器进行通信。对于管理类操作，Client 与 HBase Master 服务器进行 RPC；对于数据读写类操作，Client 与 HRegion 服务器进行 RPC。

2. Zookeeper 服务器

Zookeeper 维护着集群中服务器的状态并协调分布式系统的工作。Zookeeper 维护服务器是否存活,是否可访问的状态并提供服务器故障或者宕机的通知。HRegion Server 会把自己注册到 Zookeeper 中,使得 HMaster 可以随时感知到各个 HRegion Server 的健康状态。Zookeeper 同时还使用一致性算法来保证服务器之间的同步,同时也负责 Master 选举的工作。因为 HBase 中可以启动多个 Master,但 Zookeeper 可以帮助选举出一个 Master 作为集群的总管,并保证在任何时刻总有唯一一个 Master 在运行,由此避免了 Master 的"单点失效"问题。需要注意的是,要保证良好的一致性及顺利的 Master 选举,集群中的服务器数目必须是奇数,例如 3 台或 5 台。另外,Zookeeper 中存储了-ROOT-表的地址和 HMaster 的地址,客户端可以通过访问 Zookeeper 获得-ROOT-表的地址,并通过"三级寻址"找到所需的数据。

3. HBase Master 服务器

每台 HRegion 服务器都会和 HMaster 服务器通信,HMaster 的主要任务就是要告诉每台 HRegion 服务器它要维护哪些 HRegion。

当一台新的 HRegion 服务器登录到 HMaster 服务器时,HMaster 会告诉它先等待分配数据。而当一台 HRegion 服务器死机时,HMaster 会把它负责的 HRegion 标记为未分配,然后再把它们分配到其他 HRegion 服务器中。

HBase Master 服务器还包括以下功能:
- 管理用户对表的增加、删除、修改和查询等操作;
- 管理 HRegion 服务器之间的负载均衡,调整 HRegion 分布;
- 在 HRegion 分裂或合并后,负责重新调整 HRegion 的分布;
- 对发生故障失效的 HRegion 服务器上的 HRegion 进行迁移。

4. HRegion 服务器

HRegion 服务器主要负责响应用户 I/O 请求,负责维护分配给自己的 HRegion,是 HBase 中最核心的模块。HBase 通常使用 HDFS 作为底层进行数据存储,所以 HRegion 服务器还需要向 HDFS 文件系统中读写数据。用户通过一系列 HRegion 服务器来获取这些数据,一台机器上面一般只运行一个 HRegion 服务器,且每一个区段的 HRegion 也只会被一个 HRegion 服务器维护。HRegion 服务器主要包括两个部分:HRegion 和 HLog。

HRegion 服务器由多个 HRegion 组成,每个 HRegion 对应表中的一个分块,每个 HRegion 只能被一个 HRegion 服务器管理。

HLog 主要用于存储数据日志,记录着所有的更新操作,实际上是 HDFS 的 Sequence File。HLog 文件主要用于故障恢复,到达 HRegion 的写操作将会先追加到日志中,再写入内存中的 MemStore。

5. HRegion

HBase 也是使用具有行和列结构的表来存储数据。但是在 HBase 中,当表的大小超过设置值时,HBase 会自动地将表划分为不同的区域(Region),每个区域称为一个 HRegion,是 HBase 集群上分布式存储和负载均衡的最小单位。HRegion 由一个或者多个 Store 组成,每个 Store 保存一个 Columns Family(列族)。每个 Strore 又由一个 MemStore 和零至多个 StoreFile 组成,每个 Storefile 以 HFile 格式保存在 HDFS 上。对用户来说,每个表是一堆数据的集合，靠主键来区分。从物理上来说，一张表被拆分成了多块，每一块就是一个 HRegion。通过表名和主键范围来区分每一个 HRegion，一个 HRegion 会保存一个表里某段连续的数据，从开始主键到结束主键，一张完整的表是保存在多个 HRegion 上面的。

6. HStore

HStore 存储是 HBase 存储的核心，主要由两部分组成，一部分是 MemStore，另一部分是 StoreFiles。MemStore 是 Sorted Memory Buffer，用户写入的数据首先会放入 MemStore，当 MemStore 满了以后，里面所积累的数据就会一次性存储到硬盘上，形成一个 StoreFile（底层实现是 HFile）。当 StoreFile 文件数量增长到一定阈值，会触发 Compact 合并操作，将多个 StoreFiles 合并成一个 StoreFile，合并过程中会进行版本合并和数据删除。因此可以看出 HBase 其实只有增加数据，所有的更新和删除操作都是在后续的合并过程中进行的，这使得用户的写操作只要进入内存中就可以立即返回，保证了 HBase I/O 的高性能。当 StoreFiles 合并后，会逐步形成越来越大的 StoreFile，当单个 StoreFile 大小超过一定阈值后，会触发 Split 分割操作，同时把当前 Region 分割成 2 个 Region，父 Region 会下线，新分割出的两个孩子 Region 会被 HMaster 服务器分配到相应的 HRegion Server 上，使得原先一个 Region 的压力可以分流到两个 Region 上。

7. HFile

HFile，HBase 中键值数据的存储格式，是 Hadoop 的二进制格式文件，实际上 StoreFile 就是对 HFile 做了轻量级包装，即 StoreFile 底层就是 HFile。当 MemStore 中积累足够多的数据的时候就会将其中的数据全部写入 HDFS 中的一个新的 HFile 中。因为 MemStore 中的数据已经按照键排好序，所以这是一个顺序写的过程。由于顺序写操作避免了磁盘大量寻址的过程，所以这一操作非常高效。

8. HLog

在分布式系统环境中，无法避免系统出错或者宕机，因此一旦 HRegion Server 意外退出，MemStore 中的内存数据将会丢失，则就需要引入 HLog。每个 HRegion Server 中都有一个 HLog 对象，HLog 是一个实现 Write Ahead Log 的类，在每次用户操作写入 MemStore 的同时，也会写一份数据到 HLog 文件中，HLog 文件定期会滚动出新的，并删除旧的文件（已持久化到 StoreFile 中的数据）。当 HRegion Server 意外终止后，HMaster 会通过 Zookeeper 感知到，HMaster 首先会处理遗留的 HLog 文件，将其中不同 Region 的 Log 数据进行拆分，分别放到相应 Region 的目录下，然后再将失效的 Region 重新分配，领取到这些 Region 的 HRegion Server 在 Load Region 的过程中，会发现有历史 HLog 需要处理，因此会 Replay HLog 中的数据到 MemStore 中，然后存储到 StoreFiles，完成数据恢复。

5.2 实践任务：HBase 基本操作

5.2.1 HBase 安装与配置

HBase 是一个分布式的、面向列的开源数据库，源于 Google 的一篇论文《BigTable：一个结构化数据的分布式存储系统》。HBase 以表的形式存储数据，表有行和列组成，列划分为若干个列族。

HBase 的运行有三种模式：单机模式、伪分布式模式和分布式模式。

单机模式：在一台计算机上安装和使用 HBase，不涉及数据的分布式存储；

伪分布式模式：在一台计算机上模拟一个小的集群；

分布式模式：使用多台计算机实现物理意义上的分布式存储。出于学习目的，本教程只重点讨论伪分布式模式。

1. HBase 安装与配置

（1）HBase 下载

下载 HBase，本教程下载版本为 hbase-1.2.6.1-bin.tar.gz。下载界面如图 5-3 所示。

图 5-3　HBase 下载界面

下载 HBase 安装包后，会自动下载到 Ubuntu 登录用户的下载目录下。

（2）HBase 安装

①在 /opt 目录下面创建目录 hbase，命令及操作如图 5-4 所示。

```
hadoop@yln-virtual-machine:/$ sudo mkdir /opt/hbase
```

图 5-4　在 /opt 目录下创建 HBase 目录

②解压安装包 hbase-1.2.6.1-bin.tar.gz 至路径 /opt/hbase 下，命令及操作如图 5-5 所示。

```
hadoop@yln-virtual-machine:/home/yln/下载$ sudo tar -zxvf hbase-1.2.6.1-bin.tar.gz -C /opt/hbase/
```

图 5-5　解压 HBase

③查看是否解压成功，命令及操作如图 5-6 所示。

```
hadoop@yln-virtual-machine:/home/yln/下载$ ls /opt/hbase
hbase-1.2.6.1
```

图 5-6　查看 HBase 是否解压成功

④配置环境变量

将 hbase 环境变量在 profile 文件中配置好，这样，启动 HBase 就无须到 /opt/hbase/hbase-1.2.6.1/bin 固定目录下，大大地方便了 HBase 的使用。可以通过 vim 或者 gedit 编辑 /etc/profile 文件，在 profile 文件中添加 HBASE_HOME（即 HBASE 安装路径）及 PATH 中追加 HBASE 的 bin 路径，其中 $HBASE_HOME 表示的是 HBASE 安装路径，

":"代表的是分隔符。编辑/etc/profile 文件命令及操作如图 5-7 所示，/etc/profile 文件内容修改如图 5-8 所示。

```
hadoop@yln-virtual-machine:/opt$ sudo gedit /etc/profile
```

图 5-7　编辑/etc/profile 文件命令

```
export JAVA_HOME=/opt/java/jdk1.8.0_181
export JRE_HOME=/opt/java/jdk1.8.0_181/jre
export CLASSPATH=:$JAVA_HOME/lib:$JRE_HOME/lib:$CLASSPATH
export HADOOP_HOME=/opt/bigdata/hadoop-3.1.1
export HADOOP_COMMON_LIB_NATIVE_DIR=$HADOOP_HOME/lib/native
export YARN_HOME=/opt/bigdata/hadoop-3.1.1
export HADOOP_HDFS_HOME=/opt/bigdata/hadoop-3.1.1
export HBASE_HOME=/opt/hbase/hbase-1.2.6.1
export PATH=$HADOOP_HOME/bin:$HADOOP_HOME/sbin:$JAVA_HOME/bin:$JRE_HOME/bin:$HBASE_HOME/bin:$PATH
```

图 5-8　profile 文件修改内容

编辑完成后，再执行 source 命令使上述配置在当前终端立即生效，命令及操作如图 5-9 所示。

```
hadoop@yln-virtual-machine:/opt$ source /etc/profile
```

图 5-9　profile 文件生效命令

⑤添加 HBase 权限

将 hbase-1.2.6.1 文件夹的所有者改为 hadoop 组的 hadoop 用户，修改 hbase-1.2.6.1 文件夹权限，命令及操作如图 5-10 所示。

```
hadoop@yln-virtual-machine:/opt/hbase$ sudo chown -R hadoop:hadoop hbase-1.2.6.1
hadoop@yln-virtual-machine:/opt/hbase$ sudo chmod -R 777 hbase-1.2.6.1
```

图 5-10　添加 HBase 权限

⑥查看 HBase 版本，确定 HBase 安装成功，命令及操作如图 5-11 所示。

```
hadoop@yln-virtual-machine:/opt/hbase$ hbase version
HBase 1.2.6.1
Source code repository file:///home/busbey/projects/hbase/hbase-release-staging/hbase-1.2.6.1 revision=Unknown
Compiled by busbey on Sun Jun  3 23:19:26 CDT 2018
From source with checksum 8bbad3724e1501dbe32107e20b780499
hadoop@yln-virtual-machine:/opt/hbase$
```

图 5-11　查看 HBase 版本

（3）HBase 配置

①配置/opt/hbase/hbase-1.2.6.1/conf/hbase-env.sh 文件。使用如下命令查看并且编辑 hbase-env.sh 文件，操作如图 5-12 所示。

```
hadoop@yln-virtual-machine:/opt/hbase$ ls
hbase-1.2.6.1
hadoop@yln-virtual-machine:/opt/hbase$ cd hbase-1.2.6.1
hadoop@yln-virtual-machine:/opt/hbase/hbase-1.2.6.1$ ls
                                              NOTICE.txt
CHANGES.txt          LEGAL          LICENSE.txt    README.txt
hadoop@yln-virtual-machine:/opt/hbase/hbase-1.2.6.1$ cd conf
hadoop@yln-virtual-machine:/opt/hbase/hbase-1.2.6.1/conf$ ls
hadoop-metrics2-hbase.properties  hbase-policy.xml  regionservers
hbase-env.cmd                     hbase-site.xml
hbase-env.sh                      log4j.properties
hadoop@yln-virtual-machine:/opt/hbase/hbase-1.2.6.1/conf$ sudo gedit hbase-env.sh
```

图 5-12　编辑 hbase-env.sh 文件

在 hbase-env.sh 文件中添加 JAVA_HOME（即 JDK 安装路径），HBASE_HOME（即 HBASE 安装路径），HBASE_CLASSPATH（即 HBASE 安装路径下的 conf 目录路径），HBASE_MANAGES_ZK。配置 HBASE_MANAGES_ZK 为 true，表示由 HBASE 自己管理 Zookeeper，不需要单独的 Zookeeper。hbase-env.sh 文件配置如图 5-13 所示。

```
export JAVA_HOME=/opt/java/jdk1.8.0_181
export HBASE_HOME=/opt/hbase/hbase-1.2.6.1
export HBASE_CLASSPATH=/opt/hbase/hbase-1.2.6.1/conf
export HBASE_MANAGES_ZK=true
```

图 5-13　hbase-env.sh 文件配置

②配置 /opt/hbase/hbase-1.2.6.1/conf/hbase-site.xml 文件。使用 vim 或者 gedit 打开并编辑 hbase-site.xml 配置文件，命令及操作如图 5-14 所示。

```
hadoop@yln-virtual-machine:/opt/hbase/hbase-1.2.6.1/conf$ ls
hadoop-metrics2-hbase.properties    hbase-policy.xml    regionservers
hbase-env.cmd                       hbase-site.xml
hbase-env.sh                        log4j.properties
hadoop@yln-virtual-machine:/opt/hbase/hbase-1.2.6.1/conf$ sudo gedit hbase-site.xml
```

图 5-14　编辑 hbase-site.xml 文件

在 hbase-site.xml 配置文件中修改 hbase.rootdir，即指定 HBase 数据在 HDFS 上的存储路径，将属性 hbase.cluter.distributed 设置为 true。比如当前 Hadoop 集群运行在伪分布式模式下，在本机上运行，且 NameNode 运行在 9000 端口，则 hbase.rootdir 指定 HBase 的存储目录 hdfs://localhost:9000/hbase。hbase.cluster.distributed 可以指定 Hbase 的运行模式，false 代表单机模式，true 代表分布式模式。hbase-site.xml 配置文件配置内容如下：

```
<configuration>
    <property>
        <name>hbase.rootdir</name>
        <value>hdfs://localhost:9000/hbase</value>
    </property>
    <property>
        <name>hbase.cluster.distributed</name>
        <value>true</value>
    </property>
</configuration>
```

③接下来测试运行 HBase。

第 1 步：首先登录 ssh，之前设置了无密码登录，因此这里不需要密码。再启动 Hadoop，如果已经启动 Hadoop 请跳过此步骤。命令如下：

ssh localhost

start-dfs.sh

start-yarn.sh

登录 ssh 操作如图 5-15 所示。

图 5-15　登录 ssh

输入命令 jps，能看到 NameNode、DataNode 和 SecondaryNameNode 等都已经成功启动，表示 Hadoop 启动成功，命令及操作如图 5-16 所示。

图 5-16　启动 Hadoop

第 2 步：使用命令 start-hbase.sh 启动 HBase，再使用命令 jps 查看进程，验证 HBase 是否启动成功。若进程中包括 HMaster、HRegionServer、HQuorumPeer 三个进程，则说明 HBase 启动成功，其中 HQuorumPeer 为 Zookeeper 守护进程，命令及操作如图 5-17 所示。

图 5-17　启动 HBase

第 3 步：使用命令 hbase shell 进入 shell 界面，测试 hbase shell 是否可用，命令及操作如图 5-18 所示。

```
hadoop@yln-virtual-machine:/opt/bigdata/hadoop-3.1.1$ hbase shell
2019-03-19 22:21:39,008 WARN  [main] util.NativeCodeLoader: Unable to load native-hadoop library for your platform... using builtin-java classes where applicable
SLF4J: Class path contains multiple SLF4J bindings.
SLF4J: Found binding in [jar:file:/opt/hbase/hbase-1.2.6.1/lib/slf4j-log4j12-1.7.5.jar!/org/slf4j/impl/StaticLoggerBinder.class]
SLF4J: Found binding in [jar:file:/opt/bigdata/hadoop-3.1.1/share/hadoop/common/lib/slf4j-log4j12-1.7.25.jar!/org/slf4j/impl/StaticLoggerBinder.class]
SLF4J: See http://www.slf4j.org/codes.html#multiple_bindings for an explanation.
SLF4J: Actual binding is of type [org.slf4j.impl.Log4jLoggerFactory]
HBase Shell; enter 'help<RETURN>' for list of supported commands.
Type "exit<RETURN>" to leave the HBase Shell
Version 1.2.6.1, rUnknown, Sun Jun  3 23:19:26 CDT 2018

hbase(main):001:0>
```

图 5-18　进入 hbase shell 界面

当进入界面提示"hbase(main):001:0"，则说明登录 hbase shell 成功。

> **注意**
> 上述操作过程中如果提示 slf4j-log4j12-1.7.5.jar 包和 hadoop 下的 slf4j-log4j12-1.7.5.jar 包冲突的错误（即两个不同目录下同时存在同一个 jar 包），则需删除其中一个 jar 包，尽量保留 hadoop 目录下的 jar 包。在此，删除 hbase-1.2.6.1/lib 目录下的 slf4j-log4j12-1.7.5.jar 包。命令如下：
> sudo rm -rf /opt/hbase/hbase-1.2.6.1/lib/slf4j-log4j12-1.7.5.jar
> 接下来重新启动 hbase shell 即可。

第 4 步：如果要停止 HBase 运行，则可以使用命令 stop-hbase.sh，命令及操作如图 5-19 所示。

```
hadoop@yln-virtual-machine:/opt/bigdata/hadoop-3.1.1$ stop-hbase.sh
stopping hbase....................
localhost: stopping zookeeper.
hadoop@yln-virtual-machine:/opt/bigdata/hadoop-3.1.1$
```

图 5-19　停止 HBase

> **注意**
> 如果在操作 HBase 的过程中发生错误，可以通过 HBASE 安装目录（/opt/hbase）下的 logs 子目录中的日志文件查看错误原因。
> 另外，启动和关闭 Hadoop 和 HBase 的顺序一定是：
> 启动 Hadoop—>启动 HBase—>关闭 HBase—>关闭 Hadoop。

5.2.2　HBase Shell 命令

HBase 常用 shell 命令见表 5-7。

表 5-7　　　　　　　　　　　　　HBase 常用 shell 命令

hbase shell 命令	描述
create	创建表
alter	修改列族(column family)模式
count	统计表中行的数量
describe	显示表相关的详细信息
delete	删除指定对象的值(可以为表,行,列对应的值,另外也可以指定时间戳的值)
deleteall	删除指定行的所有元素值
disable	使表无效
drop	删除表
enable	使表有效
exists	测试表是否存在
exit	退出 hbase shell
get	获取行或单元(cell)的值
incr	增加指定表,行或列的值
list	列出 hbase 中存在的所有表
put	向指向的表单元添加值
tools	列出 hbase 所支持的工具
scan	通过对表的扫描来获取对用的值
status	返回 hbase 集群的状态信息
shutdown	关闭 hbase 集群(与 exit 不同)
truncate	删除和重新创建一个指定的表
version	返回 hbase 版本信息

1.HBase 中创建表

HBase 中用 create 命令创建表,具体如下：

create 'student','name','sex','age','dept','course'

命令及操作如图 5-20 所示。

```
hbase(main):001:0> create 'student','name','sex','age','dept','course'
0 row(s) in 3.1150 seconds
```

图 5-20　HBase 中创建表

通过以上语句创建了一个"student"表,包括有 name、sex、age、dept、course 五个列族。因为 HBase 的表中会有一个系统默认的属性作为行键,无须自行创建,默认为 put 命令操作中表名后第一个数据。创建"student"表后,可通过 describe 命令查看"student"表的基本信息。命令及操作如图 5-21 所示。

```
hbase(main):003:0> describe 'student'
Table student is ENABLED
student
COLUMN FAMILIES DESCRIPTION
{NAME => 'age', BLOOMFILTER => 'ROW', VERSIONS => '1', IN_MEMORY => 'false', KEEP_DELETED_CELLS => 'FALSE', DATA
_BLOCK_ENCODING => 'NONE', TTL => 'FOREVER', COMPRESSION => 'NONE', MIN_VERSIONS => '0', BLOCKCACHE => 'true', B
LOCKSIZE => '65536', REPLICATION_SCOPE => '0'}
{NAME => 'course', BLOOMFILTER => 'ROW', VERSIONS => '1', IN_MEMORY => 'false', KEEP_DELETED_CELLS => 'FALSE', D
ATA_BLOCK_ENCODING => 'NONE', TTL => 'FOREVER', COMPRESSION => 'NONE', MIN_VERSIONS => '0', BLOCKCACHE => 'true'
, BLOCKSIZE => '65536', REPLICATION_SCOPE => '0'}
{NAME => 'dept', BLOOMFILTER => 'ROW', VERSIONS => '1', IN_MEMORY => 'false', KEEP_DELETED_CELLS => 'FALSE', DAT
A_BLOCK_ENCODING => 'NONE', TTL => 'FOREVER', COMPRESSION => 'NONE', MIN_VERSIONS => '0', BLOCKCACHE => 'true',
BLOCKSIZE => '65536', REPLICATION_SCOPE => '0'}
{NAME => 'name', BLOOMFILTER => 'ROW', VERSIONS => '1', IN_MEMORY => 'false', KEEP_DELETED_CELLS => 'FALSE', DAT
A_BLOCK_ENCODING => 'NONE', TTL => 'FOREVER', COMPRESSION => 'NONE', MIN_VERSIONS => '0', BLOCKCACHE => 'true',
BLOCKSIZE => '65536', REPLICATION_SCOPE => '0'}
{NAME => 'sex', BLOOMFILTER => 'ROW', VERSIONS => '1', IN_MEMORY => 'false', KEEP_DELETED_CELLS => 'FALSE', DATA
_BLOCK_ENCODING => 'NONE', TTL => 'FOREVER', COMPRESSION => 'NONE', MIN_VERSIONS => '0', BLOCKCACHE => 'true', B
LOCKSIZE => '65536', REPLICATION_SCOPE => '0'}
5 row(s) in 0.3190 seconds
```

图 5-21　HBase 查看表基本信息

2. HBase 数据库基本操作

HBase 数据库基本操作主要包括 HBase 的增、删、改、查操作。在添加数据时，HBase 会自动为添加的数据加一个时间戳，故在需要修改数据时，只须直接添加数据，HBase 即会生成一个新的版本，从而完成"修改"的操作，旧的版本依旧保留，所以说 HBase 只有数据插入操作，而没有数据更新操作。系统会定时回收垃圾数据，只留下最新的几个版本，保存的版本数可以在创建表的时候指定。

（1）添加数据

HBase 中使用 put 命令添加数据。

> **注意**　一次只能为一个表的一行数据的一个列（也就是一个单元格）添加一个数据，所以直接使用 shell 命令插入数据效率较低，在实际应用中，一般都是使用 HBase 编程来操作数据。

为 student 表添加一行数据：学号为 18001，名字为 zhangsan，其行键为 18001，shell 命令如下：

put 'student','18001','name','zhangsan'

该命令执行效果如图 5-22 所示。

```
hbase(main):004:0> put 'student','18001','name','zhangsan'
0 row(s) in 0.2600 seconds
```

图 5-22　HBase 插入数据（a）

为 student 表中行键为 18001 的数据的 course 列族的 math 列添加一个数据，Shell 命令如下：

put 'student','18001','course:math','80'

该命令执行效果如图 5-23 所示。

```
hbase(main):005:0> put 'student','18001','course:math','80'
0 row(s) in 0.0380 seconds
```

图 5-23　HBase 插入数据（b）

（2）查看数据

HBase 中有两个用于查看数据的命令：

➢ get 命令，用于查看表的某一行数据；

➢ scan 命令,用于查看某个表的全部数据。

①get 命令

get 'student','18001'

此语句表示查询 student 表中行键为"18001"的数据。

该命令执行效果如图 5-24 所示.

```
hbase(main):011:0> get 'student','18001'
COLUMN                    CELL
 age:                     timestamp=1534091915187, value=18
 course:math              timestamp=1534091633898, value=80
 dept:                    timestamp=1534091947509, value=software
 name:                    timestamp=1534091466331, value=zhangsan
 sex:                     timestamp=1534091928567, value=male
5 row(s) in 0.1180 seconds
```

图 5-24　HBase 查看一行数据

②scan 命令

scan 'student'

此语句表示查询 student 表中的全部数据。

该命令执行效果如图 5-25 所示。

```
hbase(main):012:0> scan 'student'
ROW                       COLUMN+CELL
 18001                    column=age:, timestamp=1534091915187, value=18
 18001                    column=course:math, timestamp=1534091633898, value=80
 18001                    column=dept:, timestamp=1534091947509, value=software
 18001                    column=name:, timestamp=1534091466331, value=zhangsan
 18001                    column=sex:, timestamp=1534091928567, value=male
1 row(s) in 0.0820 seconds
```

图 5-25　HBase 查看表中全部数据

(3)删除数据

在 HBase 中用 delete 以及 deleteall 命令进行删除数据操作,它们的区别是:delete 用于删除一个数据,是 put 的反向操作;而 deleteall 操作用于删除一行数据。

①delete 命令

delete 'student','18001','sex'

此语句表示删除 student 表中行键为"18001"的那一行中 sex 列的所有数据。

该命令执行效果如图 5-26 所示.

```
hbase(main):014:0> delete 'student','18001','sex'
0 row(s) in 0.0620 seconds

hbase(main):015:0> get 'student','18001'
COLUMN                    CELL
 age:                     timestamp=1534091915187, value=18
 course:math              timestamp=1534091633898, value=80
 dept:                    timestamp=1534091947509, value=software
 name:                    timestamp=1534091466331, value=zhangsan
4 row(s) in 0.0950 seconds
```

图 5-26　HBase 删除某一行某一列的数据

②deleteall 命令

deleteall 'student','18001'

此语句表示删除 student 表中行键为"18001"的那一行的全部数据。
该命令执行效果如图 5-27 所示。

```
hbase(main):016:0> deleteall 'student','18001'
0 row(s) in 0.0380 seconds

hbase(main):017:0> scan 'student'
ROW                         COLUMN+CELL
0 row(s) in 0.0450 seconds
```

图 5-27　HBase 删除某一行数据

(4) 删除表

删除表包括两个步骤，第一个步骤需要使该表不可用；第二个步骤再删除表。删除表之前，可以使用 list 命令查看所有表。命令如下：

list

disable 'student'

drop 'student'

list

以上命令执行效果如图 5-28 所示。

```
hbase(main):019:0> list
TABLE
student
1 row(s) in 0.0300 seconds

=> ["student"]
hbase(main):020:0> disable 'student'
0 row(s) in 2.3950 seconds

hbase(main):021:0> drop 'student'
0 row(s) in 1.3510 seconds

hbase(main):022:0> list
TABLE
0 row(s) in 0.0360 seconds

=> []
```

图 5-28　HBase 删除表

(5) 查询表历史数据

① 在创建表的时候，指定保存的版本数（假设指定为 5），语句如下：

create 'teacher',{NAME=>'username',VERSIONS=>5}

② 不断插入相同行键的数据，使其产生历史版本数据，注意：HBase 没有更新操作，更新数据其实就是不断插入最新的数据。

put 'teacher','81001','username','zhangsan'

put 'teacher','81001','username','lisi'

put 'teacher','81001','username','wangwu'

put 'teacher','81001','username','zhaoliu'

put 'teacher','81001','username','xiaoming'

put 'teacher','81001','username','xiaoli'

③ 查询历史版本数据，需要根据需求指定查询的历史版本数。HBase 数据按时间戳倒序排序，如果不指定历史版本数，系统则会默认查询出最新的一条数据。历史版本数有效取

值为 1 到 5。以下分别表示查询 teacher 表中行键为"81001"的 5 个版本历史数据和 3 个版本历史数据。

get 'teacher','81001',{COLUMN=>'username',VERSIONS=>5}

get 'teacher','81001',{COLUMN=>'username',VERSIONS=>3}

查询结果如图 5-29 所示。

```
hbase(main):030:0> get 'teacher','81001',{COLUMN=>'username',VERSIONS=>5}
COLUMN                          CELL
 username:                       timestamp=1534093473023, value=xiaoli
 username:                       timestamp=1534093462820, value=xiaoming
 username:                       timestamp=1534093462717, value=zhaoliu
 username:                       timestamp=1534093462643, value=wangwu
 username:                       timestamp=1534093462571, value=lisi
5 row(s) in 0.0390 seconds

hbase(main):031:0> get 'teacher','81001',{COLUMN=>'username',VERSIONS=>3}
COLUMN                          CELL
 username:                       timestamp=1534093473023, value=xiaoli
 username:                       timestamp=1534093462820, value=xiaoming
 username:                       timestamp=1534093462717, value=zhaoliu
3 row(s) in 0.0450 seconds
```

图 5-29 HBase 查询历史版本数据

(6) 退出 HBase 数据库操作

若要退出 HBase 数据库操作,输入 exit 命令即可退出。

> **注意**：这里退出 HBase 数据库只是退出对数据库表的操作,并不是停止 HBase 数据库后台进程。

退出 HBase 数据库操作命令如下:

exit

执行效果如图 5-30 所示。

```
hbase(main):032:0> exit
```

图 5-30 退出 HBase

5.2.3 HBase 编程

如果需要设置 HBase 表中多个列族或者导入大量数据,使用 shell 则比较困难,此时需要编写程序调用 API 接口。HBase 提供了原生的 Java API,Java 客户端可直接调用操作 HBase。

接下来简单介绍 HBase 常用 API。

1. 几个主要 Hbase API 类和数据模型之间的对应关系见表 5-8

表 5-8 主要 Hbase API 类和数据模型之间的对应关系

Java 类	HBase 数据模型
HBaseAdmin	数据库(DataBase)
HBaseConfiguration	

(续表)

Java 类	HBase 数据模型
HTable	表(Table)
HTableDescriptor	列族(Column Family)
Put	
Get	列修饰符(Column Qualifier)
Scanner	

(1)HBaseAdmin

所属包：org.apache.hadoop.hbase.client.HBaseAdmin。

作用：提供了一个接口来管理 HBase 数据库的表信息。它提供的方法包括：创建表、删除表、列出表项、使表有效或无效，以及添加或删除表列族成员等，见表 5-9。

表 5-9　　　　　　　　　　　　　　　HBaseAdmin

返回值	函数	描述
void	addColumn(String tableName, HColumnDescriptor column)	向一个已经存在的表添加列
	chekHBaseAvailable (HBase Configuration conf)	静态函数，查看 HBase 是否处于运行状态
	createTable(HTableDescriptor desc)	创建一个表，同步操作
	delete Table(byte[] tableName)	删除一个已经存在的表
	enableTable(byte[] tableName)	使表处于有效状态
	disableTable(byte[] tableName)	使表处于无效状态
HTableDescriptor[]	listTables()	列出所有用户控制表项
void	modifyTable(byte[] tableName, HTableDescriptor htd)	修改表模式，是异步的操作，可能需要花费一定的时间
boolean	tableExists(String tableName)	检查表是否存在

(2)HBaseConfiguration

所属包：org.apache.hadoop.hbase.HBaseConfiguration。

作用：对 HBase 进行配置，见表 5-10。

表 5-10　　　　　　　　　　　　　　HBaseConfiguration

返回值	函数	描述
void	addResource (Path file)	通过给定的路径所指的文件来添加资源
void	clear()	清空所有已设置的属性
String	get(String name)	获取属性名对应的值
String	getBoolean(String name, boolean defaultValue)	获取 boolean 类型的属性值，如果其属性值类型不为 boolean，则返回默认属性值

(续表)

返回值	函数	描述
void	set(String name,String value)	通过属性名来设置值
void	getBoolean(String name,boolean value)	设置 boolean 类型的属性值

（3）HTableDescriptor

所属包：org.apache.hadoop.hbase.HTableDescriptor。

作用：包含了表的名字极其对应表的列族，见表 5-11。

表 5-11 HTableDescriptor

返回值	函数	描述
void	addFamily(HColumnDescriptorhcd)	添加一个列族
HColumnDescriptor	removeFamily(byte[] column)	移除一个列族
byte[]	getName()	获取表的名字
byte[]	getValue(byte[] key)	获取属性的值
void	setValue(String key,String value)	设置属性的值

（4）HColumnDescriptor

所属包：org.apache.hadoop.hbase.HColumnDescriptor。

作用：维护着关于列族的信息，例如版本号、压缩设置等。它通常在创建表或者为表添加列族的时候使用。列族被创建后不能直接修改，只能通过删除然后重新创建的方式。列族被删除的时候，列族里面的数据也会同时被删除，见表 5-12。

表 5-12 HColumnDescriptor

返回值	函数	描述
byte[]	getName()	获取列族的名字
byte[]	getValue(byte[] key)	获取对应的属性的值
void	setValue(String key,String value)	设置对应的属性的值

（5）HTable

所属包：org.apache.hadoop.hbase.client.HTable。

作用：可以用来和 HBase 表直接通信。此方法对于更新操作来说是非常安全的，见表 5-13。

表 5-13 HTable

返回值	函数	描述
void	checkAndPut(byte[] row,byte[] family,byte[] qualifier,byte[] value,Put put)	自动的检查 row/family/qualifier 是否与给定的值匹配
void	close()	释放所有的资源或刮起内部缓冲区中的更新
boolean	exists(Get get)	检查 Get 实例所指定的值是否存在于 HTable 的列中

(续表)

返回值	函数	描述
Result	get(Get get)	获取指定行的某些单元格所对应的值
byte[][]	getEndKeys()	获取当前一打开的表每个区域的结束键值
ResultScanner	getScanner(byte[] family)	获取当前给定列族的 scanner 实例
HTableDescriptor	getTableDescriptor()	获取当前表的 HTableDescriptor 实例
byte[]	getTableName()	获取表名
static boolean	isTableEnabled（HBaseConfiguration conf,String tableName)	检查表是否有效
void	put(Put put)	向表中添加值

（6）Put

所属包：org.apache.hadoop.hbase.client.Put。

作用：用来对单个行执行添加操作，见表 5-14。

表 5-14　　　　　　　　　　　　　　　Put

返回值	函数	描述
Put	add(byte[] family,byte[] qualifier,byte[] value)	将指定的列和对应的值添加到 Put 实例中
Put	add(byte[] family,byte[] qualifier,long ts,byte[] value)	将指定的列和对应的值及时间戳添加到 Put 实例中
byte[]	getRow()	获取 Put 实例的行
RowLock	getRowLock()	获取 Put 实例的行锁
long	getTimeStamp()	获取 Put 实例的时间戳
boolean	isEmpty()	检查 familyMap 是否为空
Put	setTimeStamp(long timeStamp)	设置 Put 实例的时间戳

（7）Get

所属包：org.apache.hadoop.hbase.client.Get。

作用：用来获取单个行的相关信息，见表 5-15。

表 5-15　　　　　　　　　　　　　　　Get

返回值	函数	描述
Get	addColumn(byte[] family,byte[] qualifier)	获取指定列族和列修饰符对应的列
Get	addFamily(byte[] family)	通过指定的列族获取其对应列的所有列
Get	setTimeRange(long minStamp, long maxStamp)	获取指定区间的列的版本号
Get	setFilter(Filter filter)	当执行 Get 操作时设置服务器端的过滤器

(8) Result

所属包:org.apache.hadoop.hbase.client.Result。

作用:存储 Get 或者 Scan 操作后获取表的单行值。使用此类提供的方法可以直接获取值或者各种 Map 结构(<key,value>对),见表 5-16。

表 5-16　　　　　　　　　　　　　　　　Result

返回值	函数	描述
boolean	containsColumn(byte[] family, byte[] qualifier)	检查指定的列是否存在
NavigableMap<byte[],byte[]>	getFamilyMap(byte[] family)	获取对应列族所包含的修饰符与值的键值对
byte[]	getValue(byte[] family, byte[] qualifier)	获取对应列的最新值

2. HBase 编程例子

(1)问题描述

现已创建一张 wiki 表用来存储 wiki 站点的标题、内容、修订信息等,行键由页面标题唯一确定,text 和 revision 为列族,其结构见 5-17。使用 API 方式对 wiki 表进行数据插入、数据查询和数据删除操作。

表 5-17　　　　　　　　　　　　　wiki 表结构

Rowkey	时间戳	Text(Column-family1)			revision(Column-family2)	
		Content1 (column1)	Content2 (column2)	空(column3)	Author (column1)	Comment (column2)
Home	T1			Hello word	panzhengjun	My first edit
Hbase	T2			Hello Hbase		
Test	T3				Hbase	

(2)使用 API 方式实现数据插入、数据查询和数据删除功能。

① 使用 PUT 类向数据表中插入一条数据

向数据表中插入一条数据分为以下几个步骤:

利用 HBaseConfiguration 类的 create()方法初始化配置。

调用 HTable 类的构造方法 HTable(conf,"wiki")连接对应的表,这个构造方法有两个参数,第一个参数是第一步中建立的配置,第二个参数是表名。

调用 Put 类的构造方法 Put(Bytes.toBytes("Home"))创建要插入的数据类,参数为行键名的 byte[]形式。

调用 put.add()方法向表中插入数据,这个方法有三个参数,第一个参数是列族名的 byte[]形式;第二个参数是列限定符名的 byte[]形式;第三个参数是要插入的具体的值的 byte[]形式。

调用 table.put(put)方法将上述 put 对象插入表中。数据插入完成。

代码实现如下:

```
package cn.edu.sise.hbase;
```

```java
import org.apache.hadoop.conf.Configuration;
import org.apache.hadoop.hbase.HBaseConfiguration;
import org.apache.hadoop.hbase.client.HTable;
import org.apache.hadoop.hbase.client.Put;
import org.apache.hadoop.hbase.util.Bytes;
/**
 *项目名称:hbase
 *类名称:PutExample
 *类描述: Data put of hbase table
 */
public class PutExample {
    public static void main(String[] args) throws Exception {
        Configuration conf = HBaseConfiguration.create();
        HTable hTable = new HTable(conf,"wiki");
        Put puts = new Put(Bytes.toBytes("home"));
        puts.add(Bytes.toBytes("text"),Bytes.toBytes(""),Bytes.toBytes("Hello Hbase"));
        puts.add(Bytes.toBytes("revision"),Bytes.toBytes("author"),Bytes.toBytes("pan zhengjun"));
        puts.add(Bytes.toBytes("revision"),Bytes.toBytes("comment"),Bytes.toBytes("my first edit!"));
        hTable.put(puts);
    }
}
```

②使用 PUT 类向数据表中插入列表数据

向数据表中插入列表数据分为以下几个步骤：

利用 table.put()的参数不仅可以是一个 Put 对象,也可以是 List<Put>对象列表的方法。

通过 List<Put> puts = new ArrayList<Put>();创建一个 ArrayList<Put>对象,列表由多个 Put 对象组成。

将 Put 对象加入列表中。

代码实现如下：

```java
package cn.edu.sise.hbase;
import java.util.ArrayList;
import java.util.List;
import org.apache.hadoop.conf.Configuration;
import org.apache.hadoop.hbase.HBaseConfiguration;
import org.apache.hadoop.hbase.client.HTable;
import org.apache.hadoop.hbase.client.Put;
import org.apache.hadoop.hbase.util.Bytes;
/**
 *项目名称:hbase
 *类名称:PutList
```

```java
 * 类描述：批量 PUT 数据
 */
public class PutList {
    public static void main(String[] args) throws Exception {
        Configuration conf = HBaseConfiguration.create();
        HTable table = new HTable(conf,"wiki");
        List<Put> putlist = new ArrayList<Put>();
        Put put1 = new Put(Bytes.toBytes("Home"));
        put1.add(Bytes.toBytes("text"),Bytes.toBytes(""),Bytes.toBytes("Hello world"));
        Put put2 = new Put(Bytes.toBytes("HBase"));
        put2.add(Bytes.toBytes("text"),Bytes.toBytes(""),Bytes.toBytes("Hello HBase"));
        Put put3 = new Put(Bytes.toBytes("Test"));
        put3.add(Bytes.toBytes("revision"),Bytes.toBytes("author"),Bytes.toBytes("HBase"));
        putlist.add(put1);
        putlist.add(put2);
        putlist.add(put3);
        table.put(putlist);
    }
}
```

③使用 GET 类向数据表中读取一条数据

向数据表中读取一条数据分为以下几个步骤：

利用 HBaseConfiguration 类的 create()方法初始化配置。

调用 HTable 类的构造方法 HTable(conf,"wiki")连接对应的表,这个构造方法有两个参数,第一个参数是第一步中建立的配置,第二个参数是表名。

调用 Get 类的构造方法 Get(Bytes.toBytes("Home"))创建要读取的数据类,参数为行键名的 byte[]形式。

调用 get.addColumn()方法向表中添加要读取的数据,这个方法有两个参数,第一个参数是列族名的 byte[]形式,第二个参数是列限定符名的 byte[]形式。

调用 table.get(get)方法获取对应结果。

将结果赋值给 Result 对象 result。

调用 result 对象的 getValue()方法获取 value,方法参数与调用 get.addColumn()方法相同。

代码实现如下：

```java
package cn.edu.sise.hbase;
import org.apache.hadoop.conf.Configuration;
import org.apache.hadoop.hbase.HBaseConfiguration;
import org.apache.hadoop.hbase.KeyValue;
import org.apache.hadoop.hbase.client.Get;
import org.apache.hadoop.hbase.client.HTable;
import org.apache.hadoop.hbase.client.Result;
import org.apache.hadoop.hbase.util.Bytes;
```

```
/**
 *项目名称:hbase
 *类名称:GetExample
 *类描述:Get data of hbase table
 */
public class GetExample {
    public static void main(String[] args) throws Exception {
        Configuration conf = HBaseConfiguration.create();
        HTable table = new HTable(conf,"wiki");
        Get get = new Get(Bytes.toBytes("home"));
        get.setMaxVersions();
        Result result = table.get(get);
        for(KeyValue kv : result.raw()){
            System.out.println("col=>"+Bytes.toString(kv.getFamily())+"/"
            +Bytes.toString(kv.getQualifier())+":value="
            +Bytes.toString(kv.getValue()));
        }
    }
}
```

④使用 GET 类从数据表中获取列表数据

从数据表中获取列表数据分为以下几个步骤:

利用 table.get()方法的参数不仅可以是一个 Get 对象,也可以是 List<Get>对象列表。

通过 List<Get> gets = new ArrayList<Get>();创建一个 ArrayList<Get>对象,列表由多个 Get 对象组成。

将 Get 对象加入列表当中。

关于 Result 数据的读取,可以调用 result.raw()方法会得到一个 KeyValue 数组,然后采用 for 循环遍历 KeyValue[]数组。

代码实现如下:

```
package cn.edu.sise.hbase;
import org.apache.hadoop.conf.Configuration;
import org.apache.hadoop.hbase.HBaseConfiguration;
import org.apache.hadoop.hbase.KeyValue;
import org.apache.hadoop.hbase.client.Get;
import org.apache.hadoop.hbase.client.HTable;
import org.apache.hadoop.hbase.client.Result;
import org.apache.hadoop.hbase.util.Bytes;
/**
 *项目名称:hbase
 *类名称:GetList
 *类描述:Get 批量数据
 */
```

```java
public class GetExample {
    public static void main(String[] args) throws Exception {
        Configuration conf = HBaseConfiguration.create();
        HTable table = new HTable(conf,"wiki");
        List<Get> gets = new ArrayList<Get>();
        Get get1 = new Get(Bytes.toBytes("home"));
        Get get2 = new Get(Bytes.toBytes("HBase"));
        Get get3 = new Get(Bytes.toBytes("Test"));
        gets.add(get1)
        gets.add(get2)
        gets.add(get3)
        get.setMaxVersions();
        Result result = table.get(gets);
        for(KeyValue kv : result.raw()){
            System.out.println("col=>"+Bytes.toString(kv.getFamily())+"/"
            +Bytes.toString(kv.getQualifier())+";value="
            +Bytes.toString(kv.getValue()));
        }
    }
}
```

⑤使用 Delete 类从数据表中删除单行数据

从数据表中删除单行数据,与 GET、PUT 等方法基本相同。

删除对象有以下三种方法:

deleteColumns(),删除指定列的所有版本。

deleteColumn(),删除指定列的最新版本。

deleteFamily(),删除指定列族中的列(所有版本)。

代码实现如下:

```java
package cn.edu.sise.hbase;
import org.apache.hadoop.conf.Configuration;
import org.apache.hadoop.hbase.HBaseConfiguration;
import org.apache.hadoop.hbase.client.Delete;
import org.apache.hadoop.hbase.client.HTable;
import org.apache.hadoop.hbase.util.Bytes;
/**
*项目名称:hbase
*类名称:DeleteExample
*类描述:Delete data of hbase table
*/
public class DeleteExample {
public static void main(String[] args) throws Exception {
    Configuration conf = HBaseConfiguration.create();
    HTable table = new HTable(conf,"wiki");
```

```
        Delete delete = new Delete(Bytes.toBytes("home"));
        delete.deleteFamily(Bytes.toBytes("revision"));
        table.delete(delete);
        table.close();
        }
    }
```

⑥使用 Delete 类从数据表中删除列表数据

从数据表中删除列表数据分为以下几个步骤：

利用 table.delete() 的参数不仅可以是一个 Delete 对象，也可以是 List<Delete> 对象列表的方法。

通过 List<Delete> deletes = new ArrayList<Delete>(); 创建一个 ArrayList<Delete> 对象，列表由多个 Delete 对象组成。

将 Delete 对象加入列表当中。

代码实现如下：

```
package cn.edu.sise.hbase;
import org.apache.hadoop.conf.Configuration;
import org.apache.hadoop.hbase.HBaseConfiguration;
import org.apache.hadoop.hbase.client.Delete;
import org.apache.hadoop.hbase.client.HTable;
import org.apache.hadoop.hbase.util.Bytes;
/**
*项目名称:hbase
*类名称:Deletelist
*类描述：删除批量数据
*/
public class DeleteExample {
public static void main(String[] args) throws Exception {
    Configuration conf = HBaseConfiguration.create();
    HTable table = new HTable(conf,"wiki");
    List<Delete> deletes = new ArrayList<Delete>();
    Delete delete1 = new Delete(Bytes.toBytes("home"));
    Delete delete2 = new Delete(Bytes.toBytes("HBase"));
    Delete delete3 = new Delete(Bytes.toBytes("Test"));
    deletes.add(delete1);
    deletes.add(delete2);
    deletes.add(delete3);
    for(int i=0;i<deletes.length;i++){
    deletes.deleteFamily(Bytes.toBytes("revision"));
    }
    table.delete(deletes);
    table.close();
    }
}
```

⑦使用 Scan 类根据行键从数据表中以扫描(游标)方式读取数据

Scan 对象可以根据行键从数据表中以扫描(游标)方式读取数据,主要分为以下几个步骤:

初始化 Scan 对象。

调用 scan.addFamily()或 addColumn()方法添加扫描的限定条件。

调用 table.getScanner()方法。

通过迭代器读取所有 Result[]数组。

代码实现如下:

```java
package cn.edu.sise.hbase;
import org.apache.hadoop.conf.Configuration;
import org.apache.hadoop.hbase.Cell;
import org.apache.hadoop.hbase.CellUtil;
import org.apache.hadoop.hbase.HBaseConfiguration;
import org.apache.hadoop.hbase.client.HTable;
import org.apache.hadoop.hbase.client.Result;
import org.apache.hadoop.hbase.client.ResultScanner;
import org.apache.hadoop.hbase.client.Scan;
import org.apache.hadoop.hbase.util.Bytes;
/**
 * 项目名称:hbase
 * 类名称:ScanExample
 * 类描述:Scan table datas
 */
public class ScanExample {
    public static void main(String[] args) throws Exception {
        Configuration conf = HBaseConfiguration.create();
        HTable table = new HTable(conf,"wiki");
        Scan scan = new Scan();
        //读取 wiki 表中行键以 H 开头列族为 text 的所有数据
        //scan.addColumn(Bytes.toBytes("text"),Bytes.toBytes(""))
        //.setStartRow(Bytes.toBytes("H")).setStopRow(Bytes.toBytes("I"));
        ResultScanner rScanner = table.getScanner(scan);
        for(Result result :rScanner){
            System.out.println(result.toString());
            for(Cell cell :result.rawCells()){
                System.out.println("family:" + Bytes.toString(CellUtil.cloneFamily(cell)));
                System.out.println("col:" + Bytes.toString(CellUtil.cloneQualifier(cell)));
                System.out.println("value:" + Bytes.toString(CellUtil.cloneValue(cell)));
            }
        }
        rScanner.close();
    }
}
```

在 Eclipse 中新建 Java Class,根据以上代码进行命名,并且复制以上代码运行,即可实现 HBase 中的数据插入、数据查询和数据删除等操作。

第 6 章 NoSQL 数据库

> **目标**
> - 了解 NoSQL 数据库,包括熟悉 NoSQL 数据库类型,三大基石,到 NewSQL 数据库;
> - 掌握 Redis 和 MongoDB 的安装和使用。

第 6 章 NoSQL 数据库
- 6.1 理论任务:了解 NoSQL 数据库
  - 6.1.1 NoSQL 简介
  - 6.1.2 NoSQL 类型
  - 6.1.3 NoSQL 数据库三大基石
  - 6.1.4 NoSQL 到 NewSQL 数据库
- 6.2 实践任务:典型 NoSQL 数据库的安装和应用
  - 6.2.1 Redis 的安装和使用
  - 6.2.2 MongoDB 的安装和使用

6.1 理论任务:了解 NoSQL 数据库

6.1.1 NoSQL 简介

NoSQL 其意为 Not Only SQL,泛指非关系型的数据库。NoSQL 提供了一种与传统关系型数据库不太一样的存储模式,为开发者提供了除关系型数据库之外的另一种选择,是一项全新的革命性数据库运动。

传统的关系型数据库擅长支持结构化数据的存储和管理,并且以严格的关系代数作为其理论基础,支持事务 ACID 特性,使用索引机制实现高效查询,所以一直是主流数据库。但随着互联网 Web 2.0 网站的迅速发展和大数据时代的到来,传统关系数据库显得力不从心。海量数据爆炸式增长,非结构化数据的增多,数据高并发、高扩展和高可用性的需求,使得关系型数据库无法满足。在这种新的应用背景下,NoSQL 数据库应运而生。关系数据库和 NoSQL 数据库的区别见表 6-1。

表 6-1　关系数据库和 NoSQL 数据库的区别

	关系数据库	NoSQL
数据类型	结构化数据	非结构化数据
数据库结构	需要事先定义,结构固定	不需要事先定义,可以灵活改变
数据一致性	通过 ACID 特性保持严格的一致性	存在临时的不保持严格一致性的状态
扩展性	基本上是向上扩展。由于需要保持数据的一致性,因此性能下降明显	通过横线扩展可以在不降低性能的前提下应对大量访问,实现线性扩展
服务器	以在一台服务器上工作为前提	以分布式、协作式工作为前提
故障容忍度	为了提高故障容忍度需要很高的成本	有很多单一故障点的解决方案,成本低
查询语言	SQL 语言	支持多种非 SQL 语言
数据量	和 NoSQL 相比较小规模	和 RDBMS 相比较大规模

NoSQL 数据库数据结构简单、不需要数据库结构定义(可以灵活变更)、不对数据一致性进行严格保证、通过横向扩展可实现较好扩展性。简而言之,就是一种以牺牲一定的数据一致性为代价,追求灵活性、扩展性的数据库。

6.1.2　NoSQL 类型

NoSQL 的很多产品被广泛应用,它们大致分为以下几类:列存储数据库、文档型数据库、键值数据库和图数据库,见表 6-2。

表 6-2　常用 NoSQL 数据库

分类	举例	典型应用场景	数据模型	优点	缺点
键值数据库	Redis、Memcached、Riak 等	内容缓存,主要用于处理大量数据的高访问负载,如购物车、会话等。	Key/Value 键值对	数据模型简单、灵活,大量写操作时性能高	无法存储结构化信息,条件查询效率较低
列存储数据库	Cassandra、HBase、Bigtable 等	分布式数据存储和管理	列族	查找速度快,可扩展性强,更容易进行分布式扩展	功能相对局限,大部分不支持事务一致性
文档型数据库	CouchDB、MongoDb 等	存储、索引并管理面向文档的数据或者类似的半结构化数据	版本化的文档	数据结构灵活、性能好、复杂性低	缺乏统一的查询语法
图数据库	Neo4J、InfoGrid、Infinite Graph 等	应用于大量复杂、互连接、低结构化的图结构场合,专注于构建关系图谱。如社交网络,推荐系统等。	图结构	支持复杂的图结构算法,灵活性高	复杂性较高,只能支持一定的数据规模

1.键值数据库(Key-Value DataBase)

这一类数据库主要会使用到一个哈希表,这个表中有一个特定的键 Key 和一个指针指向特定的数据 Value。Key-value 模型的优势在于简单、易部署。在存在大量写操作的情况下,键值数据库会有很好的性能,但如果只对部分值进行条件查询或更新的时候,键值数据库就显得效率低下。键值存储数据库主要有 Redis、Memcached、Riak 等。

2.列存储数据库

列存储数据库采用列族数据模型。数据表由多个行组成,每行数据可以包含一个或多个列族,每个列族可以具有不同数量的列,同一列族的数据会存放在一起,每行数据通过行键进行定位,这个行键对应的是一个列族。列存储数据库通常是用来应对分布式存储的海量数据。典型的列存储数据库有 Cassandra、HBase、Bigtable 等。

3.文档型数据库

文档型数据库中,文档是数据库的最小单位。该类型的数据模型是版本化的文档,半结构化的文档以特定的格式存储,比如 JSON。文档型数据库可以看作是键值数据库的衍生品,而且文档型数据库比键值数据库的查询效率更高。文档型数据库主要有 CouchDB、MongoDB 等。

4.图数据库

图数据库是以图论为基础,一个图用来表示一个对象集合,包括顶点和连接顶点的边。图数据库同键值数据库、列存储数据库、文档型数据库不同,它是使用灵活的图作为数据模型,可以专门用来处理具有高度相互关联关系的数据,比较适合社交网络、推荐系统、模式识别和路径寻找等问题。图数据库主要有 Neo4J、InfoGrid、Infinite Graph 等。

总的来说,NoSQL 数据库比较适用以下的几种情况:

(1)数据模型比较简单;
(2)灵活性需求更强的系统;
(3)对数据库性能要求较高;
(4)不需要高度的数据一致性;
(5)对于给定 key,比较容易映射复杂值的环境。

6.1.3　NoSQL 数据库三大基石

NoSQL 的三大基石主要包括 CAP、BASE 和最终一致性,如图 6-1 所示。

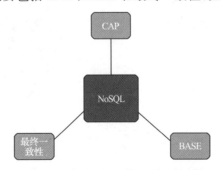

图 6-1　NoSQL 的三大基石

1.CAP

2000 年,美国著名科学家 Eric Brewer 教授提出了著名的 CAP 理论,后来美国有两位科学家证明了 CAP 理论的正确性。

CAP 指的是：

◆ C(Consistency)：一致性，是指任何一个读操作总是能够读到之前完成的写操作的结果。即在分布式环境中，多点的数据是一致的，或者说，所有节点在同一时间具有相同的数据。

◆ A：(Availability)：可用性，是指可以在确定的时间内返回操作结果，保证每个请求不管成功或者失败都有响应。

◆ P(Tolerance of Network Partition)：分区容忍性，是指当出现网络分区的情况时，即系统中的一部分节点无法和其他节点进行通信时，分离的系统也能够正常运行，也就是说，系统中任意信息的丢失或失败不会影响系统的继续运作。

如图 6-2 所示，CAP 理论告诉我们，一个分布式系统不可能同时满足一致性、可用性和分区容忍性这三个需求，最多只能同时满足其中的两个。

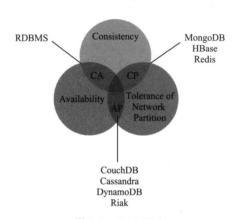

图 6-2　CAP 理论

当处理 CAP 的问题时，可以有以下几个选择，如图 6-3 所示。

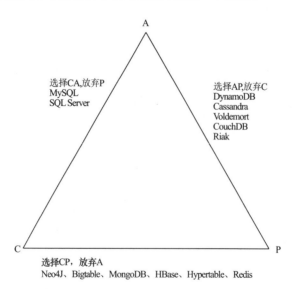

图 6-3　不同产品在 CAP 理论下的不同设计原则

(1)CA：即强调一致性 C 和可用性 A，放弃分区容忍性 P。通过把所有与事务相关的内容都放到同一台机器上来实现。当然,这种做法会严重影响系统的可扩展性。使用这种设计原则的主要包括传统的关系数据库 MySQL、SQL Server 等。

(2)CP:也就是强调一致性 C 和分区容忍性 P,放弃可用性 A。网络分区时,受影响的服务需要等待数据一致,等待期间无法对外提供服务。使用这种设计原则的主要包括 HBase、Neo4j 等 NoSql 数据库。

(3)AP:也就是强调可用性 A 和分区容忍性 P,放弃一致性 C,允许系统返回不一致的数据。这对于一些更关注服务是否可用的 Web 2.0 网址而言是可行的。在采用 AP 设计时,也可以不完全放弃一致性,而采用最终一致性。使用这种设计原则的主要包括 CouchDB、Cassandra、Dynamo 等 NoSQL 数据库。

2.BASE

说起 BASE(Basically Availble,Soft-state,Eventual consistency),不得不先提提 ACID。一个数据库事务必须具有 ACID 四大特性:

◆ A(Atomicity):原子性,是指事务必须是原子工作单元,对于其数据修改(包括新增、修改、删除数据),要么全部执行,要么全部不执行。

◆ C(Consistency):一致性,是指事务在完成时,必须使所有的数据都保持一致的状态。

◆ I(Isolation):隔离性,是指多个事务在执行时不互相干扰。

◆ D(Durability):持久性,是指事务完成之后,对于系统的影响是永久性的,该修改即使发生致命的系统故障也能够恢复。

BASE 的基本含义包括基本可用(Basically Availble)、软状态(Soft-state)和最终一致性(Eventual consistency)。

(1)基本可用

基本可用,是指一个分布式系统的一部分发生问题变得不可用时,其他部分仍然可以正常使用,即允许分区失败的情形出现。比如,一个分布式存储系统有 20 个节点,当其中某 1 个节点损坏不能用时,其他 19 个节点仍然能够继续正常访问,则只有 5% 的数据不可用,其余 95% 的数据仍然可用,则认为这个分布式存储系统基本可用。

(2)软状态

"软状态(Soft-state)"是与"硬状态(Hard-state)"相对应的一种提法。数据是"硬状态"时,则保证数据一直是正确的;而"软状态"是指状态可以有一段时间不同步,具有一定的滞后性。

(3)最终一致性

一致性可以有强一致性和弱一致性,其主要区别在于高并发的数据访问操作下,后续操作是否能够获取到最新的数据。强一致性,是当执行完一次更新操作后,后续的其他读操作就保证可以读到更新后的最新数据;而弱一致性,则不能保证后续访问读到的都是更新后的最新数据。最终一致性是弱一致性的一种特例,允许后续的访问操作可以暂时读不到更新后的数据,但经过一段时间后,最终必须读到更新后的数据。最终一致性关注不同节点数据最终是否一致。

6.1.4 从 NoSQL 到 NewSQL 数据库

NoSQL 数据库具有良好的可扩展性和灵活性,很好地弥补了关系型数据库的一些缺陷,但同样存在着一些不足,比如不支持事务 ACID 特性,复杂且查询效率不高等。因此,NewSQL 逐步升温。

NewSQL 是对各种新的可扩展、高性能数据库的简称,这类数据库不仅具有 NoSQL 对海量数据的存储管理能力,还保持了传统数据库支持事务 ACID 和支持 SQL 等特性。这类数据库目前主要包括 Spanner、Clustrix、NimbusDB 及 VoltDB 等。

NewSQL 系统涉及很多新颖的架构设计,例如,可以将整个数据库都在主内存中运行,从而消除掉数据库传统的缓存管理;可以在一个服务器上面只运行一个线程,从而去除掉轻量的加锁阻塞;还可以使用额外的服务器来进行复制和失败恢复的工作,从而取代昂贵的事务恢复操作。用 NewSQL 系统处理以下这些应用非常合适,比如短事务、点查询、Repetitive(用不同的输入参数执行相同的查询)等。

目前,传统关系型数据库、NoSQL 数据库、NewSQL 数据库三者各有各的应用场景和发展空间,数据库技术也是朝着多元化方向发展,在如今的大数据平台下,有时也是可以根据需求相互结合使用的。

6.2 实践任务:典型 NoSQL 数据库的安装和使用

6.2.1 Redis 的安装和使用

1. Redis 的安装与配置

(1)下载 Redis

下载 Redis,本教程下载版本为 redis-5.0.4.tar.gz,如图 6-4 所示。

图 6-4 下载 Redis

下载 Redis 安装包完成后,会自动下载到 Ubuntu 登录用户的下载目录下,如图 6-5 所示。

```
hadoop@yln-virtual-machine:~/下载$ ls
apache-flume-1.9.0-bin.tar.gz
apache-hive-2.3.3-bin.tar.gz
d3
d3.zip
eclipse-java-neon-2-linux-gtk-x86_64.tar.gz
hadoop2x-eclipse-plugin-master
hadoop2x-eclipse-plugin-master.zip
hadoop-3.1.1.tar.gz
jdk-8u181-linux-x64.tar.gz
kafka_2.11-2.1.1.tgz
mongodb-linux-x86_64-ubuntu1604-4.0.1.tgz
mysql-connector-java-5.1.46
mysql-connector-java-5.1.46.tar.gz
redis-5.0.4.tar.gz
spark-2.4.1-bin-hadoop2.7.tgz
sqoop-1.4.7.bin__hadoop-2.6.0.tar.gz
```

图 6-5　redis 下载成功

(2)安装 Redis

①打开终端,解压安装包 redis-5.0.4.tar.gz 至路径 /opt,命令如下,操作如图 6-6 所示。

sudo tar -zxvf redis-5.0.4.tar.gz -C /opt

```
hadoop@yln-virtual-machine:~/下载$ sudo tar -zxvf redis-5.0.4.tar.gz -C /opt
```

图 6-6　解压 Redis

②查看安装包 redis-5.0.4.tar.gz 是否解压成功,命令及操作如图 6-7 所示。

```
hadoop@yln-virtual-machine:/opt$ ls
bigdata  flume  hive  kafka  mongodb      spark
eclipse  hbase  java  ksh    redis-5.0.4  sqoop
```

图 6-7　查看 Redis 是否解压成功

③将解压的文件夹重命名为 redis 并添加 redis 的权限。

sudo mv redis-5.0.4 redis

以上命令表示将文件夹 redis-5.0.4 更名为 redis。

sudo chown -R hadoop:hadoop redis

以上命令表示更改 redis 文件夹的属主为 hadoop 组的 hadoop 用户,“:”前面的 hadoop 表示的是用户组,“:”后面的 hadoop 表示的是 hadoop 用户名。操作如图 6-8 所示。

```
hadoop@yln-virtual-machine:/opt$ sudo mv redis-5.0.4 redis
hadoop@yln-virtual-machine:/opt$ sudo chown -R hadoop:hadoop redis
hadoop@yln-virtual-machine:/opt$ ls
bigdata  flume  hive  kafka  mongodb  spark
eclipse  hbase  java  ksh    redis    sqoop
```

图 6-8　给 redis 文件夹添加权限

④切换到 redis 目录,执行以下两条命令,进行编译和安装 Redis,命令及操作如图 6-9、图 6-10 所示。

```
hadoop@yln-virtual-machine:/opt/redis$ sudo make
```

图 6-9　Redis 编译命令

```
hadoop@yln-virtual-machine:/opt/redis$ sudo make install
```

图 6-10　Redis 安装命令

⑤启动 Redis 服务器,如果出现如图 6-11 所示的输出,则表示 Redis 已经安装成功。

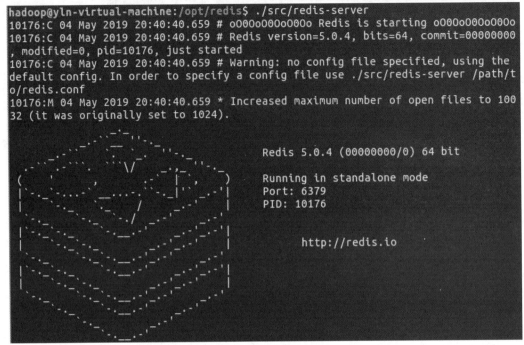

图 6-11　Redis 成功启动

⑥重新打开一个新终端,输入如下命令启动 Redis 的客户端,效果如图 6-12 所示。

```
hadoop@yln-virtual-machine:/opt$ cd redis
hadoop@yln-virtual-machine:/opt/redis$ ./src/redis-cli
127.0.0.1:6379>
```

图 6-12　启动 Redis 客户端

图 6-12 中出现的 127.0.0.1 表示的是服务器的地址,这里为本机,6379 表示的是端口号。接下来就可以对 Redis 数据库进行相关操作。

2. Redis 命令操作

(1) key pattern 查询相应的 key

①redis:允许模糊查询 key,并且有 3 个通配符 * 、?、[]可以使用;

②randomkey:返回随机 key;

③type key:返回 key 存储的类型;

④exists key:判断某个 key 是否存在;

⑤del key:删除 key;

⑥rename key newkey:改名;

⑦renamenx key newkey:如果 newkey 不存在则修改成功;

⑧move key 1:将 key 移动到 1 数据库;

⑨ttl key:查询 key 的生命周期(秒);

⑩expire key 整数值:设置 key 的生命周期以秒为单位;

⑪pexpire key 整数值:设置 key 的生命周期以毫秒为单位;

⑫pttl key:查询 key 的生命周期(毫秒);
⑬perisist key:把指定 key 设置为永久有效。
(2)字符串类型的操作
①set key value [ex 秒数] [px 毫秒数] [nx/xx]
如果 ex 和 px 同时写,则以后面的有效期为准,
nx:如果 key 不存在则建立,
xx:如果 key 存在则修改其值;
②get key:取值;
③mset key1 value1 key2 value2:一次设置多个值;
④mget key1 key2 :一次获取多个值;
⑤setrange key offset value:把字符串的 offset 偏移字节改成 value;
如果偏移量＞字符串长度,该字符自动补 0x00。
⑥append key value :把 value 追加到 key 的原值上;
⑦getrange key start stop:获取字符串中[start,stop]范围的值;
对于字符串的下标,左数从 0 开始,右数从-1 开始。

> **注意**
> 当 start＞length,则返回空字符串;
> 当 stop＞＝length,则截取至字符串尾;
> 如果 start 所处位置在 stop 右边,则返回空字符串。

⑧getset key nrevalue:获取并返回旧值,在设置新值;
⑨incr key:自增,返回新值,如果 incr 一个不是 int 的 value 则返回错误,incr 一个不存在的 key,则设置 key 为 1;
⑩incrby key 2:跳 2 自增;
⑪incrbyfloat by 0.7:自增浮点数;
⑫setbit key offset value:设置 offset 对应二进制上的值,返回该位上的旧值;

> **注意** 如果 offset 过大,则会在中间填充 0。

⑬bitop operation destkey key1 [key2..]:对 key1 key2 做 operation 并将结果保存在 destkey;
opecation 可以是 AND OR NOT XOR 等操作。
⑭strlen key:取指定 key 的 value 值的长度;
⑮setex key time value:设置 key 对应的值 value,并设置有效期为 time 秒。
(3)链表操作
Redis 的 list 类型其实就是一个每个子元素都是 string 类型的双向链表,链表的最大长度是 2^32。list 既可以用作栈,也可以用作队列。list 的 pop 操作还有阻塞版本,主要是为了避免轮询。

①lpush key value:把值插入到链表头部;

②rpush key value:把值插入到链表尾部;

③lpop key:返回并删除链表头部元素;

④rpop key:返回并删除链表尾部元素;

⑤lrange key start stop:返回链表中[start,stop]中的元素;

⑥lrem key count value:从链表中删除 value 值,删除 count 的绝对值个 value 后结束;若 count＞0 则从表头删除,若 count＜0 则从表尾删除,若 count＝0 则全部删除。

⑦ltrim key start stop:剪切 key 对应的链接,切[start,stop]一段并把该值重新赋给 key;

⑧lindex key index:返回 index 索引上的值;

⑨llen key:计算链表的元素个数;

⑩linsert key after|before search value:在 key 链表中寻找 search,并在 search 值之前和之后插入 value;

⑪rpoplpush source dest:把 source 的末尾拿出,放到 dest 头部,并返回单元值;

⑫brpop,blpop key timeout:等待弹出 key 的尾/头元素;

timeout 为等待超时时间,如果 timeout 为 0 则一直等待下去。应用场景包括长轮询 ajax,在线聊天等。

(4)hashes 类型及操作

Redis hash 是一个 string 类型的 field 和 value 的映射表,它的添加、删除操作都是 O(1)(平均)。hash 特别适用于存储对象,将一个对象存储在 hash 类型中会占用更少的内存,并且可以方便的存取整个对象。

配置:hash_max_zipmap_entries 64　　＃配置字段最多 64 个
　　　hash_max_zipmap_value 512　　＃配置 value 最大为 512 字节

①hset myhash field value:设置 myhash 的 field 为 value;

②hsetnx myhash field value:不存在的情况下设置 myhash 的 field 为 value;

③hmset myhash field1 value1 field2 value2:同时设置多个 field;

④hget myhash field:获取指定的 hash field;

⑤hmget myhash field1 field2:一次获取多个 field;

⑥hincrby myhash field 5:指定的 hash field 加上给定的值;

⑦hexists myhash field:测试指定的 field 是否存在;

⑧hlen myhash:返回 hash 的 field 数量;

⑨hdel myhash field:删除指定的 field;

⑩hkeys myhash:返回 hash 所有的 field;

⑪hvals myhash:返回 hash 所有的 value;

⑫hgetall myhash:获取某个 hash 中全部的 field 及 value。

(5)集合结构操作

①sadd key value1 value2:往集合里面添加元素;

②smembers key：获取集合所有的元素；

③srem key value：删除集合某个元素；

④spop key：返回并删除集合中 1 个随机元素；

⑤srandmember key：随机取一个元素；

⑥sismember key value：判断集合是否有某个值；

⑦scard key：返回集合元素的个数；

⑧smove source dest value：把 source 的 value 移动到 dest 集合中；

⑨sinter key1 key2 key3：求 key1 key2 key3 的交集；

⑩sunion key1 key2：求 key1 key2 的并集；

⑪sdiff key1 key2：求 key1 key2 的差集；

⑫sinterstore res key1 key2：求 key1 key2 的交集并存在 res 里。

(6)有序集合

有序集合是在 set 的基础上增加了一个顺序属性,这一属性在添加修改元素的时候可以指定,每次指定后,zset 会自动按新的值调整顺序,可以理解为有两列的 mysql 表,一列存储 value,一列存储顺序,操作中 key 理解为 zset 的名字。

和 set 一样 sorted sets 也是 string 类型元素的集合,不同的是每个元素都会关联一个 double 型的 score。sorted set 的实现是 skip list 和 hash table 的混合体。

当元素被添加到集合中时,一个元素到 score 的映射被添加到 hash table 中,所以给定一个元素获取 score 的开销是 O(1)。另一个 score 到元素的映射被添加的 skip list,并按照 score 排序,所以就可以有序地获取集合中的元素。添加、删除操作开销都是 O(logN),和 skip list 的开销一致,redis 的 skip list 实现是双向链表,这样就可以逆序从尾部去元素。sorted set 最经常使用方式应该就是作为索引来使用,我们可以把要排序的字段作为 score 存储,对象的 ID 当元素存储。

①zadd key score1 value1：添加元素；

②zrange key start stop [withscore]：把集合排序后,返回名次[start,stop]的元素,默认是升序排列,withscores 是把 score 也打印出来；

③zrank key member：查询 member 的排名(升序 0 名开始)；

④zrangebyscore key min max [withscores] limit offset N：集合(升序)排序后取 score 在[min,max]内的元素,并跳过 offset 个,取出 N 个；

⑤zrevrank key member：查询 member 排名(降序 0 名开始)；

⑥zremrangebyscore key min max：按照 score 来删除元素,删除 score 在[min,max]之间；

⑦zrem key value1 value2：删除集合中的元素；

⑧zremrangebyrank key start end：按排名删除元素,删除名次在[start,end]之间的；

⑨zcard key：返回集合元素的个数；

⑩zcount key min max：返回[min,max]区间内元素数量；

⑪zinterstore dest numkeys key1[key2..]［WEIGHTS weight1 [weight2...]]［AG-

GREGATE SUM|MIN|MAX]:求 key1、key2 的交集,key1、key2 的权值分别是 weight1、weight2;

聚合方法用 sum|min|max,聚合结果保存于 dest 集合内。

(7)服务器相关命令

①ping:测定连接是否存活;

②echo:在命令行打印一些内容;

③select:选择数据库;

④quit:退出连接;

⑤dbsize:返回当前数据库中 key 的数目;

⑥info:获取服务器的信息和统计;

⑦monitor:实时转储收到的请求;

⑧config get 配置项:获取服务器配置的信息;

config set 配置项:设置配置项信息。

⑨flushdb:删除当前选择数据库中所有的 key;

⑩flushall:删除所有数据库中的所有 key;

⑪time:显示服务器时间,时间戳(秒),微秒数;

⑫bgrewriteaof:后台保存 rdb 快照;

⑬bgsave:后台保存 rdb 快照;

⑭save:保存 rdb 快照;

⑮lastsave:上次保存时间;

⑯shutdown [save/nosave]:关闭服务器;

⑰showlog:显示慢查询。

3.数据的增删改查操作实例

Redis 是以(key,value)键值对的形式来存储数据,支持五种数据类型。不同数据类型的数据操作可能不同,接下来简单介绍如何在 redis 数据库里实现字符串数据的增、删、改、查操作。

假设有一张客户表 customer,包括客户编号 cid、客户姓名 cname、客户性别 csex、客户电话 ctel,数据见表 6-3。

表 6-3　　　　　　　　　　　　客户表 customer

cid	cname	csex	ctel
10001	陈星	男	13802012222
10002	张净	女	13601023698
10003	李庆	男	13565256721

(1)数据插入

现在需要将以上数据插入到 Redis 数据库。首先进行 key 和 value 的设计,然后使用 set 命令进行数据的插入。本例题的 Key 和 Value 的设计如下:

Key = 表名:主键值:列名

Value = 列值

Redis 数据库插入数据前,需要先启动 redis-server,命令及操作如图 6-13 所示。

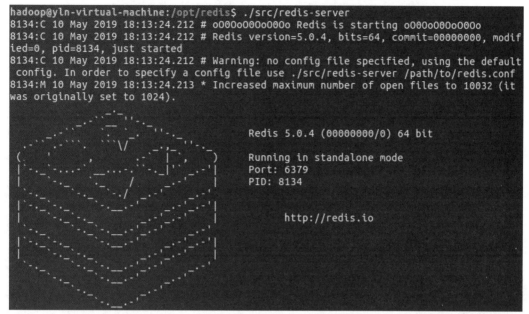

图 6-13 启动 redis-server

启动 redis-server 后,另外打开一个终端,启动 redis 客户端,通过 set 命令插入字符串数据,命令及操作如图 6-14 所示。

```
hadoop@yln-virtual-machine:/opt/redis$ ./src/redis-cli
127.0.0.1:6379> set customer:10001:cname 陈星
OK
127.0.0.1:6379> set customer:10001:csex 男
OK
127.0.0.1:6379> set customer:10001:ctel 13802012222
OK
```

图 6-14 set 命令插入字符串数据

(2)数据修改

Redis 数据库中并没有专门修改数据的命令,而是继续使用 set 命令插入相同 key 的某一个新 value 值,用来覆盖旧的数据。例如,修改客户编号 10001 的电话为 13602296325,数据修改前后通常使用查询语句进行验证。命令及操作如图 6-15 所示。

```
127.0.0.1:6379> get customer:10001:ctel
"13802012222"
127.0.0.1:6379> set customer:10001:ctel 13602296325
OK
127.0.0.1:6379> get customer:10001:ctel
"13602296325"
```

图 6-15 set 命令修改字符串数据

(3)数据删除

Redis 数据库使用 del 命令删除字符串数据。例如,删除客户编号 10001 的电话,命令及操作如图 6-16 所示。

```
127.0.0.1:6379> get customer:10001:ctel
"13602296325"
127.0.0.1:6379> del customer:10001:ctel
(integer) 1
127.0.0.1:6379> get customer:10001:ctel
(nil)
```

图 6-16　del 命令删除字符串数据

(4) 数据查询

Redis 数据库使用 get 命令查询字符串数据。例如，查询客户编号为 10002 的电话，命令及操作如图 6-17 所示。

```
127.0.0.1:6379> get customer:10002:ctel
"13601023698"
```

图 6-17　查询字符串数据

6.2.2　MongoDB 的安装和使用

MongoDB 是一个基于分布式文件存储的数据库，介于关系数据库和非关系数据库之间，是非关系数据库当中功能最丰富、最像关系数据库的。它支持的数据结构非常松散，是类似 json 的 bson 格式，因此可以存储比较复杂的数据类型。MongoDB 最大的特点是其支持的查询语言非常强大，其语法有点类似于面向对象的查询语言，几乎可以实现类似关系数据库单表查询的绝大部分功能，而且还支持对数据建立索引。

MongoDB 有两种安装方式：离线安装和在线安装。在线安装一般会比较慢，所以本教程采用离线安装方式。

1. MongoDB 的安装与配置

(1) MongoDB 下载

下载 MongoDB，本教程下载版本为 mongodb-linux-x86_64-ubuntu1604-4.0.1.tgz，界面如图 6-18 所示。

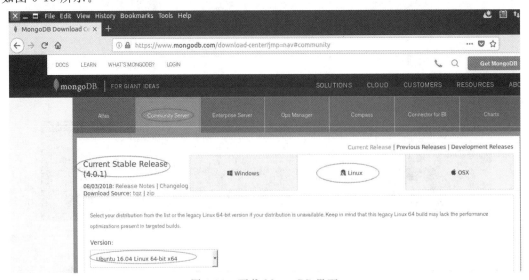

图 6-18　下载 MongoDB 界面

下载 MongoDB 安装包完成后，会自动下载到 Ubuntu 登录用户的下载目录下，如

图 6-19 所示。

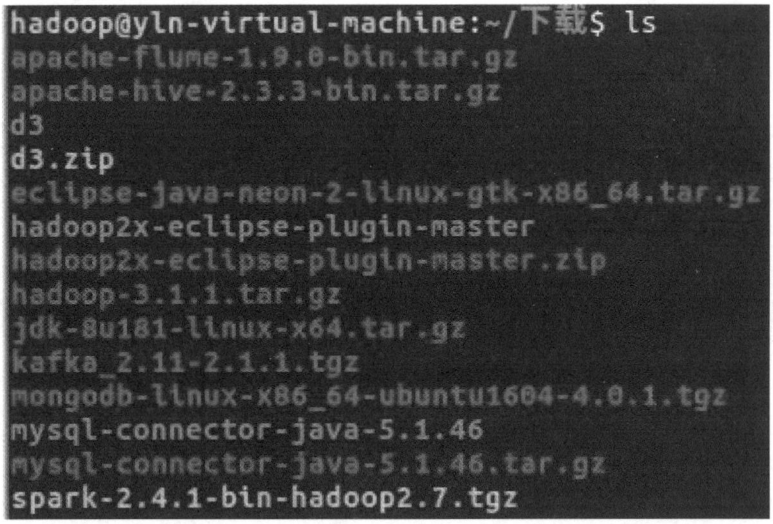

图 6-19 查看 MongoDB 是否下载成功界面

(2) MongoDB 安装

①打开终端,解压安装包 mongodb-linux-x86_64-ubuntu1604-4.0.1.tgz 至路径 /opt,命令如下,操作界面如图 6-20 所示。

sudo tar -zxvf mongodb-linux-x86_64-ubuntu1604-4.0.1.tgz -C /opt

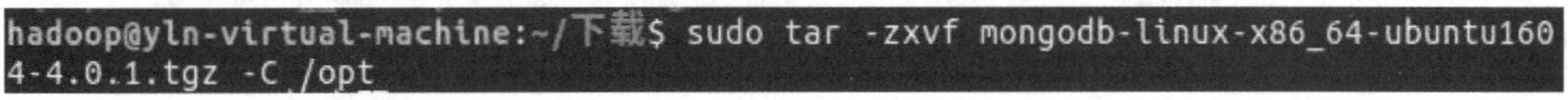

图 6-20 解压 MongoDB

②查看安装包 mongodb-linux-x86_64-ubuntu1604-4.0.1.tgz 是否解压成功,命令及操作如图 6-21 所示。

图 6-21 查看 MongoDB 是否解压成功界面

③将解压的文件夹重命名为 mongodb 并添加 mongodb 权限,命令及操作如图 6-22 所示。

sudo mv mongodb-linux-x86_64-ubuntu1604-4.0.1 mongodb

以上命令表示将文件夹 mongodb-linux-x86_64-ubuntu1604-4.0.1 更名为 mongodb

sudo chown -R hadoop:hadoop mongodb

以上命令表示更改 mongodb 文件夹的属主为 hadoop 组的 hadoop 用户,":"前面的 hadoop 表示的是用户组,":"后面的 hadoop 表示的是 hadoop 用户名。

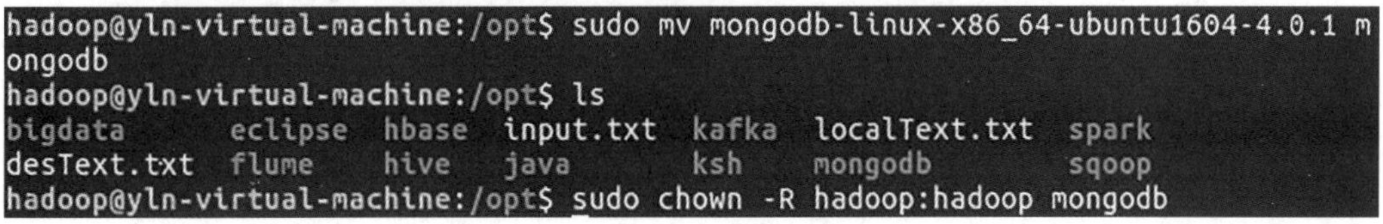

图 6-22 MongoDB 授权

④创建数据目录和日志目录并授权

切换到 mongodb 目录下,创建数据目录和日志目录,命令及操作如图 6-23 所示。

sudo mkdir -pv ./data/{mongodb_data,mongodb_log}

其中,mongodb_data 是数据目录,mongodb_log 是日志目录。

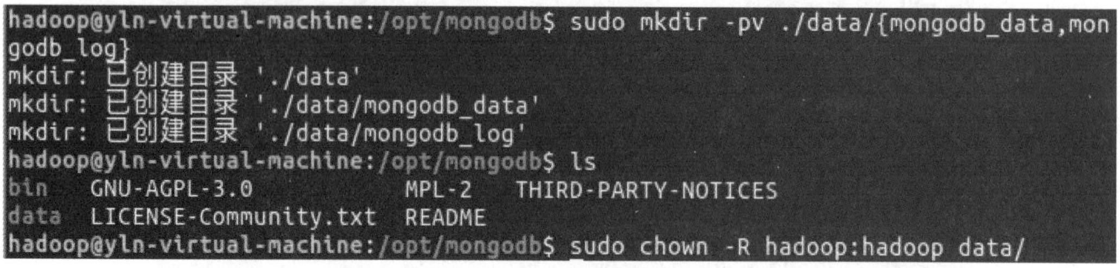

图 6-23 创建数据目录和日志目录并授权

⑤在/mongodb/data/mongodb_log 目录下新建 mongodb.log 文件,命令及操作如图 6-24、图 6-25 所示。

使用 vim 或者 gedit 创建 mongodb.log 文件,命令如下:

sudo vi mongodb_log/mongodb.log 或者 sudo gedit mongodb_log/mongodb.log

创建 mongodb.log 文件后,保存并退出。

图 6-24 创建 mongodb_log

图 6-25 查看 mongodb_log 是否创建成功

⑥创建并配置文件 mongdb/data/mongo_data/mongodb.conf。

切换到 mongo_data 目录下使用 vim 或者 gedit 创建 mongodb.conf 文件,命令及操作如图 6-26 所示。

图 6-26 创建 mongodb.conf 文件

在 mongodb.conf 中写入如下配置信息,♯表示注释信息。

♯日志文件位置

logpath=/opt/mongodb/data/mongodb_log/mongodb.log

♯以追加方式写入日志

logappend=true

♯是否以守护进程方式运行

fork=true

♯默认 27017

port = 27017

♯数据库文件位置

dbpath=/opt/mongodb/data/mongodb_data/

♯启用定期记录 CPU 利用率和 I/O 等待

♯cpu = true

是否以安全认证方式运行,默认是不认证的非安全方式
noauth = true
auth = true

详细记录输出
verbose = true

Inspect all client data for validity on receipt (useful for
developing drivers)用于开发驱动程序时验证客户端请求
objcheck = true

Enable db quota management
启用数据库配额管理
quota = true
设置 oplog 记录等级
Setoplogging level where n is
0=off (default)
1=W
2=R
3=both
7=W+some reads
diaglog=0

Diagnostic/debugging option 动态调试项
nocursors = true

Ignore query hints 忽略查询提示
nohints = true
禁用 http 界面,默认为 localhost:28017
nohttpinterface = true

关闭服务器端脚本,这将极大的限制功能
Turns off server-side scripting. This will result in greatly limited
functionality
noscripting = true

关闭扫描表,任何查询将会是扫描失败
Turns off table scans. Any query that would do a table scan fails.
notablescan = true
关闭数据文件预分配
Disable data file preallocation.
noprealloc = true
为新数据库指定.ns 文件的大小,单位:MB

```
# Specify .ns file size for new databases.
# nssize =

# Replication Options 复制选项
# in replicated mongo databases,specify the replica set name here
# replSet=setname
# maximumsize in megabytes for replication operation log
# oplogSize=1024
# path to a key file storing authentication info for connections
# between replica set members
# 指定存储身份验证信息的密钥文件的路径
# keyFile=/path/to/keyfile
```

⑦配置环境变量

将 mongodb 环境变量在 profile 文件中配置好,这样,启动 MongoDB 就无须到/opt/mongodb/bin 固定目录下操作,大大地方便了 MongoDB 的使用。可以通过 vim 或者 gedit 编辑/etc/profile 文件,在 profile 文件中添加 MONGODB_HOME(即 MONGODB 安装路径)及 PATH 中追加 MONGODB 的 bin 路径,其中 $MONGODB_HOME 表示的是 MONGODB 安装路径,":"代表的是分隔符。如图 6-27、图 6-28 所示。

```
hadoop@yln-virtual-machine:/opt$ sudo gedit /etc/profile
```

图 6-27　打开编辑 profile 文件

```
export JAVA_HOME=/opt/java/jdk1.8.0_181
export JRE_HOME=/opt/java/jdk1.8.0_181/jre
export HADOOP_HOME=/opt/bigdata/hadoop-3.1.1
export HADOOP_COMMON_LIB_NATIVE_DIR=$HADOOP_HOME/lib/native
export YARN_HOME=/opt/bigdata/hadoop-3.1.1
export HADOOP_HDFS_HOME=/opt/bigdata/hadoop-3.1.1
export HBASE_HOME=/opt/hbase/hbase-1.2.6.1
export HIVE_HOME=/opt/hive
export FLUME_HOME=/opt/flume
export FLUME_CONF_DIR=/opt/flume/conf
export SQOOP_HOME=/opt/sqoop
export SPARK_HOME=/opt/spark
export MONGODB_HOME=/opt/mongodb
export CLASSPATH=:$JAVA_HOME/lib:$JRE_HOME/lib:$SQOOP_HOME/lib:$CLASSPATH
export PATH=$HADOOP_HOME/bin:$HADOOP_HOME/sbin:$JAVA_HOME/bin:$JRE_HOME/bin:$HBASE_HOME/bin:$HIVE_HOME/bin:$FLUME_HOME/bin:$SQOOP_HOME/bin:$SPARK_HOME/bin:$MONGODB_HOME/bin:$PATH
```

图 6-28　修改 profile 文件内容

编辑完成后,再执行 source 命令使上述配置在当前终端立即生效,命令及操作如图 6-29 所示。

```
hadoop@yln-virtual-machine:/opt$ source /etc/profile
```

图 6-29　使 profile 文件生效

⑧查看 MongoDB 版本

通过如下命令查看 MongoDB 版本,若能成功显示 MongoDB 版本,则表示 MongoDB 已经安装成功,操作及效果如图 6-30 所示。

```
mongo -version
```

```
hadoop@yln-virtual-machine:/opt$ mongo -version
MongoDB shell version v4.0.1
git version: 54f1582fc6eb01de4d4c42f26fc133e623f065fb
OpenSSL version: OpenSSL 1.0.2g-fips  1 Mar 2016
allocator: tcmalloc
modules: none
build environment:
    distmod: ubuntu1604
    distarch: x86_64
    target_arch: x86_64
```

图 6-30　查看 MongoDB 版本

⑨通过脚本方式启动 MongoDB 服务，命令如下：

cd /opt/mongodb

./bin/mongod -f data/mongodb_data/mongodb.conf

成功启动服务如图 6-31 所示。

```
hadoop@yln-virtual-machine:/opt/mongodb$ ./bin/mongod -f data/mongodb_data/mongo
db.conf
2019-05-04T11:01:53.588+0800 I CONTROL  [main] Automatically disabling TLS 1.0,
to force-enable TLS 1.0 specify --sslDisabledProtocols 'none'
about to fork child process, waiting until server is ready for connections.
forked process: 7187
child process started successfully, parent exiting
```

图 6-31　成功启动 MongoDB

在终端输入 pgrep mongo -l(此处不是数字 1，而是字母 l)可以查看是否启动成功，如图 6-32 所示。

```
hadoop@yln-virtual-machine:/opt/mongodb$ pgrep mongo -l
7187 mongod
```

图 6-32　查看 MongDB 是否成功启动

注意如果启动过程中报以下错误，则可以检查下 mongodb_log/mongodb.log 日志文件是否被锁住，如图 6-33 所示。

```
hadoop@yln-virtual-machine:/opt/mongodb$ ./bin/mongod -f data/mongodb_data/mongo
db.conf
2019-05-04T11:00:39.753+0800 I CONTROL  [main] Automatically disabling TLS 1.0,
to force-enable TLS 1.0 specify --sslDisabledProtocols 'none'
about to fork child process, waiting until server is ready for connections.
forked process: 7162
ERROR: child process failed, exited with error number 1
To see additional information in this output, start without the "--fork" option.
```

图 6-33　MongoDB 启动报错

如果发现 mongodb.log 日志文件被锁，可以通过以下语句进行授权，操作如图 6-34 所示。

sudo chmod 777 data/mongodb_log/mongodb.log

```
hadoop@yln-virtual-machine:/opt/mongodb$ sudo chmod 777 data/mongodb_log/mongodb
.log
```

图 6-34　mongodb.log 日志文件授权

再重新启动 MongoDB 服务即可。

⑩进入 mongodb shell 模式

在终端输入 mongo 命令直接进入 mongodb shell 模式，如图 6-35 所示。

图 6-35　进入 mongodb shell 模式

⑪退出 mongodb shell 模式

在 mongodb shell 模式中输入命令 exit 则可退出 mongodb shell 模式。

⑫关闭 mongodb 服务

使用以下命令可以关闭 mongodb 服务,操作效果如图 6-36 所示。

use admin

db.shutdownServer()

图 6-36　关闭 mongodb 服务

2. 使用 shell 命令操作 MongoDB

(1)首先进入 mongodb shell 模式

在终端直接输入命令 mongo,即可进入 mongodb shell 模式。

(2)常用操作命令

接下来简单介绍和数据库相关的常用操作命令:

①show dbs:显示数据库列表;

②show collections:显示当前数据库中的集合(类似关系数据库中的表 table);

③show users:显示所有用户;

④use yourDB:切换当前数据库至 yourDB;

⑤db.help( ):显示数据库操作命令;

⑥db.yourCollection.help( ):显示集合操作命令,yourCollection 是集合名。

MongoDB 没有创建数据库的命令,如果想创建一个名称为"test"的数据库,先运行 use test 命令,之后再做一些操作(比如:创建聚集集合 db.createCollection('teacher')),这样就可以创建集合 teacher,创建 test 数据库,操作如图 6-37 所示。

图 6-37　创建集合 teacher 和数据库 test

(3)接下来以 test 数据库为例,在 test 数据库中创建两个集合 teacher 和 student,并对 student 集合中的数据进行增、删、改、查等基本操作(集合 Collection 相当于关系数据库中的表 table)。

①切换到 test 数据库

use test

以上命令表示切换到 test 数据库。MongoDB 无须预创建 test 数据库,在使用时会自动创建。

②创建 Collection

db.createCollection('teacher')

以上命令表示创建一个聚集集合。MongoDB 其实在插入数据的时候,也会自动创建对应的集合,无须预定义集合。

③插入数据

与数据库创建类似,插入数据时也会自动创建集合。

插入数据有两种方式:insert 和 save。

db.student.insert({_id:1,sname:'lingxia',age:18})

db.student.save({_id:1,sname:'lingxia',age:19})

这两种方式,其插入的数据中_id 字段均可不写,因为会自动生成一个唯一的_id 来标识本条数据。而 insert 和 save 不同之处在于:在手动插入_id 字段时,如果_id 已经存在,insert 不做操作,save 做更新操作;如果不加_id 字段,两者作用相同都是插入数据。操作如图 6-38 所示。

```
> db.student.insert({_id:1, sname: 'lingxia', age: 18})
WriteResult({ "nInserted" : 1 })
> db.student.find()
{ "_id" : 1, "sname" : "lingxia", "age" : 18 }
> db.student.save({_id:1, sname: 'lingxia', age: 19})
WriteResult({ "nMatched" : 1, "nUpserted" : 0, "nModified" : 1 })
> db.student.find()
{ "_id" : 1, "sname" : "lingxia", "age" : 19 }
> db.student.insert({_id:1, sname: 'lingxia', age: 20})
WriteResult({
        "nInserted" : 0,
        "writeError" : {
                "code" : 11000,
                "errmsg" : "E11000 duplicate key error collection: test.student index: _id_ dup key: { : 1.0 }"
        }
})
> db.student.find()
{ "_id" : 1, "sname" : "lingxia", "age" : 19 }
>
```

图 6-38 两种方式插入数据

添加的数据其结构是松散的,只要是 bson 格式均可,列属性均不固定,根据添加的数据为准。先定义数据再插入,就可以一次性插入多条数据,操作如图 6-39 所示。

运行完以上代码,student 则已经自动创建,说明 MongoDB 不需要预先定义 collection,在第一次插入数据后,collection 会自动创建。操作如图 6-40 所示。

④查找数据

db.youCollection.find(criteria,filterDisplay)

criteria:查询条件,可选;

filterDisplay:筛选显示部分数据,如显示指定列数据,可选。当选择时,第一个参数不可省略,若查询条件为空,可用{}做占位符,如下例第三句。

```
> s=[{sname:'pzj',age:18},{sname:'yln',age:19},{sname:'lyi',age:18}]
[
        {
                "sname" : "pzj",
                "age" : 18
        },
        {
                "sname" : "yln",
                "age" : 19
        },
        {
                "sname" : "lyi",
                "age" : 18
        }
]
> db.student.insert(s)
BulkWriteResult({
        "writeErrors" : [ ],
        "writeConcernErrors" : [ ],
        "nInserted" : 3,
        "nUpserted" : 0,
        "nMatched" : 0,
        "nModified" : 0,
        "nRemoved" : 0,
        "upserted" : [ ]
})
> db.student.find()
{ "_id" : 1, "sname" : "lingxia", "age" : 19 }
{ "_id" : ObjectId("5cd92cb445fa15e699c87dac"), "sname" : "pzj", "age" : 18 }
{ "_id" : ObjectId("5cd92cb445fa15e699c87dad"), "sname" : "yln", "age" : 19 }
{ "_id" : ObjectId("5cd92cb445fa15e699c87dae"), "sname" : "lyi", "age" : 18 }
```

图 6-39 插入多条数据

```
> show collections
student
teacher
```

图 6-40 查看集合

db.student.find()　＃查询所有记录。相当于：select * from student

db.student.find({sname：'yln'})　＃查询 sname＝'yln'的记录。相当于：select * from student where sname＝'yln'

db.student.find({},{sname：1,age：1})　＃查询指定列 sname、sage 数据。相当于：select sname,age from student。sname：1 表示返回 sname 列,默认_id 字段也是返回的,可以添加_id：0（意为不返回_id）写成{sname：1,age：1,_id：0},就不会返回默认的_id 字段了

db.student.find({sname：'pzj',age：18})　＃and 与条件查询。相当于：select * from student where sname ＝ 'pzj' and age ＝ 18

db.student.find({＄or：[{age：22},{age：25}]})　＃or 条件查询。相当于：select * from student where age ＝ 22 or age ＝ 25

查询操作类似,这里只给出 db.student.find({sname：'yln'})查询的截图,如图 6-41 所示。

```
> db.student.find({sname: 'yln'})
{ "_id" : ObjectId("5cd91e9645fa15e699c87daa"), "sname" : "yln", "age" : 19 }
>
```

图 6-41 查询

db.youCollection.find(criteria,filterDisplay).pretty() 表示格式化输出,操作果如图 6-42 所示。

```
> db.student.find().pretty()
{ "_id" : 1, "sname" : "lingxia", "age" : 19 }
{
        "_id" : ObjectId("5cd92cb445fa15e699c87dac"),
        "sname" : "pzj",
        "age" : 18
}
{
        "_id" : ObjectId("5cd92cb445fa15e699c87dad"),
        "sname" : "yln",
        "age" : 19
}
{
        "_id" : ObjectId("5cd92cb445fa15e699c87dae"),
        "sname" : "lyi",
        "age" : 18
}
>
```

图 6-42　查询多条数据

(5) 修改数据

db.youCollection.update(criteria,objNew,upsert,multi)

Criteria：update 的查询条件，类似 SQL 语句中 update 查询内 where 后面的条件。

objNew：update 的对象和一些更新的操作符（如 $ set）等，类似于 SQL 语句中 update 查询内 set 后面的语句。

Upsert：如果不存在 update 的记录，是否插入 objNew，true 为插入，默认是 false，不插入。

Multi：mongodb 默认是 false，表示只更新找到的第一条记录，如果这个参数为 true，就把按条件查出来多条记录全部更新。默认 false，只修改匹配到的第一条数据。

其中 criteria 和 objNew 是必选参数，upsert 和 multi 可选参数。

例如，使用以下命令修改数据，操作如图 6-43 所示。

db.student.update({sname：'lyi'},{ $ set：{sage：30}},false,true) ♯相当于：update student set sage = 30 where sname = 'lyi';

```
> db.student.update({sname: 'lyi'}, {$set: {sage: 30}}, false, true)
WriteResult({ "nMatched" : 1, "nUpserted" : 0, "nModified" : 1 })
> db.student.find()
{ "_id" : 1, "sname" : "lingxia", "age" : 19 }
{ "_id" : ObjectId("5cd92cb445fa15e699c87dac"), "sname" : "pzj", "age" : 18 }
{ "_id" : ObjectId("5cd92cb445fa15e699c87dad"), "sname" : "yln", "age" : 19 }
{ "_id" : ObjectId("5cd92cb445fa15e699c87dae"), "sname" : "lyi", "age" : 18, "sage" : 30 }
```

图 6-43　修改数据

(6) 删除数据

db.student.remove({sname：'lingxia'})

以上语句表示删除集合 student 中姓名 lingxia 的学生信息。操作如图 6-44 所示。

```
> db.student.find()
{ "_id" : ObjectId("5cd92cb445fa15e699c87dac"), "sname" : "pzj", "age" : 18 }
{ "_id" : ObjectId("5cd92cb445fa15e699c87dad"), "sname" : "yln", "age" : 19 }
{ "_id" : ObjectId("5cd92cb445fa15e699c87dae"), "sname" : "lyi", "age" : 18, "sage" : 30 }
{ "_id" : 1, "sname" : "lingxia", "age" : 19 }
> db.student.remove({sname: 'lingxia'})
WriteResult({ "nRemoved" : 1 })
> db.student.find()
{ "_id" : ObjectId("5cd92cb445fa15e699c87dac"), "sname" : "pzj", "age" : 18 }
{ "_id" : ObjectId("5cd92cb445fa15e699c87dad"), "sname" : "yln", "age" : 19 }
{ "_id" : ObjectId("5cd92cb445fa15e699c87dae"), "sname" : "lyi", "age" : 18, "sage" : 30 }
```

图 6-44　删除数据

(7)删除集合

db.teacher.drop()

以上语句表示删除集合 teacher,操作如图 6-45 所示。

```
> show collections
student
teacher
> db.teacher.drop()
true
> show collections
student
```

图 6-45　删除集合 teacher

(8)退出 shell 命令模式

输入 exit 或者 Ctrl+C 退出 shell 命令模式,操作如图 6-46 所示。

```
> exit
bye
hadoop@yln-virtual-machine:/opt/mongodb$
```

图 6-46　退出 MongoDB

第 7 章

数据仓库 Hive

目标

- 了解 Hive 是什么？
- 熟悉 Hive 架构；
- 熟悉 Hive 数据存储模型；
- 掌握 Hive 的安装和配置；
- 掌握 HiveQL 常用操作；

第 7 章 数据仓库 Hive
- 7.1 理论任务：认识 Hive
  - 7.1.1 Hive 简介
  - 7.1.2 Hive 架构
  - 7.1.3 Hive 数据存储模型
- 7.2 实践任务：Hive 基本操作
  - 7.2.1 Hive 和 MySQL 的安装及配置
  - 7.2.2 HiveQL 常用操作

7.1 理论任务：认识 Hive

7.1.1 Hive 简介

数据仓库 Hive 最初是 Facebook 为了满足对海量社交网络数据的管理和机器学习的需求而产生的，在 2010 年 ICDE 会议上被 Facebook 进行介绍。Hive 存储海量数据在 Hadoop 系统中，并提供了一套类数据库的数据存储和处理机制。它采用类 SQL 语言 HiveQL 对数据进行处理操作，经过语句解析和转换，最终生成基于 Hadoop 的 MapReduce 任务，通过执行这些任务完成数据处理，也可以基于 Spark。简单地说，就是开发人员只需要编写简单的类似于 SQL 的 HiveQL 语言，Hive 就可以自动将语句转换成 MapReduce 程序实现数据的处理操作。所以 Hive 学习成本低，可以通过类 SQL 语句快速实现简单的

MapReduce 统计,不必开发专门的 MapReduce 应用,十分适合数据仓库的统计分析。

Hive 是基于 Hadoop 的一个数据仓库工具,可以将结构化的数据文件映射为一张表,并提供类 SQL 查询功能。之所以说 Hive 是构建在 Hadoop 之上的数据仓库,是因为数据存储在 HDFS 上,数据计算可以使用基于 Hadoop 的多种计算框架,比如 MapReduce。Hive 定义了简单的类 SQL 查询语言,称为 HiveQL,使不熟悉 MapReduce 的用户也能很方便地利用 SQL 语言对数据进行查询、汇总和分析。同时,HiveQL 也允许熟悉 MapReduce 的开发者开发自定义的 Mapper 和 Reducer 来处理内建的 Mapper 和 Reducer 无法完成的复杂的分析工作。Hive 还支持用户自定义函数 UDF,用户可以根据自己的需求来实现自己的函数。

Hive 作为数据仓库工具,对于数据获取、数据存储和数据访问的实现都提供了相应的支持:

(1) 数据获取:可以像操作关系型数据库一样直接向 Hive 中插入数据,不过大部分情况下,是使用类似于 Sqoop、Datax 这样的数据迁移工具,从其他数据库中将数据导入到 Hive 中。

(2) 数据存储:Hive 可以帮助数据存储在 HDFS 上。

(3) 数据访问:Hive 可以将结构化的数据文件映射为一张数据库表,定义了简单的类 SQL 查询语言,称为 HiveQL,它允许熟悉 SQL 的用户查询数据。

Hive 提供了数据的查询、分析和聚集,但不支持在线事务处理,不支持行级别的更新,不支持实时的查询响应速度,如果需要使用到这些功能,可以和 HBase 结合使用。Hive 最佳使用场合是大数据集的批处理作业,例如,网络日志分析等。

Hive 和传统关系型数据库除了拥有类似的查询语言,再无其他类似之处。Hive 和传统关系型数据库的比较见表 7-1。

表 7-1　　　　　　　　　Hive 和传统关系型数据库的比较

	Hive	关系型数据库
查询语言	HQL	SQL
数据存储位置	HDFS	块设备或本地文件系统
数据格式	用户定义	系统决定
数据更新	不支持对某个具体行的操作,对数据的操作只支持覆盖原数据和追加数据	支持
索引	无	有
执行	MapReduce	Executor
执行延迟	高	低
处理数据规模	大	小
可扩展性	高	低

7.1.2　Hive 架构

1. Hive 架构

如图 7-1 所示,Hive 的体系结构可以分为以下几部分:

(1)用户接口主要有三个：CLI、Client 和 WUI。即 Hive 对外提供了三种服务模式，Hive 命令行模式（CLI）、Hive 的 Web 模式（WUI）和 Hive 的远程服务（Client），其中最常用的是 Hive 命令行模式 CLI，WUI 是通过浏览器访问 Hive。

(2)Hive 将元数据存储在关系数据库中，如 MySQL、Derby。Hive 中的元数据包括表的名字、表的列及类型、存储空间、分区、表数据所在目录等。

(3)解释器、编译器、优化器完成 HiveQL 查询语句从词法分析、语法分析、编译、优化以及查询计划的生成。生成的查询计划存储在 HDFS 中，并在随后有 MapReduce 调用执行。

(4)Hive 的数据存储在 HDFS 中，大部分的查询、计算由 MapReduce 完成（包含 * 的查询，比如 select * from tbl 不会生成 MapRedcue 任务）。

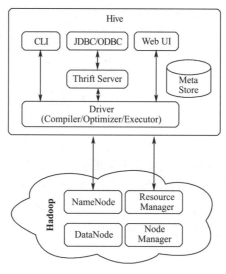

图 7-1　Hive 架构图

2.连接数据库的三种模式

Hive 将元数据存储在 RDBMS 中，有三种模式可以连接到数据库：

(1)单用户模式。此模式连接到一个嵌入式数据库 Derby，一般用于单元测试。

(2)多用户模式。通过网络连接到一个数据库中，是最经常使用到的模式，一般使用 MySQL 存储 Hive 元数据，如图 7-2 所示。

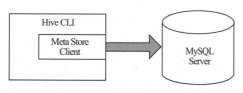

图 7-2　多用户模式

(3)远程服务器模式。用于非 Java 客户端访问元数据库，在服务器端启动 MetaStoreServer，客户端利用 Thrift 协议通过 MetaStoreServer 访问元数据库。一般使用 MySQL 存储 Hive 元数据，如图 7-3 所示。

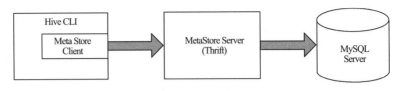

图 7-3　远程服务器模式

7.1.3　Hive 数据存储模型

对于数据存储,Hive 没有专门的数据存储格式,也没有为数据建立索引,用户可以非常自由的组织 Hive 中的表,只需要在创建表的时候告诉 Hive 数据中的列分隔符和行分隔符,Hive 就可以解析数据。Hive 中所有的数据都存储在 HDFS 中。Hive 中包含以下数据模型:Table 内部表、External Table 外部表、Partition 分区、Bucket 桶。Hive 默认可以直接加载文本文件,还支持 sequence file、RCFile。

(1)Hive 数据库

类似传统数据库的 DataBase,在第三方数据库里实际是一张表。

创建 Hive 数据库示例:create database myhive_db。

(2)内部表

Hive 的内部表与数据库中的表在概念上类似。每一个 Table 在 Hive 中都有一个相应的目录存储数据。例如一个表 myhive,它在 HDFS 中的路径为/test/myhive,其中 test 是在 hive-site.xml 中由 ${hive.metastore.warehouse.dir} 指定的数据仓库的目录,所有的 Table 数据(不包括外部表)都保存在这个目录中。删除表时,元数据与数据都会被删除。

内部表示例:

创建数据文件:myhive.txt

创建表:create table myhive(key string)

加载数据:LOAD DATA LOCAL INPATH 'filepath' INTO TABLE myhive

查看数据:select * from myhive

　　　　　select count(*) from myhive

删除表:drop table myhive

(3)外部表

外部表(External Table)指向已经在 HDFS 中存储的数据,可以创建分区。它和内部表在元数据的组织上是相同的,而实际数据的存储则有较大的差异。内部表的创建过程和数据加载过程这两个过程可以分别独立完成,也可以在同一个语句中完成,在加载数据的过程中,实际数据会被移动到数据仓库目录中,之后对数据访问将会直接在数据仓库目录中完成。删除表时,表中的数据和元数据将会被同时删除。而外部表只有一个过程,加载数据和创建表同时完成(CREATE EXTERNAL TABLE ……LOCATION),实际数据是存储在 LOCATION 后面指定的 HDFS 路径中,并不会移动到数据仓库目录中。当删除一个外部表时,仅删除该链接。

外部表示例：

创建数据文件：test_ext.txt

创建表：create external table test_ext (key string)

加载数据：LOAD DATA INPATH 'filepath' INTO TABLE test_ext

查看数据：select * from test_ext

　　　　　select count(*) from test_ext

删除表：drop table test_ext

(4) 分区

分区(Partition)对应于数据库中的 Partition 列的密集索引，但是 Hive 中 Partition 的组织方式和数据库中的很不相同。在 Hive 中，表中的一个 Partition 对应于表下的一个目录，所有的 Partition 的数据都存储在对应的目录中。

分区示例：

创建数据文件：test_part.txt

创建表：create table test_part (key string) partitioned by (ds string)

加载数据：LOAD DATA INPATH 'filepath' INTO TABLE test_part partition (city='CA')

查看数据：select * from test_part

　　　　　select count(*) from test_part

删除表：drop table test_part

(5) 桶

桶(Buckets)是将表的列通过哈希(Hash)算法进一步分解成不同的文件存储。它对指定列计算 Hash，根据 Hash 值切分数据，目的是并行每一个 Bucket 对应一个文件。例如，将 user 列分散至 32 个 bucket，首先对 user 列的值计算 Hash，对应 Hash 值为 0 的 HDFS 目录为/test/hivet/ds=20090801/ctry=US/part-00000；Hash 值为 20 的 HDFS 目录为/test/hivet/ds=20090801/ctry=US/part-00020。如果想应用很多的 Map 任务这样是不错的选择。

桶的简单示例：

创建数据文件：test_bucket.txt

创建表：create table test_bucket (key string) clustered by (key) into 20 buckets

加载数据：LOAD DATA INPATH 'filepath' INTO TABLE test_bucket

查看数据：select * from test_bucket

　　　　　set hive.enforce.bucketing = true;

(6) Hive 的视图

视图与传统数据库的视图类似。视图是只读的，它基于基本表，如果改变，数据增加不会影响视图的呈现；如果删除，会出现问题。如果不指定视图的列，会根据 select 语句后的列生成。

视图示例：create view test_view as select * from test

7.2 实践任务：Hive 基本操作

7.2.1 Hive 和 MySQL 的安装及配置

1. Hive 的安装与配置

(1) Hive 的下载

下载 Hive，本教程下载版本为 apache-hive-2.3.3-bin.tar.gz，下载界面如图 7-4 所示。

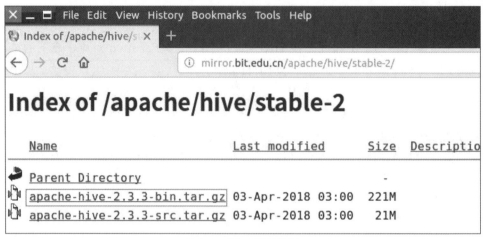

图 7-4　Hive 下载界面

下载 Hive 安装包完成后，会自动下载到 Ubuntu 登录用户的下载目录下，如图 7-5 所示。

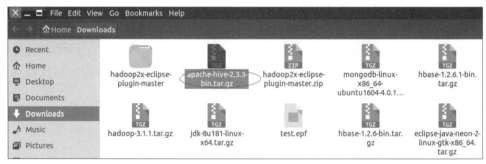

图 7-5　Hive 下载后的界面

(2) Hive 安装

① 打开终端，解压安装包 apache-hive-2.3.3-bin.tar.gz 至路径 /opt，命令如下，操作如图 7-6 所示。

sudo tar -zxvf apache-hive-2.3.3-bin.tar.gz -C /opt

图 7-6　Hive 解压

② 查看是否解压成功,并且修改文件夹名为 hive,修改文件夹的权限,命令如下,操作如图 7-7 所示。

sudo mv apache-hive-2.3.3-bin hive

以上命令表示将文件夹 apache-hive-2.3.3-bin 更名为 hive。

sudo chown -R hadoop:hadoop hive

以上命令表示更改 hive 文件夹的属主为 hadoop 组的 hadoop 用户,":"前面的 hadoop 表示的是用户组,":"后面的 hadoop 表示的是 hadoop 用户名。

```
hadoop@yln-virtual-machine:~/下载$ cd /opt
hadoop@yln-virtual-machine:/opt$ ls
apache-hive-2.3.3-bin   bigdata   hbase   input   java
hadoop@yln-virtual-machine:/opt$ sudo mv apache-hive-2.3.3-bin hive
hadoop@yln-virtual-machine:/opt$ sudo chown -R hadoop:hadoop hive
hadoop@yln-virtual-machine:/opt$
```

图 7-7 修改 hive 文件夹权限

③ 配置环境变量

将 hive 环境变量在 profile 文件中配置好,这样,启动 Hive 就无须到/opt/hive/bin 固定目录下,大大地方便了 Hive 的使用。可以通过 vim 或者 gedit 编辑/etc/profile 文件,在 profile 文件中添加 HIVE_HOME(即 HIVE 安装路径),并且在 PATH 中追加 HIVE 的 bin 路径,其中 $HIVE_HOME 表示的是 HIVE 安装路径,":"代表的是分隔符。打开编辑 profile 文件命令及操作如图 7-8 所示。

```
hadoop@yln-virtual-machine:/opt$ sudo gedit /etc/profile
```

图 7-8 打开编辑 profile 文件

修改 profile 文件内容如图 7-9 所示。

```
export JAVA_HOME=/opt/java/jdk1.8.0_181
export JRE_HOME=/opt/java/jdk1.8.0_181/jre
export CLASSPATH=:$JAVA_HOME/lib:$JRE_HOME/lib:$CLASSPATH
export HADOOP_HOME=/opt/bigdata/hadoop-3.1.1
export HADOOP_COMMON_LIB_NATIVE_DIR=$HADOOP_HOME/lib/native
export YARN_HOME=/opt/bigdata/hadoop-3.1.1
export HADOOP_HDFS_HOME=/opt/bigdata/hadoop-3.1.1
export HBASE_HOME=/opt/hbase/hbase-1.2.6.1
export HIVE_HOME=/opt/hive
export PATH=$HADOOP_HOME/bin:$HADOOP_HOME/sbin:$JAVA_HOME/bin:$JRE_HOME/bin:$HBASE_HOME/bin:$HIVE_HOME/bin:$PATH
```

图 7-9 profile 文件修改内容

注意 PATH 最好始终放在环境变量最后。

profile 文件编辑完成后,再执行 source 命令使上述配置在当前终端立即生效,命令及操作如图 7-10 所示。

```
hadoop@yln-virtual-machine:/opt$ source /etc/profile
```

图 7-10 使 profile 文件生效

(3) Hive 配置

修改/opt/hive/conf 下的 hive-default.xml.template 重命名为 hive-default.xml,命令如下,操作如图 7-11 所示。

cd /opt/hive/conf

mv hive-default.xml.template hive-default.xml

图 7-11　更改 Hive 配置文件

接下来使用 vim 或者 gedit 新建一个配置文件 hive-site.xml，命令如下：

cd /opt/hive/conf

sudo vim hive-site.xml 或 sudo gedit hive-site.xml

在 hive-site.xml 中添加如下配置信息：

＜? xml version＝"1.0" encoding＝"UTF-8" standalone＝"no"? ＞

＜? xml-stylesheet type＝"text/xsl" href＝"configuration.xsl"? ＞

＜configuration＞

　＜property＞

　　＜name＞javax.jdo.option.ConnectionURL＜/name＞ ＜value＞jdbc:mysql://localhost:3306/hive? createDatabaseIfNotExist＝true&useSSL＝false＜/value＞

　　＜description＞JDBC connect string for a JDBC metastore＜/description＞

　＜/property＞

　＜property＞

　　＜name＞javax.jdo.option.ConnectionDriverName＜/name＞

　　＜value＞com.mysql.jdbc.Driver＜/value＞

　　＜description＞Driver class name for a JDBC metastore＜/description＞

　＜/property＞

　＜property＞

　　＜name＞javax.jdo.option.ConnectionUserName＜/name＞

　　＜value＞hive＜/value＞

　　＜description＞username to use against metastore database＜/description＞

　＜/property＞

　＜property＞

　　＜name＞javax.jdo.option.ConnectionPassword＜/name＞

　　＜value＞hive＜/value＞

　　＜description＞password to use against metastore database＜/description＞

　＜/property＞

　＜property＞

```xml
        <name>hive.mapred.mode</name>
        <value>nonstrict</value>
        <description>The mode in which the hive operations are being performed. In strict mode, some risky queries are not allowed to run</description>
    </property>
    <property>
        <name>hive.strict.checks.cartesian.product</name>
        <value>false</value>
    </property>
</configuration>
```

添加完成后，保存并退出编辑器。

2. MySQL 的安装和配置

本教程采用 MySQL 数据库保存 Hive 的元数据，而不是采用 Hive 自带的 Derby 来存储元数据。

(1) Ubuntu 下 MySQL 的安装

本教程采用在 Ubuntu 下使用命令直接下载安装 MySQL。使用以下命令即可进行 MySQL 安装，安装 MySQL 前最好先更新一下软件源以获得最新版本。操作如图 7-12 所示。

sudo apt-get update

以上命令表示更新软件源。

sudo apt-get install mysql-server

以上命令表示安装 mysql。

```
hadoop@yln-virtual-machine:/$ sudo apt-get update
```

图 7-12　更新软件源

如果更新软件源时提示图 7-13 的错误，则可以使用图 7-14 中的语句进行解锁。

```
连接失败 [IP: 91.189.88.149 80]
已下载 4,750 kB，耗时 9分 32秒 (8,294 B/s)
AppStream cache update completed, but some metadata was ignored due to errors.
正在读取软件包列表... 有错误！
```

图 7-13　更新软件源出现的错误提示

```
hadoop@yln-virtual-machine:/$ sudo rm /var/lib/dpkg/lock
```

图 7-14　解锁

解锁后继续使用命令 sudo apt-get update 更新软件源。软件源更新成功后，可以使用以下命令安装 MySQL，命令及操作如图 7-15 所示。

```
hadoop@yln-virtual-machine:/$ sudo apt-get install mysql-server
```

图 7-15　安装 MySQL

上述命令会安装以下包：

① apparmor；

② mysql-client-5.7；

③ mysql-common；

④ mysql-server；

⑤mysql-server-5.7；

⑥mysql-server-core-5.7。

因此无须再安装 mysql-client 等。安装过程会提示两次设置 MySQL 的 root 用户的密码，自行设定 root 用户密码。操作如图 7-16、图 7-17 所示。设置完成后等待自动安装即可。

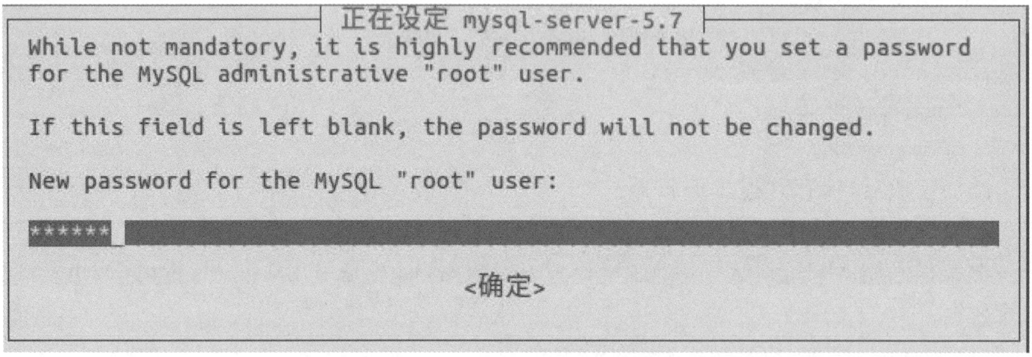

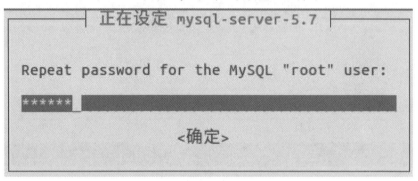

图 7-16　安装 MySQL 第一次设置 root 密码

图 7-17　安装 MySQL 第二次设置 root 密码

(2) 下载 mysql jdbc 包

下载 mysql jdbc 包，本教程下载版本为 mysql-connector-java-5.1.46.tar.gz。

①使用以下命令进行解压，操作如图 7-18、图 7-19 所示。

tar -zxvf mysql-connector-java-5.1.46.tar.gz

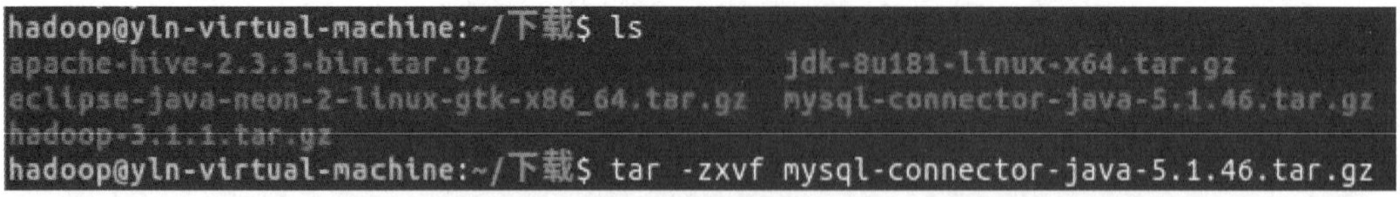

图 7-18　解压 mysql jdbc 包

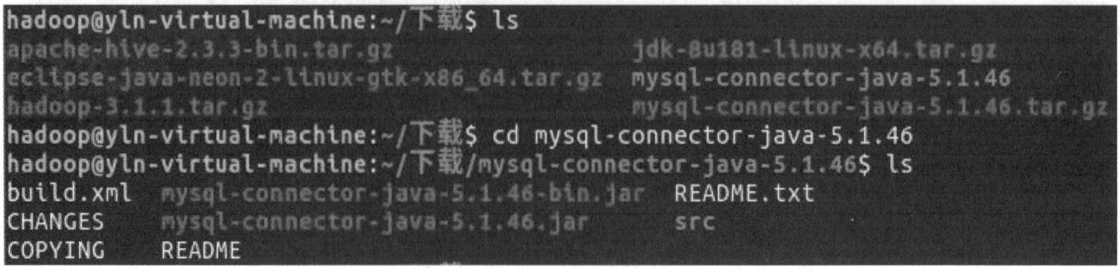

图 7-19　查看 mysql jdbc 包是否解压成功

②使用以下语句将 mysql-connector-java-5.1.46-bin.jar 复制到/opt/hive/lib 目录下，操作如图 7-20 所示。

```
sudo cp mysql-connector-java-5.1.46/mysql-connector-java-5.1.46-bin.jar /opt/hive/lib
```

```
hadoop@yln-virtual-machine:~/下载/mysql-connector-java-5.1.46$ sudo cp mysql-con
nector-java-5.1.46-bin.jar /opt/hive/lib
hadoop@yln-virtual-machine:~/下载/mysql-connector-java-5.1.46$
```

图 7-20 复制 jar 包

(3)MySQL 服务器的启动和关闭

①使用以下命令启动 MySQL 服务器，操作如图 7-21 所示。

```
service mysql start
```

确认是否启动成功，可以使用以下命令查看，若 mysql 节点处于 LISTEN 状态则表示启动成功。

```
sudo netstat -tap|grep mysql
```

```
hadoop@yln-virtual-machine:/$ service mysql start
hadoop@yln-virtual-machine:/$ sudo netstat -tap|grep mysql
tcp        0      0 localhost:mysql         *:*                     LISTEN
10070/mysqld
```

图 7-21 启动 MySQL

②使用以下命令关闭 MySQL 服务器，操作如图 7-22 所示。

```
service mysql stop
```

```
hadoop@yln-virtual-machine:/$ service mysql stop
hadoop@yln-virtual-machine:/$
```

图 7-22 停止 MySQL 服务

(4)启动 MySQL 后，使用以下命令进入 mysql shell 界面，操作如图 7-23 所示。

```
mysql -u root -p
```

```
hadoop@yln-virtual-machine:/$ mysql -u root -p
Enter password:
Welcome to the MySQL monitor.  Commands end with ; or \g.
Your MySQL connection id is 4
Server version: 5.7.25-0ubuntu0.16.04.2 (Ubuntu)

Copyright (c) 2000, 2019, Oracle and/or its affiliates. All rights reserved.

Oracle is a registered trademark of Oracle Corporation and/or its
affiliates. Other names may be trademarks of their respective
owners.

Type 'help;' or '\h' for help. Type '\c' to clear the current input statement.

mysql>
```

图 7-23 进入 mysql shell 界面

(5)MySQL 中新建 hive 数据库，命令如下，操作如图 7-24 所示。

```
create database hive;
```

注意：MySQL 创建的 hive 数据库与 hive-site.xml 中 localhost:3306/hive 的 hive 名字对应，用来保存 hive 元数据。

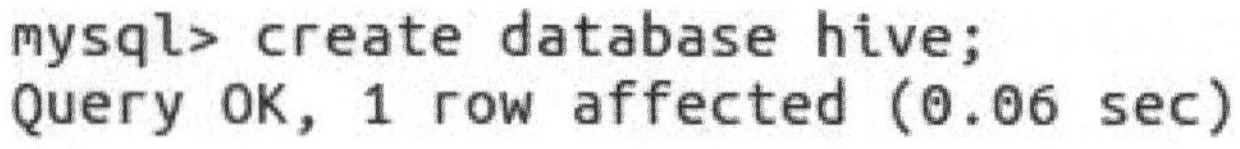

```
mysql> create database hive;
Query OK, 1 row affected (0.06 sec)
```

图 7-24　MySQL 创建数据库 Hive

(6) 配置 MySQL 允许 Hive 接入，命令如下，操作如图 7-25 所示。

grant all on *.* to hive@localhost identified by 'hive';

以上命令表示将所有数据库的所有表的所有权限赋给 hive 用户，后面的 hive 是配置 hive-site.xml 中配置的连接密码。

flush privileges;

以上命令表示刷新 MySQL 系统权限关系表。

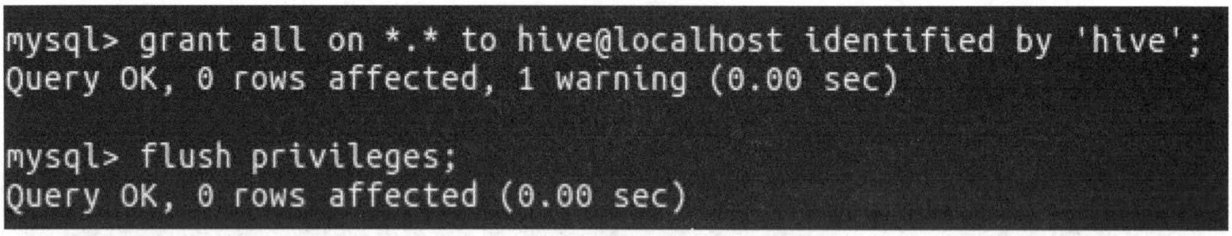

```
mysql> grant all on *.* to hive@localhost identified by 'hive';
Query OK, 0 rows affected, 1 warning (0.00 sec)

mysql> flush privileges;
Query OK, 0 rows affected (0.00 sec)
```

图 7-25　MySQL 给 Hive 用户授权

(7) 启动 Hive

启动 Hive 之前，请先使用以下命令启动 Hadoop 集群，操作如图 7-26 所示。

start-dfs.sh

start-yarn.sh

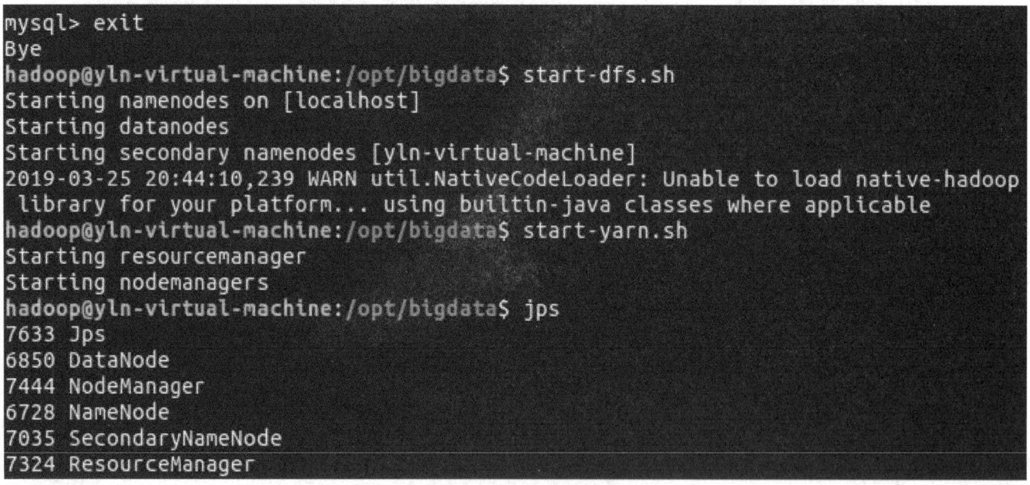

```
mysql> exit
Bye
hadoop@yln-virtual-machine:/opt/bigdata$ start-dfs.sh
Starting namenodes on [localhost]
Starting datanodes
Starting secondary namenodes [yln-virtual-machine]
2019-03-25 20:44:10,239 WARN util.NativeCodeLoader: Unable to load native-hadoop
 library for your platform... using builtin-java classes where applicable
hadoop@yln-virtual-machine:/opt/bigdata$ start-yarn.sh
Starting resourcemanager
Starting nodemanagers
hadoop@yln-virtual-machine:/opt/bigdata$ jps
7633 Jps
6850 DataNode
7444 NodeManager
6728 NameNode
7035 SecondaryNameNode
7324 ResourceManager
```

图 7-26　启动 Hadoop

接着使用以下命令启动 Hive，操作如图 7-27 所示。

hive

启动进入 Hive 的交互式执行环境以后，会出现 hive>命令提示符。

启动进入 hive，如果发现报 jar 包冲突，则可以进入 hive 的 lib 包下，删除冲突的 log4j-slf4j-impl-2.6.2.jar 即可，命令及操作如图 7-28 所示。

```
hadoop@yln-virtual-machine:/opt/bigdata$ hive
SLF4J: Class path contains multiple SLF4J bindings.
SLF4J: Found binding in [jar:file:/opt/hive/lib/log4j-slf4j-impl-2.6.2.jar!/org/
slf4j/impl/StaticLoggerBinder.class]
SLF4J: Found binding in [jar:file:/opt/bigdata/hadoop-3.1.1/share/hadoop/common/
lib/slf4j-log4j12-1.7.25.jar!/org/slf4j/impl/StaticLoggerBinder.class]
SLF4J: See http://www.slf4j.org/codes.html#multiple_bindings for an explanation.
SLF4J: Actual binding is of type [org.apache.logging.slf4j.Log4jLoggerFactory]

Logging initialized using configuration in jar:file:/opt/hive/lib/hive-common-2.
3.3.jar!/hive-log4j2.properties Async: true
Hive-on-MR is deprecated in Hive 2 and may not be available in the future versio
ns. Consider using a different execution engine (i.e. spark, tez) or using Hive
1.X releases.
hive>
```

图 7-27 启动 Hive

```
hadoop@yln-virtual-machine:/opt/hive/lib$ sudo rm -rf log4j-slf4j-impl-2.6.2.jar
[sudo] hadoop 的密码：
hadoop@yln-virtual-machine:/opt/hive/lib$
```

图 7-28 删除冲突的 jar 包

在启动 Hive 时，还有可能还会出现图 7-29 中关于版本相关的问题，则可以在终端执行如下命令，操作如图 7-30 所示。

```
schematool -dbType mysql -initSchema
```

```
hadoop@yln-virtual-machine:/opt/hive/lib$ hive

Logging initialized using configuration in jar:file:/opt/hive/lib/hive-common-2.
3.3.jar!/hive-log4j2.properties Async: true
Hive-on-MR is deprecated in Hive 2 and may not be available in the future versio
ns. Consider using a different execution engine (i.e. spark, tez) or using Hive
1.X releases.
hive>
```

图 7-29 提示 Hive 版本问题

```
hadoop@yln-virtual-machine:/opt$ schematool -dbType mysql -initSchema
```

图 7-30 初始化 MySQL 数据库

(8) 重新进入 Hive，则可以在 hive 执行 HiveQL 语句。如果要退出 Hive 交互式执行环境，可以输入如下命令：

```
exit
```

7.2.2 HiveQL 常用操作

1. Hive 基本数据类型

Hive 支持基本数据类型和复杂类型，基本数据类型主要有数值类型（INT、FLOAT、DOUBLE）、布尔型和字符串，复杂类型有三种：ARRAY、MAP 和 STRUCT。

2. HiveQL 常用操作

（1）创建数据库，创建表

```
create database if not exists hive;  # 创建数据库
```

```
show databases;                    # 查看所有数据库
use hive;                          # 切换到 hive 数据库下
show tables;                       # 查看该数据库下的所有表
```

在此以两个属性的简单表为例进行建表介绍。首先创建表 stu 和 course,stu 有两个属性 id 与 name,course 有两个属性 cid 与 sid,且定义两张表导入数据的字段分隔符为 Tab 键 (/t 表示)。语句如下,操作如图 7-31 所示。

```
create table if not exists hive.stu(id int,name string)
row format delimited fields terminated by '\t';
create table if not exists hive.course(cid int,sid int)
row format delimited fields terminated by '\t';
```

```
hive> create database if not exists hive;
OK
Time taken: 0.069 seconds
hive> show databases;
OK
default
hive
Time taken: 0.099 seconds, Fetched: 2 row(s)
hive> use hive;
OK
Time taken: 0.071 seconds
hive> create table if not exists hive.stu(id int,name string)
    > row format delimited fields terminated by '\t';
OK
Time taken: 0.096 seconds
hive> create table if not exists hive.course(cid int,sid int)
    > row format delimited fields terminated by '\t';
OK
Time taken: 0.109 seconds
hive> show tables;
OK
course
stu
Time taken: 0.084 seconds, Fetched: 2 row(s)
hive>
```

图 7-31　Hive 创建数据库和表

(2) 导入数据

在此主要介绍从文件中向表中导入数据。

假设需要将本地文件/opt/examples/stu.txt 导入到 Hive 数据库中的 stu 表。stu.txt 文件内容如下。创建 stu.txt 文件并输入数据,命令及操作如图 7-32、图 7-33 所示。

stu.txt:

```
1    zhangsan
2    lisi
3    wangwu
```

> **注意**
>
> stu.txt 文件中的数据间隔符要和 stu 表建表时采用的字段分隔符一致，本教程创建 stu 表时的字段分隔符是 Tab 键，所以这里的 stu.txt 文件中的数据之间要用 Tab 键进行分隔。

```
hadoop@yln-virtual-machine:/opt$ ls
bigdata  eclipse  hbase  hive  java
hadoop@yln-virtual-machine:/opt$ sudo mkdir examples
[sudo] hadoop 的密码：
hadoop@yln-virtual-machine:/opt$ ls
bigdata  eclipse  examples  hbase  hive  java
hadoop@yln-virtual-machine:/opt$ cd examples
hadoop@yln-virtual-machine:/opt/examples$ ls
hadoop@yln-virtual-machine:/opt/examples$ sudo gedit stu.txt
```

图 7-32　创建 stu.txt 文件

```
hadoop@yln-virtual-machine:/opt/examples$ ls
stu.txt
hadoop@yln-virtual-machine:/opt/examples$ sudo cat stu.txt
1 zhangsan
2 lisi
3 wangwu
```

图 7-33　编辑 stu.txt 文件

接下来把 stu.txt 文件中的数据装载到表 stu 中，命令如下，再通过 select 语句进行查询。具体操作如图 7-34 所示。

```
load data local inpath '/opt/examples/stu.txt' overwrite into table stu;
```

```
hive> load data local inpath '/opt/examples/stu.txt' overwrite into table stu;
Loading data to table hive.stu
OK
Time taken: 0.582 seconds
hive> select id,name from stu;
OK
1       zhangsan
2       lisi
3       wangwu
Time taken: 0.419 seconds, Fetched: 3 row(s)
hive>
```

图 7-34　加载数据到 stu 表

如果 stu.txt 文件存储在 HDFS 上，则不需要 local 关键字。

(3)查询操作

和 SQL 的查询完全一样，这里不再赘述。主要使用 select…from…where…等语句，再结合关键字 group by、having、like 等操作。这里简单介绍一下 SQL 中没有的 case…when…then…句式。

case...when...then...句式和 if 条件语句类似，用于处理单个列的查询结果，命令及操作如图 7-35 所示。

```
hive> select id,name,
    > case
    > when id=1 then 'first'
    > when id=2 then 'second'
    > else 'third' end
    > from stu;
OK
1       zhangsan        first
2       lisi    second
3       wangwu  third
Time taken: 0.78 seconds, Fetched: 3 row(s)
hive>
```

图 7-35　case 语句用法

第 8 章

大数据采集

> **目标**
>
> - 了解大数据采集工作；
> - 掌握 Sqoop、Flume 和 Kafka 等工具的使用；

第 8 章 大数据采集
- 8.1 理论任务：了解大数据采集工作
  - 8.1.1 Sqoop 简介
  - 8.1.2 Flume 简介
  - 8.1.3 Kafka 简介
- 8.2 实践任务：大数据采集工具的安装和使用
  - 8.2.1 Sqoop 安装及使用
  - 8.2.2 Flume 安装及使用
  - 8.2.3 Kafka 安装及使用

8.1 理论任务：了解大数据采集工作

一个完整的大数据平台，通常包括以下几个过程：数据采集和预处理，数据存储和管理，数据分析和挖掘，数据可视化。数据经常是分散在各个不同的系统当中，在数据产生价值之前，必须对数据进行采集，清洗和处理操作。随着大数据数量和维度的不断增加，其数据采集的挑战也变得尤为突出，这其中主要包括：

- 数据源多样化；
- 数据量大，增速快；
- 如何保证数据采集的可靠性，高性能；
- 如何避免重复数据；
- 如何保证数据的质量。

以前网站日志主要是用来帮助开发人员和网站管理人员解决问题，如今，网站的日志数据可能包含了大量具有潜在价值的客户相关信息，成为大数据分析的源数据。大数据采集首先是从网站日志收集开始的，随后就进入了广阔的领域。目前，主要是通过 Flume 和 Kafka 等工具从各个数据源采集数据到大数据系统上，为后续的近实时的在线分析系统和离线分析系统提供服务。

数据采集是各种不同数据源的数据进入大数据系统的第一步，这个步骤的性能将会直接决定在一个给定的时间段内大数据系统能够处理的数据量的能力。数据采集过程中的一些常见步骤包括数据解析，数据验证，数据清洗去重，数据转换，并将其存储到某种持久层。大数据采集步骤如图 8-1 所示。

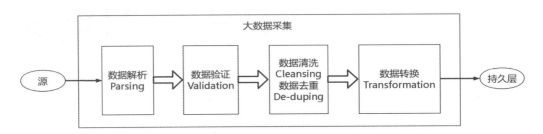

图 8-1 大数据采集步骤

采集到的大数据通常保存到 HDFS、HBase 等持久层中。接下来简单介绍下数据采集过程中关于性能方面的一些使用技巧：

◆ 来自不同数据源的异步传输，可以使用文件传输或者使用消息中间件来实现。由于数据采集过程的吞吐量可以大大高于大数据系统的处理能力，异步数据传输同样可以在大数据系统和不同的数据源之间进行解耦。大数据基础架构设计使得其很容易进行动态伸缩，数据采集的峰值流量对于大数据系统来说必须是安全的。

◆ 如果数据是直接从外部数据库中抽取，则使用批量方式进行抽取。

◆ 如果数据是从文件解析，需选择合适的解析器。比如：若从一个 XML 文件中读取数据，则存在不同的解析器如 JDOM、SAX、DOM 等。

◆ 优先使用成熟的验证工具，大多数解析、验证工作流程通常运行在服务器环境中，大部分的场景基本上都有现成的标准校验工具。这些标准的现成的工具一般来说会比自己开发的工具性能要好得多。

◆ 尽量提前过滤掉无效数据，以免在无效数据上浪费过多的计算能力。处理无效数据的一个通用做法是将它们存放在一个专门的地方，这部分的数据存储占用额外的开销。

◆ 若来自数据源的数据需要清洗，尽量保持所有数据源的抽取程序版本一致，确保是批量数据处理，而不是逐条数据处理。通常数据清洗中需要进行数据关联，每次大批量处理数据能够大幅度提高数据处理效率。

◆ 来自多个源的数据可以是不同的格式，所以通常需要进行数据转换，将数据从多种格式转化成一种或一组标准格式。

一旦所有的数据采集完成后，转换后的数据通常存储在某些持久层，比如 HDFS、NoSQL 数据库等，以便后续对数据进行分析处理。数据采集过程中，数据清洗是非常重要的一个环节，只有高质量正确的数据才能真正地分析好数据。

接下来，简单介绍下 Sqoop、Flume 和 Kafka 数据采集工具。

8.1.1　Sqoop 简介

1.Sqoop 简介

Sqoop 的产生主要源于以下几种需求：

(1) 多数使用 Hadoop 技术处理大数据业务的企业,有大量的数据存储在传统的关系型数据库(RDBMS)中。

(2) 由于缺乏工具的支持,对 Hadoop 和传统关系型数据库中的数据进行相互传输是一件十分困难的事情。

(3) 基于前两个方面的考虑,需要一个项目在 RDBMS 与 Hadoop 之间进行数据传输。

Sqoop 是 SQL to Hadoop 的缩写,是一款 Hadoop 和关系数据库之间进行批量数据迁移(导入、导出)的工具,即可以将 MySQL、Oracle 等关系型数据库中的数据导入到 Hadoop 的 HDFS、Hive、HBase 中,也可以将 HDFS、Hive、HBase 中的数据导出到关系数据库中,如图 8-2 所示。Sqoop 底层使用 MapReduce 程序实现抽取、转换和加载操作,由于 MapReduce 保证了并行性和高容错率,且任务执行在 Hadoop 集群上,所以通过 Sqoop 进行数据迁移具有很好的性能。

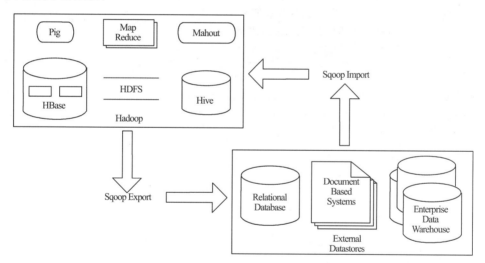

图 8-2　Sqoop 功能

2.Sqoop 版本

目前有 Sqoop1 和 Sqoop2 两代版本,这两代版本完全不同,且不兼容。

Sqoop1:1.4.x

Sqoop2:1.99.x

Sqoop2 比 Sqoop1 的改进主要有:

(1) 引入 Sqoop Server,集中化管理 Connector 等;

(2) 多种访问方式:CLI,Web UI,REST API;

(3) 引入基于角色的安全机制。

Sqoop1 和 Sqoop2 的功能性对比见表 8-1。

表 8-1　　　　　　　　　Sqoop1 和 Sqoop2 的功能性对比

功能	Sqoop1	Sqoop2
用于所有主要 RDBMS 的连接器	支持	不支持 解决方法：使用已在一下数据库上执行测试的通用 JDBC 连接器：Microsoft SQL Server、PostgreSQL、MySQL 和 Oracle
Kerberos 安全集成	支持	不支持，无解决方法
数据从 RDBMS 传输至 Hive 或 HBase	支持	不支持 解决方法：按照此两步方法操作。将数据从 RDBMS 导入 HDFS 在 Hive 中使用相应的工具和命令（例如 LOAD DATA 语句），手动将数据载入 Hive 或 HBase
数据从 Hive 或 HBase 传输至 RDBMS	不支持 解决方法：按照此两步方法操作。从 Hive 或 HBase 将数据提取至 HDFS（作为文本或 Avro 文件）使用 Sqoop 将上一步的输出导出至 RDBMS	不支持 按照与 Sqoop1 相同的解决方法操作

3. Sqoop 架构

Sqoop2 架构相对简单，主要由三个部分组成：Sqoop Client、HDFS/HBase/Hive、Database。Sqoop2 的架构图如图 8-3 所示。

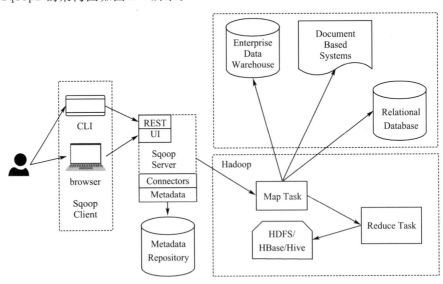

图 8-3　Sqoop2 架构

用户向 Sqoop 发起一个命令之后，这个命令会转换为一个基于 Map Task 的 MapReduce 作业。Map Task 会访问数据库的元数据信息，通过并行的 Map Task 将数据库中的数据读取出来，然后导入 Hadoop 中。当然也可以将 Hadoop 中的数据，导入传统的关系型数据库中。它的核心思想就是通过基于 Map Task（只有 map）的 MapReduce 作业，实现数据的并发拷贝和传输,这样可以大大提高效率。

8.1.2 Flume 简介

1.Flume 的介绍

Flume 是由 Cloudera 软件公司开发的日志收集系统,具有分布式、高可靠性、高可用性等特点,可对海量日志进行采集、聚合和传输等操作。Flume 支持在日志系统中定制各类数据发送方,同时,Flume 提供对数据进行简单处理,并写到各种数据接收方(HDFS、HBase 等)的能力。后于 2009 年被捐赠给了 Apache 软件基金会,成为 Hadoop 相关组件之一。Flume 初始的发行版本目前被统称为 Flume OG(original generation),重构后的版本统称为 Flume NG(next generation)。随着 Flume 的不断被完善以及升级,Flume 内部的各种组件不断丰富,用户在开发的过程中使用的便利性得到很大的改善,现已成为 Apache top 项目之一。

2.Flume 的优势

(1)Flume 可以将应用产生的数据存储到 HDFS、HBase 等集中存储器中。

(2)当收集数据的速度超过将写入数据的时候,也就是当收集信息遇到峰值时,Flume 会在数据生产者和数据收容器间做出调整,保证其能够在两者之间提供平稳的数据。

(3)提供上下文路由特征。

(4)Flume 的管道基于事务,保证了数据在传送和接收时的一致性。

(5)Flume 是可靠的,容错性高的,可升级的,易管理的,并且可定制的。

3.Flume 的结构

如图 8-4 所示,Flume 将数据从产生、传送、处理并最终写入目标路径的过程抽象为数据流,在具体数据流中,数据源支持在 Flume 中定制数据发送方,支持收集各种不同协议数据。同时,Flume 提供对数据的简单处理,比如过滤、格式转换等。此外,Flume 还可将数据写入各种数据目标。

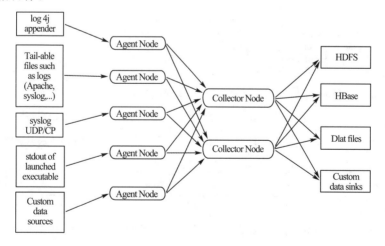

图 8-4　Flume 结构

由上图可知,Flume 内部包括一个或者多个 Agent,然而对于每一个 Agent 来说,它就是一个独立的守护进程(JVM),它从客户端接收数据,或者从其他的 Agent 接收,然后迅速地将获取的数据传给下一个目的节点 sink 或者 Agent。

在 Flume 中,Flume 运行的核心是 Agent。Flume 以 Agent 为最小的独立运行单位,每个 agent 中有三个核心组件:Source,Channel 和 Sink。外部输入称为 Source(源),系统输出称为 Sink(接收器),在 Source 和 Sink 之间传递事件的一个临时存储区,称为 Channel(通道)。Agent 的数据流模型如图 8-5 所示。

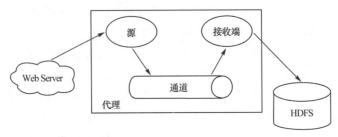

图 8-5　数据流模型

(1) Source

Source 是数据的收集器,负责将数据捕获后进行特殊的格式化,将数据封装到事件(event)里,然后将事件推入 Channel 中。Flume 提供很多内置的 Source,支持 Avro,log4j,syslog 和 http post(body 为 json 格式),可以让应用程序同已有的 Source 直接打交道,如 AvroSource,SyslogTcpSource。如果内置的 Source 无法满足需要,Flume 还支持自定义 Source。Source 源类型见表 8-2。

表 8-2　　　　　　　　　　　　　　Source 源类型

Source 类型	说明
Avro Source	支持 Avro 协议(实际上是 Avro RPC),内置支持
Thrift Source	支持 Thrift 协议,内置支持
Exec Source	基于 Unix 的 command 在标准输出上生产数据
JMS Source	从 JMS 系统(消息、主题)中读取数据,ActiveMQ 已经测试过
Spooling Directory Source	监控指定目录内数据变更
Twitter 1% firehose Source	通过 API 持续下载 Twitter 数据,试验性质
Netcat Source	监控某个端口,将流经端口的每一个文本行数据作为 Event 输入
Sequence Generator Source	序列生成器数据源,生成序列数据
Syslog Source	读取 syslog 数据,产生 Event,支持 UDP 和 TCP 两种协议
HTTP Source	基于 HTTP POST 或 GET 方式的数据源,支持 JSON、BLOB 表示形式
Legacy Source	兼容旧的 Flume OG 中 Source(0.9.x 版本)

(2) Channel

Channel 是连接 Source 和 Sink 的组件,大家可以将它看作一个数据的缓冲区(数据队列),它可以将事件暂存到内存中也可以持久化到本地磁盘上,直到 Sink 处理完该事件。它在 Source 和 Sink 间起着一座桥梁的作用,Channel 是一个完整的事务,这一点保证了数据在收发时候的一致性。并且它可以和任意数量的 Source 和 Sink 进行链接。支持的类型有:JDBC Channel,File System Channel,Memort Channel 等,见表 8-3。

表 8-3　　　　　　　　　　　　　　Channel 支持类型

Channel 类型	说明
Memory Channel	Event 数据存储在内存中
JDBC Channel	Event 数据存储在持久化存储中,当前 Flume Channel 内置支持 Derby
File Channel	Event 数据存储在磁盘文件中
Spillable Memory Channel	Event 数据存储在内存中和磁盘上,当内存队列满了,会持久化到磁盘文件(当前实验性的,不建议生产环境使用)
Pseudo Transaction Channel	测试用途
Custom Channel	自定义 Channel 实现

(3) Sink

Sink 将数据存储到集中存储器比如 HBase 和 HDFS,它从 channels 消费数据(events)并将其传递给目标地,目标地可能是另一个 Sink,也可能 HDFS、HBase。Sink 支持类型见表 8-4。

表 8-4　　　　　　　　　　　　　　Sink 支持类型

Sink 类型	说明
HDFS Sink	数据写入 HDFS
Logger Sink	数据写入日志文件
Avro Sink	数据被转换为 Avro Event,然后发送到配置的 RPC 端口上
Thrift Sink	数据被转换为 Thrift Event,然后发送到配置的 RPC 端口上
IRC Sink	数据在 IRC 上进行回放
File Roll Sink	存储数据到本地文件系统
Null Sink	丢弃所有数据
HBase Sink	数据写入 HBase 数据库
Morphline Solr Sink	数据发送到 Solr 搜索服务器(集群)
Elastic Search Sink	数据发送到 Elastic Search 搜索服务器(集群)
Kite Dataset Sink	写数据到 Kite Dataset,试验性质
Custom Sink	自定义 Sink 实现

接下来简单介绍下 Flume 的插件。

(1) Interceptors 拦截器

用于 Source 和 Channel 之间,用来更改或者检查 Flume 的 events 数据。

(2) 管道选择器 Channels Selectors

多管道是用来选择使用哪一条管道来传递数据(Events)的,管道选择器又分为如下两种:

①默认管道选择器,每一个管道传递的都是相同的 Events。

②多路复用管道选择器,依据每一个 Event 的头部 Header 的地址选择管道。

(3) Sink 线程

用于激活被选择的 Sinks 群中特定的 Sink,用于负载均衡。

4. Flume 事件

事件是 Flume 内部数据传输的最基本单元,它是由一个转载数据的字节数组(该数组是从数据源接入点传入,并传输给传输器,也就是 HDFS/HBase)和一个可选头部构成。

8.1.3 Kafka 简介

Kafka 最初由 Linkedin 公司开发,是一个分布式,支持分区的,多副本的,基于 Zookeeper 协调的分布式消息系统,用 Scala 语言编写,主要应用场景是日志收集系统和消息系统。Linkedin 于 2010 年贡献给了 Apache 基金会并成为顶级开源项目。

Kafka 使用"主题(Topics)"来维护不同的消息分组。向主题发布消息的进程被称为"生产者(Producers)"。订阅主题、处理被发布的消息的进程被称为"消费者(Consumers)"。每个 Consumer 属于一个特定的 Consumer Group(可为每个 Consumer 指定 group name,若不指定 group name 则属于默认的 group)。Kafka 运行在由一个或多个服务器组成的集群上,每个服务器被称为一个"调度者(Broker)"。每条发布到 Kafka 集群的消息都有一个类别,这个类别被称为 Topic。物理上不同 Topic 的消息分开存储,逻辑上一个 Topic 的消息虽然保存于一个或多个 Broker 上,但用户只需指定消息的 Topic 即可生产或消费数据而不必关心数据存于何处。Partition 是物理上的概念,每个 Topic 包含一个或多个 Partition。每个 Partition 有多个副本,其中有且仅有一个作为 Leader,Leader 是当前负责数据的读写的 Partition。Follower 跟随 Leader,所有写请求都通过 Leader 路由,数据变更会广播给所有 Follower,Follower 与 Leader 保持数据同步。Kafka 的架构如图 8-6 所示。

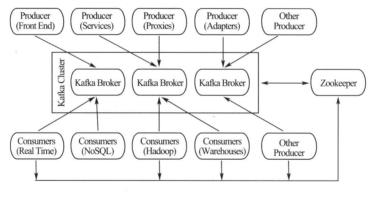

图 8-6　kafak 架构图

1. 特性

(1)高吞吐量、低延迟:Kafka 每秒可以处理几十万条消息,它的延迟最低只有几毫秒,每个 topic 可以分多个 partition,consumer group 对 partition 进行 consume 操作。

(2)可扩展性:Kafka 集群支持热扩展。

(3)持久性、可靠性:消息被持久化到本地磁盘,并且支持数据备份防止数据丢失。

(4)容错性:允许集群中节点失败(若副本数量为 n,则允许 n-1 个节点失败)。

(5)高并发:支持数千个客户端同时读写。

2. 使用场景

(1)日志收集:一个公司可以用 Kafka 收集各种服务的 log,通过 Kafka 以统一接口服务的方式开放给各种 Consumer,例如 Hadoop、HBase、Solr 等。

(2)消息系统:解耦和生产者和消费者、缓存消息等。

(3)用户活动跟踪:Kafka 经常被用来记录 Web 用户或者 App 用户的各种活动,如浏览网页、搜索、单击等活动,这些活动信息被各个服务器发布到 Kafka 的 Topic 中,然后订阅者通过订阅这些 Topic 来做实时的监控分析,或者装载到 Hadoop 数据仓库中做离线分析和挖掘。

(4)运营指标:Kafka 也经常用来记录运营监控数据。包括收集各种分布式应用的数据,生产各种操作的集中反馈,比如报警和报告。

3.设计原理

Kafka 的设计初衷是希望作为一个统一的信息收集平台,能够实时收集反馈信息,并需要能够支撑较大的数据量,并且需要具备良好的容错能力。

(1)持久性

Kafka 使用文件存储消息,因此 Kafka 在性能上严重依赖文件系统的本身特性。无论在任何操作系统下,对文件系统本身的优化几乎没有可能完成。使用文件缓存,直接内存映射等是常用的手段。因为 Kafka 是对日志文件进行追加操作,因此磁盘检索的开支是较小的,同时为了减少磁盘写入次数,Broker 会将消息暂时缓存起来,当消息的个数(或尺寸)达到一定阈值时,再刷新磁盘,这样减少了磁盘 I/O 调用的次数。

(2)性能

需要考虑的影响性能点很多,除磁盘 I/O 之外,还需要考虑网络 I/O,这直接关系到 Kafka 的吞吐量问题。Kafka 并没有提供太多高超的技巧,对于生产者(Producer)端,可以将消息缓存起来,当消息的条数达到一定阈值时,批量发送给 Broker。对于消费者(Consumer)端也是一样,批量获取多条消息。不过消息量的大小可以通过配置文件来指定。对于 Kafka broker 端,使用 Sendfile 系统调用可以提升网络 I/O,将文件的数据映射到系统内存中,Socket 直接读取相应的内存区域即可,而无须进程再次拷贝和交换。启用消息压缩机制,将任何在网络上传输的消息都经过压缩可以减少网络 I/O 的开销,Kafka 支持 gzip/snappy 等多种压缩方式。

(3)生产者

生产者采用负载均衡:Producer 会和 Topic 下所有 partition leader 保持 Socket 连接,消息由 Producer 直接通过 Socket 发送到 Broker,中间不会经过任何"路由层"。事实上,消息被路由到哪个 Partition 上,由 Producer 客户端决定。如果一个 Topic 中有多个 Partitions,那么在 Producer 端实现"消息均衡分发"是有必要的。其中 partition leader 的位置(host:port)注册在 Zookeeper 中,Producer 作为 Zookeeper Client,已经注册了 Watch 用来监听 partition leader 的变更事件。也可以采用异步发送,将多条消息在客户端暂且缓存起来,并将它们批量发送到 Broker,批量延迟发送可以提升网络效率,但也存在一定的隐患,比如说当 Producer 失效时,那些尚未发送的消息将会丢失。

(4)消费者

Consumer 端向 Broker 发送"fetch"请求,并告知其获取消息的进度(offset),此后 Consumer 将会获得一定数量的消息,Consumer 端也可以通过重置 offset 来重新消费消息。

在 JMS 实现中,Topic 模型基于 push 方式,即 Broker 将消息推送给 Consumer 端。不过在 Kafka 中,采用了 Pull 方式,即 Consumer 在和 Broker 建立连接之后,主动去 Pull(或者说 Fetch)消息。采用这种模式,Consumer 端可以根据自己的消费能力适时地去 Fetch 消息并处理,且可以控制消息消费的进度,此外,消费者可以良好地控制消息消费的数量,批量获取。

(5)消息传送机制

对于 JMS 实现,消息传输有且只有一次,但在 Kafka 中有所不同:

①at most once:最多一次,这个和 JMS 中"非持久化"消息类似。发送一次,无论成败,将不会重新发送。消费者获取消息,然后保存 Offset,处理消息。当 Client 保存 Offset 之后,若在消息处理过程中出现了异常,导致部分消息未能继续处理,那么此后"未处理"的消息将不能被获取到。

②at least once:消息至少发送一次,如果消息未能接收成功,可能会重发,直到接收成功。消费者获取消息,处理消息,然后保存 Offset。如果消息处理成功,但是在保存 Offset 阶段 Zookeeper 发生异常导致保存操作未能执行成功,这就导致接下来再次获取时可能获得上次已经处理过的消息。通常情况下"at least once"方式是首选,因为重复接收数据比丢失数据要好。

③exactly once:消息只会发送一次。

4.Kafka 可以和 Flume 结合使用

大数据的采集层可以同时使用 Flume、Kafka 两种技术。

Flume 是管道流方式,提供了很多的默认实现,让用户通过参数部署来扩展 API。比较适合有多个生产者的场景,或者有写入 HBase、HDFS 和 Kafka 需求的场景。

Kafka 是一个可持久化的分布式的消息队列。由于 Kafka 是 Pull 模式,因此适合有多个消费者的场景。

Flume 和 Kafka 可以很好地结合起来使用。如果需要从 Kafka 流数据到 Hadoop,可以使用 Flume 代理和 Kafka 源一起来读取数据,没有必要实现自己的消费者。通常会使用 Flume + Kafka 的方式。

8.2 实践任务:大数据采集工具的安装和使用

8.2.1 Sqoop 安装及使用

Sqoop 是一款开源工具,主要用于在 Hadoop 与传统关系数据库之间进行数据的迁移,本教程接下来介绍 Sqoop 的安装,以及将 MySql 数据库中的数据导入到 Hadoop 的 HDFS 中的操作。

1.Sqoop 的安装与配置

(1)Sqoop 的下载

下载 Sqoop,本教程下载版本为 sqoop-1.4.7.bin__hadoop-2.6.0.tar.gz,界面如图 8-7 所示。

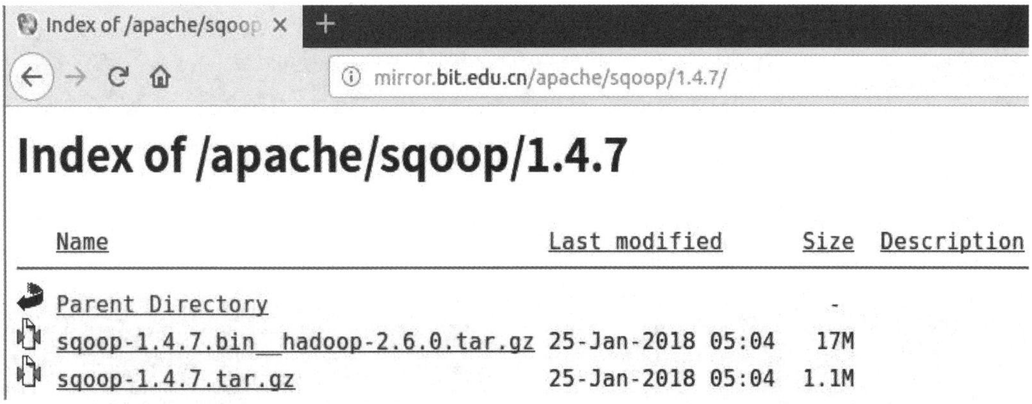

图 8-7 Sqoop 下载界面

下载 Sqoop 安装包完成后，会自动下载到 Ubuntu 登录用户的下载目录下，如图 8-8 所示。

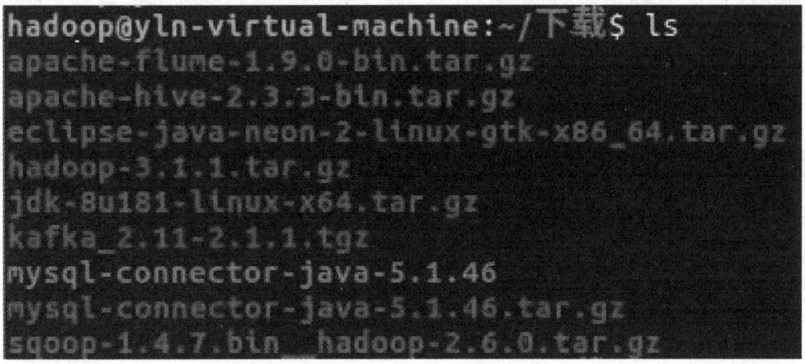

图 8-8 Sqoop 已下载界面

(2) Sqoop 安装

① 打开终端，解压安装包 sqoop-1.4.7.bin__hadoop-2.6.0.tar.gz 至路径 /opt，命令如下，操作如图 8-9 所示。

sudo tar -zxvf sqoop-1.4.7.bin__hadoop-2.6.0.tar.gz -C /opt

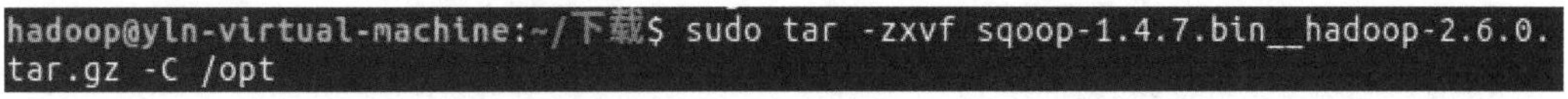

图 8-9 解压 Sqoop

② 查看是否解压成功，操作如图 8-10 所示。

图 8-10 查看 Sqoop 是否解压

③ 将解压的文件夹重命名为 sqoop 并添加 sqoop 的权限，操作如图 8-11 所示。

sudo mv sqoop-1.4.7.bin__hadoop-2.6.0 sqoop

以上命令表示将文件夹 sqoop-1.4.7.bin__hadoop-2.6.0 sqoop 更名为 sqoop。

sudo chown -Rhadoop:hadoop sqoop

以上命令表示更改 sqoop 文件夹的属主为 hadoop 组的 hadoop 用户，":"前面的 hadoop 表示的是用户组，":"后面的 hadoop 表示的是 hadoop 用户名。

```
hadoop@yln-virtual-machine:/opt$ sudo mv sqoop-1.4.7.bin__hadoop-2.6.0 sqoop
hadoop@yln-virtual-machine:/opt$ sudo chown -R hadoop:hadoop sqoop
hadoop@yln-virtual-machine:/opt$ ls
bigdata  eclipse  flume  hbase  hive  java  kafka  sqoop
```

图 8-11　sqoop 授权

④修改配置文件

将 /opt/sqoop/conf 目录下的配置文件 sqoop-env-template.sh 复制，并重命名为 sqoop-env.sh，命令如下，操作如图 8-12 所示。

```
hadoop@yln-virtual-machine:/opt/sqoop$ ls
bin             conf      lib          README.txt              src
build.xml       docs      LICENSE.txt  sqoop-1.4.7.jar         testdata
CHANGELOG.txt   ivy       NOTICE.txt   sqoop-patch-review.py
COMPILING.txt   ivy.xml   pom-old.xml  sqoop-test-1.4.7.jar
hadoop@yln-virtual-machine:/opt/sqoop$ cd conf
hadoop@yln-virtual-machine:/opt/sqoop/conf$ cat sqoop-env-template.sh >> sqoop-env.sh
hadoop@yln-virtual-machine:/opt/sqoop/conf$ ls
oraoop-site-template.xml  sqoop-env-template.cmd  sqoop-site-template.xml
sqoop-env.sh              sqoop-env-template.sh   sqoop-site.xml
```

图 8-12　sqoop 配置文件重命名

⑤使用 vim 或者 gedit 编辑器编辑 sqoop-env.sh 文件，操作如图 8-13 所示。

```
hadoop@yln-virtual-machine:/opt/sqoop/conf$ sudo gedit sqoop-env.sh
```

图 8-13　打开编辑 sqoop 配置文件

找到 Hadoop 环境变量的配置说明，根据自己 Hadoop 和 HBase 路径，添加如下配置信息：

＃ Set Hadoop-specific environment variables here.

＃ Set path to where bin/hadoop is available

export HADOOP_COMMON_HOME=/opt/bigdata/hadoop-3.1.1

＃ Set path to where hadoop-*-core.jar is available

export HADOOP_MAPRED_HOME=/opt/bigdata/hadoop-3.1.1

＃ set the path to where bin/hbase is available

export HBASE_HOME=/opt/hbase/hbase-1.2.6.1

＃ Set the path to where bin/hive is available

export HIVE_HOME=/opt/hive

＃ Set the path for where zookeper config dir is

＃export ZOOCFGDIR=　＃如果自己配置了 Zookeeper，也需要在此配置 Zookeeper 路径，没有就不用配置。

⑥配置环境变量。

将 Sqoop 环境变量在 Profile 文件中配置好，这样，启动 Sqoop 就无须到 /opt/sqoop/bin 固定目录下，大大地方便了 Sqoop 的使用。可以通过 vim 或者 gedit 编辑 /etc/profile 文件，如图 8-14 所示。在 Profile 文件中添加 SQOOP_HOME（即 SQOOP 安装路径），在 CLASSPATH 中追加 SQOOP 和 HADOOP 的 lib 路径，在 PATH 中追加 SQOOP 的 bin 路径，其中 $SQOOP_HOME 表示的是 SQOOP 安装路径，":"代表的是分隔符。如图 8-15 所示。

```
hadoop@yln-virtual-machine:/$ sudo gedit /etc/profile
```
图 8-14　打开 profile 配置文件

```
export JAVA_HOME=/opt/java/jdk1.8.0_181
export JRE_HOME=/opt/java/jdk1.8.0_181/jre
export HADOOP_HOME=/opt/bigdata/hadoop-3.1.1
export HADOOP_COMMON_LIB_NATIVE_DIR=$HADOOP_HOME/lib/native
export YARN_HOME=/opt/bigdata/hadoop-3.1.1
export HADOOP_HDFS_HOME=/opt/bigdata/hadoop-3.1.1
export HBASE_HOME=/opt/hbase/hbase-1.2.6.1
export HIVE_HOME=/opt/hive
export FLUME_HOME=/opt/flume
export FLUME_CONF_DIR=/opt/flume/conf
export SQOOP_HOME=/opt/sqoop
export SPARK_HOME=/opt/spark
export MONGODB_HOME=/opt/mongodb
export CLASSPATH=:$JAVA_HOME/lib:$JRE_HOME/lib:$SQOOP_HOME/lib:$HADOOP_HOME/lib:$CLASSPATH
export PATH=$HADOOP_HOME/bin:$HADOOP_HOME/sbin:$JAVA_HOME/bin:$JRE_HOME/bin:$HBASE_HOME/bin:$HIVE_HOME/bin:
$FLUME_HOME/bin:$SQOOP_HOME/bin:$SPARK_HOME/bin:$MONGODB_HOME/bin:$PATH
```
图 8-15　修改 profile 配置文件

> **注意**　PATH 最好始终放在环境变量的最后位置。

⑦保存该文件，退出 vim 编辑器，执行命令使环境变量立即生效，操作如图 8-16 所示。

```
hadoop@yln-virtual-machine:/$ source /etc/profile
```
图 8-16　使 profile 文件生效

⑧添加 MySql 驱动程序。

首先需要安装 MySql，前面章节已经完成该软件的安装，这里不再重复。然后需要将前面章节中已经下载的 MySql 驱动程序 mysql-connector-java-5.1.46.tar.gz 解压缩后复制到 $SQOOP_HOME/lib 目录下。

可以执行如下命令解压文件并复制到 Sqoop 安装目录下，解压操作如图 8-17 所示，复制操作如图 8-18 所示。

sudo tar -zxvf mysql-connector-java-5.1.46.tar.gz

cp mysql-connector-java-5.1.46-bin.jar /opt/sqoop/lib

```
hadoop@yln-virtual-machine:~/下载$ sudo tar -zxvf mysql-connector-java-5.1.46.tar.gz
```
图 8-17　解压 MySql 驱动

```
hadoop@yln-virtual-machine:~/下载$ cd mysql-connector-java-5.1.46
hadoop@yln-virtual-machine:~/下载/mysql-connector-java-5.1.46$ ls
build.xml      mysql-connector-java-5.1.46-bin.jar    README.txt
CHANGES        mysql-connector-java-5.1.46.jar        src
COPYING        README
hadoop@yln-virtual-machine:~/下载/mysql-connector-java-5.1.46$ cp mysql-connector-java-5.1.46-bin.jar /opt/sqoop/lib
```
图 8-18　复制 MySql 的 jar 包

⑨测试与 MySql 的连接。

首先保证 MySql 服务已经启动，如果没有启动，请执行如下命令：

service mysql start

然后就可以测试 Sqoop 与 MySql 的连接是否成功，执行命令如下，操作如图 8-19 所示。

sqoop list-databases --connect jdbc:mysql://127.0.0.1:3306/ --username root -P

```
hadoop@yln-virtual-machine:/opt$ service mysql start
hadoop@yln-virtual-machine:/opt$ sqoop list-databases --connect jdbc:mysql://127
.0.0.1:3306/ --username root -P
```

图 8-19　测试 Sqoop 和 MySql 的连接是否成功

系统会提示输入 MySql 数据库 root 用户的密码，本教程 root 用户密码是：root。执行结果如图 8-20 所示。

```
hadoop@yln-virtual-machine:/opt$ sqoop list-databases --connect jdbc:mysql://127.0.0.1:3306/ --user
name root -P
Warning: /opt/sqoop/../hcatalog does not exist! HCatalog jobs will fail.
Please set $HCAT_HOME to the root of your HCatalog installation.
Warning: /opt/sqoop/../accumulo does not exist! Accumulo imports will fail.
Please set $ACCUMULO_HOME to the root of your Accumulo installation.
Warning: /opt/sqoop/../zookeeper does not exist! Accumulo imports will fail.
Please set $ZOOKEEPER_HOME to the root of your Zookeeper installation.
2019-05-15 15:04:57,568 INFO sqoop.Sqoop: Running Sqoop version: 1.4.7
Enter password:
2019-05-15 15:05:05,014 INFO manager.MySQLManager: Preparing to use a MySQL streaming resultset.
Wed May 15 15:05:05 CST 2019 WARN: Establishing SSL connection without server's identity verificati
on is not recommended. According to MySQL 5.5.45+, 5.6.26+ and 5.7.6+ requirements SSL connection m
ust be established by default if explicit option isn't set. For compliance with existing applicatio
ns not using SSL the verifyServerCertificate property is set to 'false'. You need either to explici
tly disable SSL by setting useSSL=false, or set useSSL=true and provide truststore for server certi
ficate verification.
information_schema
hive
mysql
performance_schema
sys
test
```

图 8-20　连接测试效果

如果能够看到 MySql 数据库中的数据库列表，就表示 Sqoop 安装成功。例如，从上图给出的信息中就可以看到在最后几行包含了如下数据库列表，则表示连接成功。

information_schema

hive

mysql

performance_schema

sys

test

2.数据迁移

启动 MySql 数据库后，使用以下命令进入 MySql shell 界面，操作如图 8-21 所示。

mysql -u root -p

```
hadoop@yln-virtual-machine:/opt$ mysql -u root -p
Enter password:
```

图 8-21　连接 MySql

进入 Hive 数据库，创建 stu 表，并插入两条数据，操作如图 8-22 所示。

```
mysql> use hive
Database changed
mysql> create table stu
    -> (sno char(4) primary key,
    -> sname varchar(10));
Query OK, 0 rows affected (0.05 sec)

mysql> insert into stu values('2001','rose');
Query OK, 1 row affected (0.03 sec)

mysql> insert into stu values('2002','toose');
Query OK, 1 row affected (0.00 sec)

mysql> select * from stu;
+------+-------+
| sno  | sname |
+------+-------+
| 2001 | rose  |
| 2002 | toose |
+------+-------+
2 rows in set (0.00 sec)
```

图 8-22　在 Hive 数据库中创建 stu 表

启动 Hadoop，操作如图 8-23 所示。

```
hadoop@yln-virtual-machine:/opt$ start-dfs.sh
Starting namenodes on [localhost]
Starting datanodes
Starting secondary namenodes [yln-virtual-machine]
2019-05-15 15:01:59,111 WARN util.NativeCodeLoader: Unable to load native-hadoop library for your platform..
. using builtin-java classes where applicable
hadoop@yln-virtual-machine:/opt$ start-yarn.sh
Starting resourcemanager
Starting nodemanagers
hadoop@yln-virtual-machine:/opt$ jps
7364 NodeManager
7734 Jps
7241 ResourceManager
6765 DataNode
6639 NameNode
6943 SecondaryNameNode
```

图 8-23　启动 Hadoop

在 HDFS 上创建目录/user/sqoop，操作如图 8-24 所示。

```
hadoop@yln-virtual-machine:/opt$ hdfs dfs -ls /user
2019-05-15 15:22:46,778 WARN util.NativeCodeLoader: Unable to load native-hadoop library for your platform..
. using builtin-java classes where applicable
Found 4 items
drwxr-xr-x   - hadoop supergroup          0 2019-05-02 16:12 /user/hadoop
drwxr-xr-x   - hadoop supergroup          0 2019-03-30 18:02 /user/hive
-rw-r--r--   1 hadoop supergroup         29 2019-03-13 22:33 /user/myLocalFile.txt
drwxr-xr-x   - hadoop supergroup          0 2019-03-13 20:43 /user/yuan
hadoop@yln-virtual-machine:/opt$ hdfs dfs -mkdir /user/sqoop
2019-05-15 15:23:08,950 WARN util.NativeCodeLoader: Unable to load native-hadoop library for your platform..
. using builtin-java classes where applicable
hadoop@yln-virtual-machine:/opt$ hdfs dfs -ls /user
2019-05-15 15:23:13,536 WARN util.NativeCodeLoader: Unable to load native-hadoop library for your platform..
. using builtin-java classes where applicable
Found 5 items
drwxr-xr-x   - hadoop supergroup          0 2019-05-02 16:12 /user/hadoop
drwxr-xr-x   - hadoop supergroup          0 2019-03-30 18:02 /user/hive
-rw-r--r--   1 hadoop supergroup         29 2019-03-13 22:33 /user/myLocalFile.txt
drwxr-xr-x   - hadoop supergroup          0 2019-05-15 15:23 /user/sqoop
drwxr-xr-x   - hadoop supergroup          0 2019-03-13 20:43 /user/yuan
```

图 8-24　在 HDFS 上创建目录/user/sqoop

通过 Sqoop 连接 MySQL 查看 stu 表的数据，操作如图 8-25 所示。

```
hadoop@yln-virtual-machine:/opt$ sqoop eval --connect jdbc:mysql://127.0.0.1:3306/hive?useSSL=false --userna
me hive --password hive --query "select * from stu"
Warning: /opt/sqoop/../hcatalog does not exist! HCatalog jobs will fail.
Please set $HCAT_HOME to the root of your HCatalog installation.
Warning: /opt/sqoop/../accumulo does not exist! Accumulo imports will fail.
Please set $ACCUMULO_HOME to the root of your Accumulo installation.
Warning: /opt/sqoop/../zookeeper does not exist! Accumulo imports will fail.
Please set $ZOOKEEPER_HOME to the root of your Zookeeper installation.
2019-05-15 15:40:09,468 INFO sqoop.Sqoop: Running Sqoop version: 1.4.7
2019-05-15 15:40:09,532 WARN tool.BaseSqoopTool: Setting your password on the command-line is insecure. Cons
ider using -P instead.
2019-05-15 15:40:09,746 INFO manager.MySQLManager: Preparing to use a MySQL streaming resultset.
Wed May 15 15:40:10 CST 2019 WARN: Establishing SSL connection without server's identity verification is not
 recommended. According to MySQL 5.5.45+, 5.6.26+ and 5.7.6+ requirements SSL connection must be established
 by default if explicit option isn't set. For compliance with existing applications not using SSL the verify
ServerCertificate property is set to 'false'. You need either to explicitly disable SSL by setting useSSL=fa
lse, or set useSSL=true and provide truststore for server certificate verification.
------------------------
| sno  | sname      |
------------------------
| 2001 | rose       |
| 2002 | toose      |
------------------------
```

图 8-25　通过 Sqoop 连接 MySQL 查看 stu 表的数据

执行 hadoop classpath，获取 classpath 中的内容，操作如图 8-26 所示。并将该内容设置到 yarn-site.xml(/opt/bigdata/hadoop-3.1.1/etc/hadoop)中及 yarn.application.classpath 的 value 中，如图 8-27 所示。

```
hadoop@yln-virtual-machine:/opt$ hadoop classpath
/opt/bigdata/hadoop-3.1.1/etc/hadoop:/opt/bigdata/hadoop-3.1.1/share/hadoop/common/lib/*:/opt/bigdata/hadoop
-3.1.1/share/hadoop/common/*:/opt/bigdata/hadoop-3.1.1/share/hadoop/hdfs:/opt/bigdata/hadoop-3.1.1/share/had
oop/hdfs/lib/*:/opt/bigdata/hadoop-3.1.1/share/hadoop/hdfs/*:/opt/bigdata/hadoop-3.1.1/share/hadoop/mapreduc
e/lib/*:/opt/bigdata/hadoop-3.1.1/share/hadoop/mapreduce/*:/opt/bigdata/hadoop-3.1.1/share/hadoop/yarn:/opt/
bigdata/hadoop-3.1.1/share/hadoop/yarn/lib/*:/opt/bigdata/hadoop-3.1.1/share/hadoop/yarn/*
```

图 8-26　获取 hadoop classpath

```xml
<?xml version="1.0"?>
<!--
  Licensed under the Apache License, Version 2.0 (the "License");
  you may not use this file except in compliance with the License.
  You may obtain a copy of the License at

    http://www.apache.org/licenses/LICENSE-2.0

  Unless required by applicable law or agreed to in writing, software
  distributed under the License is distributed on an "AS IS" BASIS,
  WITHOUT WARRANTIES OR CONDITIONS OF ANY KIND, either express or implied.
  See the License for the specific language governing permissions and
  limitations under the License. See accompanying LICENSE file.
-->
<configuration>

<!-- Site specific YARN configuration properties -->
<property>
  <name>yarn.resourcemanager.hostname</name>
  <value>localhost</value>
</property>
<property>
  <name>yarn.nodemanager.aux-services</name>
  <value>mapreduce_shuffle</value>
</property>
<property>
<name>yarn.application.classpath</name>
<value>
/opt/bigdata/hadoop-3.1.1/etc/hadoop:/opt/bigdata/hadoop-3.1.1/share/hadoop/common/lib/*:/opt/bigdata/hadoop-3.1.1/share/hadoop/common/*:/opt/bigdata/hadoop-3.1.1/share/hadoop/hdfs:/opt/bigdata/hadoop-3.1.1/share/hadoop/hdfs/lib/*:/opt/bigdata/hadoop-3.1.1/share/hadoop/hdfs/*:/opt/bigdata/hadoop-3.1.1/share/hadoop/mapreduce/lib/*:/opt/bigdata/hadoop-3.1.1/share/hadoop/mapreduce/*:/opt/bigdata/hadoop-3.1.1/share/hadoop/yarn:/opt/bigdata/hadoop-3.1.1/share/hadoop/yarn/lib/*:/opt/bigdata/hadoop-3.1.1/share/hadoop/yarn/*
</value>
</property>
</configuration>
```

图 8-27　修改 yarn-site.xml 文件

接下来从 MySQL 的 Hive 数据库中导入 stu 表数据到 HDFS 的目录/user/sqoop/input，连接 mysql 的用户名和密码均是 Hive，导入数据到 HDFS 后按 Tab 键进行分隔，命令如下，操作如图 8-28 所示。

sqoop import --connect jdbc:mysql://127.0.0.1:3306/hive --username hive --password hive --table stu　--target-dir /user/sqoop/input --direct -m 1 --fields-terminated-by '\t'

```
hadoop@yln-virtual-machine:/opt$ sqoop import --connect jdbc:mysql://127.0.0.1:3306/hive --username hive --password hive --table stu  --target-dir /user/sqoop/input --direct -m 1 --fields-terminated-by '\t'
Warning: /opt/sqoop/../hcatalog does not exist! HCatalog jobs will fail.
Please set $HCAT_HOME to the root of your HCatalog installation.
Warning: /opt/sqoop/../accumulo does not exist! Accumulo imports will fail.
Please set $ACCUMULO_HOME to the root of your Accumulo installation.
Warning: /opt/sqoop/../zookeeper does not exist! Accumulo imports will fail.
Please set $ZOOKEEPER_HOME to the root of your Zookeeper installation.
2019-05-15 16:22:07,616 INFO sqoop.Sqoop: Running Sqoop version: 1.4.7
2019-05-15 16:22:07,690 WARN tool.BaseSqoopTool: Setting your password on the command-line is insecure. Consider using -P instead.
2019-05-15 16:22:07,913 INFO manager.MySQLManager: Preparing to use a MySQL streaming resultset.
2019-05-15 16:22:07,913 INFO tool.CodeGenTool: Beginning code generation
```

图 8-28　通过 Sqoop 将 MySQL 的 stu 表数据导入到 HDFS 上

导入数据到 HDFS 之后，对 HDFS 上的数据进行验证，操作如图 8-29 所示。

```
hadoop@yln-virtual-machine:/opt$ hdfs dfs -ls /user/sqoop/input
2019-05-15 16:23:52,853 WARN util.NativeCodeLoader: Unable to load native-hadoop library for your platform... using builtin-java classes where applicable
Found 2 items
-rw-r--r--   1 hadoop supergroup          0 2019-05-15 16:23 /user/sqoop/input/_SUCCESS
-rw-r--r--   1 hadoop supergroup         21 2019-05-15 16:23 /user/sqoop/input/part-m-00000
hadoop@yln-virtual-machine:/opt$ hdfs dfs -cat /user/sqoop/input/part-m-00000
2019-05-15 16:52:02,850 WARN util.NativeCodeLoader: Unable to load native-hadoop library for your platform... using builtin-java classes where applicable
2001    rose
2002    toose
```

图 8-29　对导入到 HDFS 上的数据进行查看验证

通过查看，能看到数据已经导入到 HDFS 上，则导入成功。

8.2.2 Flume 安装及使用

Flume 是 Cloudera 提供的一个高可用的、高可靠的、分布式的海量日志采集、聚合和传输的系统,Flume 支持在日志系统中定制各类数据发送方,用于收集数据;同时,Flume 提供对数据进行简单处理,并写到各种数据接收方的能力。

1. Flume 的安装与配置

(1) 下载 Flume

下载 Flume,本教程下载版本为 apache-flume-1.9.0-bin.tar.gz。下载界面如图 8-30 所示。

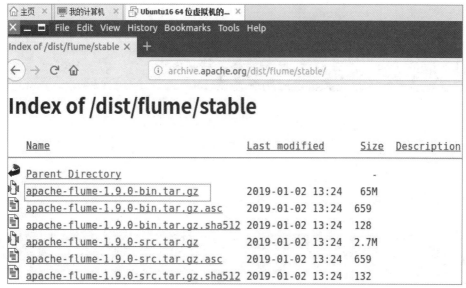

图 8-30　Flume 下载界面

下载 Flume 安装包完成后,会自动下载到 Ubuntu 登录用户的下载目录下,如图 8-31 所示。

图 8-31　Flume 已下载界面

(2)安装 Flume

①打开终端,解压安装包 apache-flume-1.9.0-bin.tar.gz 至路径 /opt,命令如下,操作如图 8-32 所示。

sudo tar -zxvf apache-flume-1.9.0-bin.tar.gz -C /opt

图 8-32　Flume 解压

②查看安装包 apache-flume-1.9.0-bin.tar.gz 是否解压成功,命令如下,操作如图 8-33 所示。

图 8-33　查看 Flume 是否解压成功

③将解压的文件夹重命名为 flume 并添加 flume 的权限,操作如图 8-34 所示。

sudo mv apache-flume-1.9.0-bin flume

以上命令表示将文件夹 apache-flume-1.9.0-bin 更名为 flume。

sudo chown -R hadoop:hadoop flume

以上命令表示更改 flume 文件夹的属主为 hadoop 组的 hadoop 用户,":"前面的 hadoop 表示的是用户组,":"后面的 hadoop 表示的是 hadoop 用户名。

图 8-34　Flume 授权

④配置环境变量

将 Flume 环境变量在 profile 文件中配置好,这样,启动 Flume 就无须到/opt/flume/bin 固定目录下,大大地方便了 Flume 的使用。可以通过 vim 或者 gedit 编辑/etc/profile 文件,操作如图 8-35 所示。在 profile 文件中添加 FLUME_HOME(即 FLUME 安装路径)和 FLUME_CONF-DIR(即 FLUME 中 conf 路径),并且在 PATH 中追加 FLUME 的 bin 路径,其中 $FLUME_HOME 表示的是 FLUME 安装路径,":"代表的是分隔符。如图 8-36 所示。

图 8-35　打开 profile 文件

```
export JAVA_HOME=/opt/java/jdk1.8.0_181
export JRE_HOME=/opt/java/jdk1.8.0_181/jre
export CLASSPATH=:$JAVA_HOME/lib:$JRE_HOME/lib:$CLASSPATH
export HADOOP_HOME=/opt/bigdata/hadoop-3.1.1
export HADOOP_COMMON_LIB_NATIVE_DIR=$HADOOP_HOME/lib/native
export YARN_HOME=/opt/bigdata/hadoop-3.1.1
export HADOOP_HDFS_HOME=/opt/bigdata/hadoop-3.1.1
export HBASE_HOME=/opt/hbase/hbase-1.2.6.1
export HIVE_HOME=/opt/hive
export FLUME_HOME=/opt/flume
export FLUME_CONF_DIR=/opt/flume/conf
export PATH=$HADOOP_HOME/bin:$HADOOP_HOME/sbin:$JAVA_HOME/bin:$JRE_HOME/bin:$HBASE_HOME/bin:$HIVE_HOME/bin:$FLUME_HOME/bin:$PATH
```

图 8-36　修改 profile 文件

> **注意** PATH 最好始终放在环境变量最后。

profile 文件编辑完成后,再执行 source 命令使上述配置在当前终端立即生效,命令及操作如图 8-37 所示。

```
hadoop@yln-virtual-machine:/opt$ source /etc/profile
```
图 8-37 使 profile 文件生效

⑤启动 Flume 并查看 Flume 版本,确定 Flume 是否安装成功,命令及操作如图 8-38 所示。

```
hadoop@yln-virtual-machine:/opt$ flume-ng version
Flume 1.9.0
Source code repository: https://git-wip-us.apache.org/repos/asf/flume.git
Revision: d4fcab4f501d41597bc616921329a4339f73585e
Compiled by fszabo on Mon Dec 17 20:45:25 CET 2018
From source with checksum 35db629a3bda49d23e9b3690c80737f9
```
图 8-38 启动 Flume

如果出现以上版本号,则表示 Flume 启动成功。

⑥如果启动失败,提示"找不到或无法加载主类 org.apache.flume.tools.GetJavaProperty"等错误信息,请检查之前系统是否安装 HBase,如果安装,请修改 hbase-env.sh 文件来解决这个错误,使用 vim 编辑器打开 hbase-env.sh,命令及操作如图 8-39 所示。

```
hadoop@yln-virtual-machine:/opt$ cd hbase
hadoop@yln-virtual-machine:/opt/hbase$ ls
hadoop@yln-virtual-machine:/opt/hbase$ sudo gedit /opt/hbase/hbase-1.2.6.1/conf/hbase-env.sh
```
图 8-39 如果提示错误则找到并打开 hbase-env.sh 文件

找到 export HBASE_CLASSPATH=/opt/hbase/hbase-1.2.6.1/conf 这一行,在前面加上 #,把它注释掉。如图 8-40 所示。

```
export JAVA_HOME=/opt/java/jdk1.8.0_181
export HBASE_HOME=/opt/hbase/hbase-1.2.6.1
#export HBASE_CLASSPATH=/opt/hbase/hbase-1.2.6.1/conf
export HBASE_MANAGES_ZK=true
```
图 8-40 修改 hbase-env.sh 文件

2. Flume 信息采集实例

(1)使用 Flume 接收来自 AvroSource 的信息

AvroSource 可以发送一个指定的文件到 Flume,Flume 接收以后可以进行处理后显示到屏幕上。

①在 /opt/flume/conf 目录下创建 Agent 配置文件 avro.conf,命令如下,操作如图 8-41 所示。

sudo vim /opt/flume/conf/avro.conf 或者 sudo gedit /opt/flume/conf/avro.conf

```
hadoop@yln-virtual-machine:/opt$ sudo gedit /opt/flume/conf/avro.conf
```
图 8-41 打开 avro.conf 配置文件

②在 avro.conf 文件中写入如下内容,其中端口号 4141,后续会用到该端口号,请牢记。

a1.sources=r1

a1.sinks=k1

a1.channels=c1

a1.sources.r1.type=avro

a1.sources.r1.channels=c1

a1.sources.r1.bind=0.0.0.0

a1.sources.r1.port=4141

a1.channels.c1.type=memory

a1.channels.c1.capacity=1000

a1.channels.c1.transactionCapacity=100

a1.sources.r1.channels=c1

a1.sinks.k1.type=logger

a1.sinks.k1.channel=c1

> **注意** a1 表示某一个 agent 的名称;前三行分别用来设置 a1 的 sources、sinks、channels 的名称分别为 r1、k1、c1;第四行用来设置 a1.sources.r1 的类型来自 avro,第五行设置 a1.sources.r1 的通道采用 c1 通道;第七行用来设置端口号;第八行用来设置 a1.channels.c1 的类型,第十三行用来设置 a1.sinks.k1 的通道采用 c1 通道。

③启动 Flume Agent a1,执行如下命令启动日志控制台,操作如图 8-42 所示。

flume-ng agent -c . -f /opt/flume/conf/avro.conf -n a1 -Dflume.root.logger=INFO,console

```
hadoop@yln-virtual-machine:/opt$ flume-ng agent -c . -f /opt/flume/conf/avro.con
f -n a1 -Dflume.root.logger=INFO,console
```

图 8-42 启动日志控制台

执行该命令以后,出现如图 8-43、图 8-44 所示信息。

```
hadoop@yln-virtual-machine:/opt$ flume-ng agent -c . -f /opt/flume/conf/avro.con
f -n a1 -Dflume.root.logger=INFO,console
Info: Including Hadoop libraries found via (/opt/bigdata/hadoop-3.1.1/bin/hadoop
) for HDFS access
Info: Including HBASE libraries found via (/opt/hbase/hbase-1.2.6.1/bin/hbase) f
or HBASE access
Info: Including Hive libraries found via (/opt/hive) for Hive access
+ exec /opt/java/jdk1.8.0_181/bin/java -Xmx20m -Dflume.root.logger=INFO,console
-cp '/opt:/opt/flume/lib/*:/opt/bigdata/hadoop-3.1.1/etc/hadoop:/opt/bigdata/had
oop-3.1.1/share/hadoop/common/lib/*:/opt/bigdata/hadoop-3.1.1/share/hadoop/commo
n/*:/opt/bigdata/hadoop-3.1.1/share/hadoop/hdfs:/opt/bigdata/hadoop-3.1.1/share/
hadoop/hdfs/lib/*:/opt/bigdata/hadoop-3.1.1/share/hadoop/hdfs/*:/opt/bigdata/had
oop-3.1.1/share/hadoop/mapreduce/lib/*:/opt/bigdata/hadoop-3.1.1/share/hadoop/ma
preduce/*:/opt/bigdata/hadoop-3.1.1/share/hadoop/yarn:/opt/bigdata/hadoop-3.1.1/
```

图 8-43 启动控制台后

```
2019-03-30 21:01:55,969 INFO node.Application: Starting Sink k1
2019-03-30 21:01:55,974 INFO node.Application: Starting Source r1
2019-03-30 21:01:55,978 INFO source.AvroSource: Starting Avro source r1: { bindA
ddress: 0.0.0.0, port: 4141 }...
2019-03-30 21:01:56,457 INFO instrumentation.MonitoredCounterGroup: Monitored co
unter group for type: SOURCE, name: r1: Successfully registered new MBean.
2019-03-30 21:01:56,458 INFO instrumentation.MonitoredCounterGroup: Component ty
pe: SOURCE, name: r1 started
2019-03-30 21:01:56,467 INFO source.AvroSource: Avro source r1 started.
```

图 8-44 启动日志控制台

④打开另一个 Linux 终端,在 /opt/flume 目录下创建一个文件 log.01,并在文件中加入一行内容"Hello Flume",命令和操作如图 8-45 所示。

sudo sh -c 'echo "Hello Flume"'> /opt/flume/log.01

图 8-45　创建 log.01 文件

⑤再打开另外一个 Linux 终端,执行如下命令,操作如图 8-46 所示。

bin/flume-ng avro-client --conf conf -H localhost -p 4141 -F /opt/flume/log.01

图 8-46　Flume 客户端发送文件

在该命令中,4141 是前面文件 avro.conf 里自定义的端口号。

执行语句时如果提示如图 8-47 所示 jar 包冲突,可使用如图 8-48 所示的命令删除冲突 jar 包中的任意一个 jar 包。

图 8-47　提示 jar 冲突

图 8-48　删除冲突的 jar 包

执行该命令后,AvroSource 就会向 Flume 发送了一个文件 log.01,操作如图 8-49 所示。

图 8-49　向 flume 发送文件

切换到第③步的日志控制台端口,就可以看到 Flume 已经接收信息,如图 8-50 所示,通过最后一行可以看出 Flume 已经成功接收“Hello Flume”。

```
2019-03-30 21:02:07,094 INFO ipc.NettyServer: [id: 0x09620d9a, /127.0.0.1:40094
=> /127.0.0.1:4141] OPEN
2019-03-30 21:02:07,096 INFO ipc.NettyServer: [id: 0x09620d9a, /127.0.0.1:40094
=> /127.0.0.1:4141] BOUND: /127.0.0.1:4141
2019-03-30 21:02:07,097 INFO ipc.NettyServer: [id: 0x09620d9a, /127.0.0.1:40094
=> /127.0.0.1:4141] CONNECTED: /127.0.0.1:40094
2019-03-30 21:02:07,486 INFO sink.LoggerSink: Event: { headers:{} body: 48 65 6C
 6C 6F 20 46 6C 75 6D 65                Hello Flume }
2019-03-30 21:02:07,523 INFO ipc.NettyServer: [id: 0x09620d9a, /127.0.0.1:40094
:> /127.0.0.1:4141] DISCONNECTED
2019-03-30 21:02:07,523 INFO ipc.NettyServer: [id: 0x09620d9a, /127.0.0.1:40094
:> /127.0.0.1:4141] UNBOUND
2019-03-30 21:02:07,523 INFO ipc.NettyServer: [id: 0x09620d9a, /127.0.0.1:40094
:> /127.0.0.1:4141] CLOSED
2019-03-30 21:02:07,523 INFO ipc.NettyServer: Connection to /127.0.0.1:40094 dis
connected.
```

图 8-50　控制台接收信息

(2)使用 Flume 接收来自 NetcatSource 的信息

NetcatSource 可以把用户实时输入的信息持续不断地发给 Flume，Flume 处理后可以显示到输出屏幕上。

①在/opt/flume/conf 目录下新建 test.conf 代理配置文件，操作如图 8-51 所示。

```
hadoop@yln-virtual-machine:/opt/flume$ cd conf
hadoop@yln-virtual-machine:/opt/flume/conf$ ls
avro.conf                          flume-env.ps1.template  log4j.properties
flume-conf.properties.template     flume-env.sh.template
hadoop@yln-virtual-machine:/opt/flume/conf$ sudo gedit test.conf
```

图 8-51　新建 test.conf 文件

在文件 test.conf 中写入如下内容，其中 44444 为端口号，后面会用到该端口号，请牢记。

```
a1.sources=r1
a1.sinks=k1
a1.channels=c1
a1.sources.r1.type=netcat
a1.sources.r1.bind=localhost
a1.sources.r1.port=44444
a1.sinks.k1.type=logger
a1.channels.c1.type=memory
a1.channels.c1.capacity=1000
a1.channels.c1.transactionCapacity=100
a1.sources.r1.channels=c1
a1.sinks.k1.channel=c1
```

②执行如下命令启动 Flume Agent a1 日志控制台，操作如图 8-52 所示。

```
flumes flume-ng agent --conf /opt/flume/conf --conf-file /opt/flume/conf/test.conf --name a1 -Dflume.root.logger=INFO,console
```

```
hadoop@yln-virtual-machine:/opt/flume$ flume-ng agent --conf /opt/flume/conf --c
onf-file /opt/flume/conf/test.conf --name a1 -Dflume.root.logger=INFO,console
```

图 8-52　启动 Flume 日志控制台

执行该命名后，会出现如图 8-53、图 8-54 所示屏幕信息。

```
hadoop@yln-virtual-machine:/opt/flume$ flume-ng agent --conf /opt/flume/conf --c
onf-file /opt/flume/conf/test.conf --name a1 -Dflume.root.logger=INFO,console
Info: Including Hadoop libraries found via (/opt/bigdata/hadoop-3.1.1/bin/hadoop
) for HDFS access
Info: Including HBASE libraries found via (/opt/hbase/hbase-1.2.6.1/bin/hbase) f
or HBASE access
Info: Including Hive libraries found via (/opt/hive) for Hive access
+ exec /opt/java/jdk1.8.0_181/bin/java -Xmx20m -Dflume.root.logger=INFO,console
-cp '/opt/flume/conf:/opt/flume/lib/*:/opt/bigdata/hadoop-3.1.1/etc/hadoop:/opt/
bigdata/hadoop-3.1.1/share/hadoop/common/lib/*:/opt/bigdata/hadoop-3.1.1/share/h
adoop/common/*:/opt/bigdata/hadoop-3.1.1/share/hadoop/hdfs:/opt/bigdata/hadoop-3
```

图 8-53　启动 flume 控制台

```
2019-03-30 22:55:20,362 (conf-file-poller-0) [INFO - org.apache.flume.node.Appli
cation.startAllComponents(Application.java:169)] Starting Channel c1
2019-03-30 22:55:20,450 (lifecycleSupervisor-1-0) [INFO - org.apache.flume.instr
umentation.MonitoredCounterGroup.register(MonitoredCounterGroup.java:119)] Monit
ored counter group for type: CHANNEL, name: c1: Successfully registered new MBea
n.
2019-03-30 22:55:20,450 (lifecycleSupervisor-1-0) [INFO - org.apache.flume.instr
umentation.MonitoredCounterGroup.start(MonitoredCounterGroup.java:95)] Component
 type: CHANNEL, name: c1 started
2019-03-30 22:55:20,450 (conf-file-poller-0) [INFO - org.apache.flume.node.Appli
cation.startAllComponents(Application.java:196)] Starting Sink k1
2019-03-30 22:55:20,451 (conf-file-poller-0) [INFO - org.apache.flume.node.Appli
cation.startAllComponents(Application.java:207)] Starting Source r1
2019-03-30 22:55:20,452 (lifecycleSupervisor-1-3) [INFO - org.apache.flume.sourc
e.NetcatSource.start(NetcatSource.java:155)] Source starting
2019-03-30 22:55:20,466 (lifecycleSupervisor-1-3) [INFO - org.apache.flume.sourc
e.NetcatSource.start(NetcatSource.java:166)] Created serverSocket:sun.nio.ch.Ser
verSocketChannelImpl[/127.0.0.1:44444]
```

图 8-54　启动 flume 控制台

③再打开一个终端，输入如下命令：

```
telnet localhost 44444
```

该命令中的 44444 是前面自定义的 test.conf 文件中的端口号。执行命名后，出现如图 8-55 所示信息。

```
hadoop@yln-virtual-machine:/opt/flume$ telnet localhost 44444
Trying 127.0.0.1...
Connected to localhost.
Escape character is '^]'.
```

图 8-55　连接本机

这个终端窗口称为"NetcatSource"终端窗口，在这个终端窗口中可以输入任意字符，该字符会被实时发送到 Flume Agent a1，另外一个终端窗口"日志控制台"就会同步显示输入的内容，例如，在"NetcatSource"终端窗口输入"Hello Flume test"，如图 8-56 所示。

```
hadoop@yln-virtual-machine:/opt/flume$ telnet localhost 44444
Trying 127.0.0.1...
Connected to localhost.
Escape character is '^]'.
hello flume test
OK
```

图 8-56　发送消息界面

④日志控制台终端窗口就会同步显示"Hello Flume test",如图 8-57 所示。

```
2019-03-30 22:55:20,450 (conf-file-poller-0) [INFO - org.apache.flume.node.Appli
cation.startAllComponents(Application.java:196)] Starting Sink k1
2019-03-30 22:55:20,451 (conf-file-poller-0) [INFO - org.apache.flume.node.Appli
cation.startAllComponents(Application.java:207)] Starting Source r1
2019-03-30 22:55:20,452 (lifecycleSupervisor-1-3) [INFO - org.apache.flume.sourc
e.NetcatSource.start(NetcatSource.java:155)] Source starting
2019-03-30 22:55:20,466 (lifecycleSupervisor-1-3) [INFO - org.apache.flume.sourc
e.NetcatSource.start(NetcatSource.java:166)] Created serverSocket:sun.nio.ch.Ser
verSocketChannelImpl[/127.0.0.1:44444]
2019-03-30 22:59:02,502 (SinkRunner-PollingRunner-DefaultSinkProcessor) [INFO -
org.apache.flume.sink.LoggerSink.process(LoggerSink.java:95)] Event: { headers:{
} body: 68 65 6C 6C 6F 20 66 6C 75 6D 65 20 74 65 73 74 hello flume test }
```

图 8-57 控制台接收消息界面

从图中可以看出,最后一行已经成功显示了"Hello Flume test",说明操作成功。

> **注意** Flume 只能传递英文和字符,不能传递中文。

8.2.3 Kafka 安装及使用

Kafka 是一种高吞吐量的分布式发布订阅消息系统,它可以处理消费者网站中的所有动作数据流。Kafka 的目的是通过 Hadoop 和 Spark 等的并行加载机制来统一线上和离线的消息处理。

1.Kafka 的安装与配置

(1)下载 Kafka

本教程下载版本为 kafka_2.11-2.1.1.tgz。下载界面如图 8-58 所示。

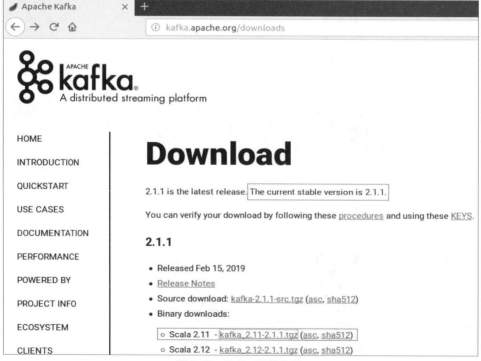

图 8-58 Kafka 下载界面

下载 Kafka 安装包完成后，会自动下载到 Ubuntu 登录用户的下载目录下，操作如图 8-59 所示。

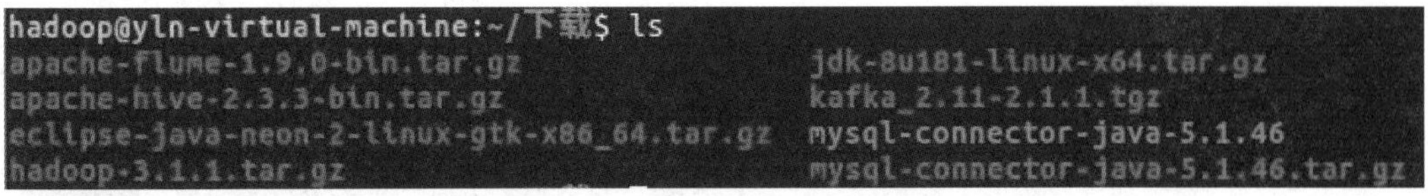

```
hadoop@yln-virtual-machine:~/下载$ ls
apache-flume-1.9.0-bin.tar.gz              jdk-8u181-linux-x64.tar.gz
apache-hive-2.3.3-bin.tar.gz               kafka_2.11-2.1.1.tgz
eclipse-java-neon-2-linux-gtk-x86_64.tar.gz  mysql-connector-java-5.1.46
hadoop-3.1.1.tar.gz                        mysql-connector-java-5.1.46.tar.gz
```

图 8-59　Kafka 已经下载界面

> **注意**：此安装包内已经附带 Zookeeper，不需要额外安装 Zookeeper。

（2）安装 Kafka

①打开终端，解压安装包 kafka_2.11-2.1.1.tgz 至路径 /opt，命令如下，操作如图 8-60 所示。

sudo tar -zxvf kafka_2.11-2.1.1.tgz -C /opt

```
hadoop@yln-virtual-machine:~/下载$ sudo tar -zxvf kafka_2.11-2.1.1.tgz -C /opt
```

图 8-60　解压 Kafka

②查看安装包 kafka_2.11-2.1.1.tgz 是否解压成功，命令及操作如图 8-61 所示。

```
hadoop@yln-virtual-machine:~/下载$ ls /opt
bigdata  eclipse  flume  hbase  hive  java  kafka_2.11-2.1.1
```

图 8-61　查看 Kafka 是否解压

③将解压的文件夹重命名为 kafka 并添加 kafka 的权限，命令如下，操作如图 8-62 所示。

sudo mv kafka_2.11-2.1.1 kafka

以上命令表示将文件夹 kafka_2.11-2.1.1 更名为 kafka。

sudo chown -R hadoop kafka

以上命令表示更改 kafka 文件夹的属主为 hadoop，hadoop 是用户名。

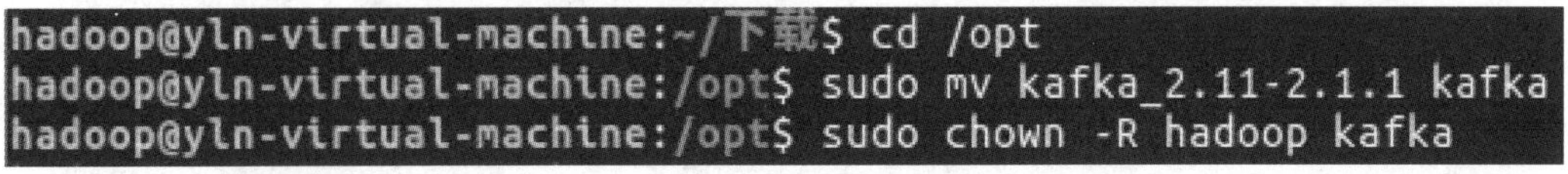

```
hadoop@yln-virtual-machine:~/下载$ cd /opt
hadoop@yln-virtual-machine:/opt$ sudo mv kafka_2.11-2.1.1 kafka
hadoop@yln-virtual-machine:/opt$ sudo chown -R hadoop kafka
```

图 8-62　kafka 授权

④kafka 目录简介：

/bin 操作 kafka 的可执行脚本；

/config 配置文件所在目录；

/libs 依赖库目录；

/logs 日志数据目录，目录 kafka 把 server 端日志分为 5 种类型，分别为 server、request、state、log-cleaner、controller。

2．Kafka 案例演示

（1）新建一个 Linux 终端，切换到/opt/kafka 目录，执行如下命令启动 Zookeeper，操作如图 8-63 所示。

cd /opt/kafka/

bin/zookeeper-server-start.sh config/zookeeper.properties

```
hadoop@yln-virtual-machine:/opt$ cd kafka
hadoop@yln-virtual-machine:/opt/kafka$ bin/zookeeper-server-start.sh config/zook
eeper.properties
```

图 8-63　启动 Zookeeper

执行以上命令后,若返回如图 8-64 所示信息,则表示 Zookeeper 服务器已经启动,处于服务状态。此时请不要关闭这个窗口,重新打开一个新的终端窗口,继续第(2)步。

```
[2019-04-06 10:43:32,532] INFO Server environment:os.version=4.4.0-31-generic (o
rg.apache.zookeeper.server.ZooKeeperServer)
[2019-04-06 10:43:32,532] INFO Server environment:user.name=hadoop (org.apache.z
ookeeper.server.ZooKeeperServer)
[2019-04-06 10:43:32,532] INFO Server environment:user.home=/home/hadoop (org.ap
ache.zookeeper.server.ZooKeeperServer)
[2019-04-06 10:43:32,532] INFO Server environment:user.dir=/opt/kafka (org.apach
e.zookeeper.server.ZooKeeperServer)
[2019-04-06 10:43:32,567] INFO tickTime set to 3000 (org.apache.zookeeper.server
.ZooKeeperServer)
[2019-04-06 10:43:32,567] INFO minSessionTimeout set to -1 (org.apache.zookeeper
.server.ZooKeeperServer)
[2019-04-06 10:43:32,567] INFO maxSessionTimeout set to -1 (org.apache.zookeeper
.server.ZooKeeperServer)
[2019-04-06 10:43:32,617] INFO Using org.apache.zookeeper.server.NIOServerCnxnFa
ctory as server connection factory (org.apache.zookeeper.server.ServerCnxnFactor
y)
[2019-04-06 10:43:32,648] INFO binding to port 0.0.0.0/0.0.0.0:2181 (org.apache.
zookeeper.server.NIOServerCnxnFactory)
```

图 8-64　Zookeeper 启动

(2)在重新打开的第 2 个终端窗口中,切换到/opt/kafka 目录,输入如下命令启动kafka,操作如图 8-65 所示。

./bin/kafka-server-start.sh config/server.properties

```
hadoop@yln-virtual-machine:/opt/kafka$ ./bin/kafka-server-start.sh config/server
.properties
```

图 8-65　启动 kafka

执行以上命令后,若返回如图 8-66 所示信息,则表示 Kafka 服务器已经启动,处于服务状态。同样请不要关闭这个终端窗口,再重新打开另一个新的终端窗口,继续第(3)步。

```
[2019-04-06 10:45:40,689] INFO [GroupMetadataManager brokerId=0] Removed 0 expir
ed offsets in 19 milliseconds. (kafka.coordinator.group.GroupMetadataManager)
[2019-04-06 10:45:40,708] INFO [ProducerId Manager 0]: Acquired new producerId b
lock (brokerId:0,blockStartProducerId:0,blockEndProducerId:999) by writing to Zk
 with path version 1 (kafka.coordinator.transaction.ProducerIdManager)
[2019-04-06 10:45:40,747] INFO [TransactionCoordinator id=0] Starting up. (kafka
.coordinator.transaction.TransactionCoordinator)
[2019-04-06 10:45:40,767] INFO [TransactionCoordinator id=0] Startup complete. (
kafka.coordinator.transaction.TransactionCoordinator)
[2019-04-06 10:45:40,770] INFO [Transaction Marker Channel Manager 0]: Starting
(kafka.coordinator.transaction.TransactionMarkerChannelManager)
[2019-04-06 10:45:40,870] INFO [/config/changes-event-process-thread]: Starting
(kafka.common.ZkNodeChangeNotificationListener$ChangeEventProcessThread)
[2019-04-06 10:45:40,953] INFO [SocketServer brokerId=0] Started processors for
1 acceptors (kafka.network.SocketServer)
[2019-04-06 10:45:40,956] INFO Kafka version : 2.1.1 (org.apache.kafka.common.ut
ils.AppInfoParser)
[2019-04-06 10:45:40,956] INFO Kafka commitId : 21234bee31165527 (org.apache.kaf
ka.common.utils.AppInfoParser)
[2019-04-06 10:45:40,957] INFO [KafkaServer id=0] started (kafka.server.KafkaSer
ver)
```

图 8-66　启动 Kafka

另外,启动 Kafka 之后,可以打开其他终端查看进程,检测 2181 与 9092 端口。
```
netstat -tunlp|egrep "(2181|9092)"
tcp    0    0 :::2181        :::*    LISTEN    19787/java
tcp    0    0 :::9092        :::*    LISTEN    28094/java
```

> **注意**
> Kafka 的进程 ID 为 28094,占用端口为 9092。
> QuorumPeerMain 为对应的 Zookeeper 实例,进程 ID 为 19787,在 2181 端口监听。

(3)启动 Kafka 之后,进行消息的创建及生成。在新打开的第 3 个终端窗口中,切换到/opt/kafka 目录,输入如下命令,操作如图 8-67 所示。

```
./bin/kafka-topics.sh --create --zookeeper localhost:2181 --replication-factor 1 --partitions 1 --topic bigdata
```

```
hadoop@yln-virtual-machine:/opt/kafka$ ./bin/kafka-topics.sh --create --zookeepe
r localhost:2181 --replication-factor 1 --partitions 1 --topic bigdata
Created topic "bigdata".
```

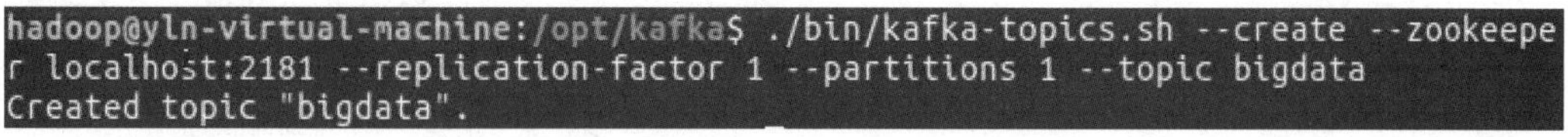

图 8-67　创建消息

该命令是以单节点配置的方式创建了一个名为 bigdata 的 topic,1 个分区 1 个副本。

另外,可以使用以下 list 命令列出所有创建的 topics,用于检查确认刚才创建的 topic 是否已经创建成功,可以输入如下命令,操作如图 8-68 所示。

```
./bin/kafka-topics.sh --list --zookeeper localhost:2181
```

```
hadoop@yln-virtual-machine:/opt/kafka$ ./bin/kafka-topics.sh --list --zookeeper
localhost:2181
bigdata
hadoop@yln-virtual-machine:/opt/kafka$
```

图 8-68　检查消息是否创建成功

通过以上执行结果可以看到,bigdata 这个 topic 已经创建成功。接下来使用 producer 生成一些数据。切换到/opt/kafka 目录,输入如下命令,操作如图 8-69 所示。

```
./bin/kafka-console-producer.sh --broker-list localhost:9092 --topic bigdata
```

```
hadoop@yln-virtual-machine:/opt/kafka$ ./bin/kafka-console-producer.sh --broker-
list localhost:9092 --topic bigdata
>
```

图 8-69　准备生成数据

执行该命令以后,则可以在该终端中输入以下测试信息生成数据,操作如图 8-70 所示。

Hello kafka

Hello mysise

Hello flume

```
hadoop@yln-virtual-machine:/opt/kafka$ ./bin/kafka-console-producer.sh --broker-
list localhost:9092 --topic bigdata
>hello kafka
>hello mysise
>hello flume
```

图 8-70　输入数据

(4)再打开第4个终端窗口,切换到/opt/kafka目录,输入如下命令使用consumer来接收数据,操作如图8-71所示。

./bin/kafka-console-consumer.sh --bootstrap-server localhost:9092 --topic bigdata --from-beginning

图8-71 接收数据界面

执行该命令以后,就可以看到在第3个终端的producer产生的三条信息"Hello kafka""Hello mysise""Hello flume"在第4个终端窗口接收到了,至此,表明kafka安装成功,能够正常进行消息的传送。

第 9 章 Spark 技术

目标

- 了解 Spark 生态圈；
- 掌握 Spark 安装及 Spark Shell 使用。

第 9 章 Spark 技术
- 9.1 理论任务：认识 Spark
  - 9.1.1 Spark 简介
  - 9.1.2 Spark 生态圈
- 9.2 实践任务：Spark 的安装和编程
  - 9.2.1 Spark 安装及使用
  - 9.2.2 Spark Shell 使用

9.1 理论任务：认识 Spark

9.1.1 Spark 简介

Spark 于 2009 年由加州大学伯克利分校 AMP 实验室开发，是基于内存计算的大数据并行计算框架。Spark 于 2010 年正式开源，在 2013 年 6 月进入 Apache 成为孵化项目，8 个月后成为 Apache 顶级项目。Spark 以其先进的设计理念，迅速成为社区的热门项目，并围绕着 Spark 推出了 Spark SQL、Spark Streaming、MLLib 和 GraphX 等组件，也就是 BDAS（伯克利数据分析栈），这些组件逐渐形成大数据处理一站式解决平台。

Spark 使用 Scala 语言进行实现，它是一种面向对象、函数式编程语言，能够像操作本地集合对象一样轻松地操作分布式数据集（Scala 提供一个名为 Actor 的并行模型，其中 Actor 通过它的收件箱来发送和接收非同步信息而不是共享数据，该方式被称为：Shared Nothing 模型）。

Spark 具有运行速度快、易用性好、通用性强和随处运行等特点。

1. Spark 的特点

(1)运行速度快

Spark 拥有 DAG(有向无环图)执行引擎,支持在内存中对数据进行迭代计算,读取数据很快。

(2)易用性好

Scala 是 Spark 的主要编程语言,但 Spark 还支持 Java、Python、R 作为编程语言。Scala 是一种高效、可拓展的语言,能够用简洁的代码处理较为复杂的处理工作,并且可以通过 Spark Shell 进行交互式编程。

(3)通用性强

Spark 生态圈即 BDAS(伯克利数据分析栈)包含了 Spark Core、Spark SQL、Spark Streaming、MLLib 和 GraphX 等组件。Spark 生态圈提供了 Spark Core 的内存计算框架,SparkStreaming 的实时处理应用,Spark SQL 的即席查询,MLlib 或 MLbase 的机器学习和 GraphX 的图处理,这些组件能够无缝的集成并提供一站式解决平台。

(4)运行模式多样

Spark 具有很强的适应性,既可以运行于独立的集群模式中(依靠自身携带的 Standalone 作为资源管理器),又可以运行于 Hadoop 中(使用 YARN 作为资源管理器),并且能够读取 HDFS、Cassandra、HBase、Hive、S3 和 Techyon 等持久层数据,完成 Spark 应用程序的计算。

2. Spark 常用术语

Spark 涉及的常用术语见表 9-1。

表 9-1 Spark 常用术语

术语	描述
Application	Spark 的应用程序,包含一个 Driver program 和若干 Executor
SparkContext	Spark 应用程序的入口,负责调度各个运算资源,协调各个 Worker Node 上的 Executor
Driver Program	运行 Application 的 main()函数并且创建 SparkContext
Executor	是 Application 运行在 Worker node 上的一个进程,该进程负责运行 Task,并且负责将数据存在内存或者磁盘上。每个 Application 都会申请各自的 Executor 来处理任务
Cluster Manager	在集群上获取资源的外部服务(例如:Standalone、Mesos、Yarn)
Worker Node	集群中任何可以运行 Application 代码的节点,运行一个或多个 Executor 进程
Task	运行在 Executor 上的工作单元
Job	SparkContext 提交的具体 Action 操作,常和 Action 对应
Stage	每个 Job 会被拆分很多组 task,每组任务被称为 Stage,也称 TaskSet
RDD	是 Resilient Distributed Datasets 的简称,中文是弹性分布式数据集,是 Spark 核心的数据结构,spark 处理的数据通常封装为 RDD 数据集,同时,RDD 还提供了一组丰富的操作,支持常见的数据运算

(续表)

术语	描述
DAGScheduler	DAG 是有向无环图,反映 RDD 之间的依赖关系。DAGScheduler 根据 Job 构建基于 Stage 的 DAG,并提交 Stage 给 TaskScheduler
TaskScheduler	将 Taskset 提交给 Worker node 集群运行并返回结果
Transformations	是 Spark API 的一种类型,Transformation 返回值还是一个 RDD,所有的 Transformation 采用的都是懒策略,如果只是将 Transformation 提交是不会执行计算的
Action	是 Spark API 的一种类型,Action 返回值不是一个 RDD,而是一个 scala 集合,计算只有在 Action 被提交的时候计算才被触发

3. Spark 运行模式

Spark 支持多种运行模式,见表 9-2。

表 9-2　　　　　　　　　　　Spark 的运行模式

运行环境	模式	描述
Local	本地模式	常用于本地开发测试,本地还分为 local 单线程和 local-cluster 多线程
standalone	集群模式	典型的 Mater/slave 模式,不过也能看出 Master 是有单点故障,Spark 支持 Zookeeper 来实现 HA
on yarn	集群模式	运行在 yarn 资源管理器框架之上,由 YARN 负责资源管理,Spark 负责任务调度和计算
on mesos	集群模式	运行在 mesos 资源管理器框架之上,由 mesos 负责资源管理,Spark 负责任务调度和计算
on cloud	集群模式	比如 AWS 的 EC2,使用这个模式能很方便地访问 Amazon 的 S3,Spark 支持多种分布式存储系统,比如 HDFS 和 S3

4. Spark 的基本运行流程

(1)当一个 Spark 应用被提交时,首先需要为这个应用构建起基本的运行环境,即由任务控制节点(Driver)创建一个 SparkContext,由 SparkContext 负责资源管理器(Cluster Manager)的通信以及进行资源的申请,任务的分配和监控等。SparkContext 会向资源管理器注册并申请运行 Executor 的资源。

(2)资源管理器为 Executor 分配资源,并启动 Executor 进程,Executor 运行情况将随着"心跳"发送到资源管理器上。

(3)SparkContext 根据 RDD 的依赖关系构建 DAG 图,DAG 图提交给 DAG 调度器 (DAGScheduler)进行解析,将 DAG 图分解成多个阶段(每个阶段都是一个任务集),并且计算出各个阶段之间的依赖关系,然后把一个个"任务集"提交给底层的任务调度器(TaskScheduler)进行处理。Executor 向 SparkContext 申请任务,任务调度器将任务分发给 Executor 运行,同时,SparkContext 将应用程序代码发放给 Executor。

(4)任务在 Executor 上运行,把执行结果反馈给任务调度器,然后反馈给 DAG 调度器,运行结束后写入数据且释放所有资源。

5. Spark 应用场景

(1) Spark 是基于内存的迭代计算框架,适用于需要多次操作特定数据集的应用场合。需要反复操作的次数越多,所需读取的数据量越大,受益越大;数据量小但是计算密集度较大的场合,受益就相对较小。

(2) 由于 RDD 的特性,Spark 不适用那种异步细粒度更新状态的应用,例如 Web 服务的存储或者是增量的 Web 爬虫和索引,就是不适合那种增量修改的应用模型。

(3) 适合数据量不是特别大,但是要求实时统计分析的需求。

9.1.2 Spark 生态圈

Spark 生态圈也称为 BDAS(伯克利数据分析栈),是伯克利 APM 实验室打造的,力图在算法、机器、人之间通过大规模集成来展现大数据应用的一个平台。伯克利 AMPLab 运用大数据、云计算、通信等各种资源以及各种灵活的技术方案,对海量不透明的数据进行甄别并转化为有用的信息,以供人们更好的理解世界。该生态圈已经涉及机器学习、数据挖掘、数据库、信息检索、自然语言处理和语音识别等多个领域。

Spark 生态圈以 Spark Core 为核心,可以从 HDFS、Amazon S3 和 HBase 等持久层读取数据,以 MESOS、YARN 或自身携带的 Standalone 为资源管理器调度 Job 完成 Spark 应用程序的计算。这些应用程序可以来自不同的组件,如 Spark Shell 的批处理、Spark Streaming 的实时处理应用、Spark SQL 的即时查询、MLlib 的机器学习、GraphX 的图处理等。Spark 技术框架如图 9-1 所示。

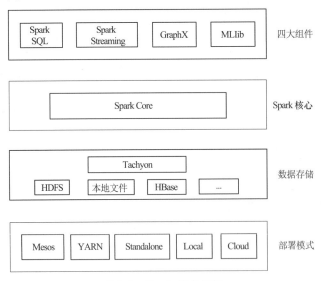

图 9-1 Spark 技术框架

1. Spark Core

Spark Core 包含了 Spark 最基础和最核心的功能,主要面向批数据处理,提供基于内存的计算等,通常简称为 Spark。

(1) 提供了有向无环图(DAG)的分布式并行计算框架,并提供 Cache 机制来支持多次迭代计算或者数据共享,较大的减少了迭代计算之间从磁盘读取数据的开销,这对于需要进行多次迭代的数据挖掘和分析性能有很大的提升。

（2）在 Spark 中引入了 RDD（Resilient Distributed Dataset）的抽象，它是分布在一组节点中的只读对象集合，这些集合是弹性的，如果数据集一部分丢失，则可以根据 RDD 之间的"血缘关系"对它们进行重建，从而保证了数据的高容错性。

（3）移动计算而非移动数据，RDD Partition 可以就近读取分布式文件系统中的数据块到各个节点内存中进行计算。

（4）使用多线程模型来减少 Task 启动开销。

2.SparkStreaming

SparkStreaming 是一种流计算框架，可以支持高吞吐量、可容错处理的实时流处理系统，可以对多种数据源（如 Kafka、Flume 和 TCP sockets 等）进行类似 Map、Reduce 和 Join 等复杂操作，并将结果保存到外部文件系统或数据库中。

Spark Streaming 将流式计算分解成一系列短小的批处理作业，然后使用 Spark Core 进行快速处理。也就是把 Spark Streaming 的输入数据按照 batch size（比如 1 秒）分成一段一段的数据，每一段数据都转换成 Spark 中的 RDD，然后将 Spark Streaming 中对 DStream（持续性数据流的抽象）的转换操作变为针对 Spark 中对 RDD 的转换操作，将 RDD 经过操作的中间结果保存在内存中。整个流式计算根据业务的需求可以对中间的结果进行叠加或者存储到外部设备。处理时间方面，Spark Streaming 可以达到秒级延迟。

3.Spark SQL

Spark SQL 是 Spark 用来处理结构化数据的一个模块，允许开发人员直接处理 RDD，同时也可以查询在 HBase、Hive 等外部数据源的数据。Spark SQL 的一个重要特点是其能够统一处理关系表和 RDD，使得开发人员可以轻松地使用 SQL 命令进行外部查询，同时进行更复杂的数据分析。

4.MLlib

MLlib（Machine Learnig lib）是 Spark 对常用的机器学习算法的实现库，主要包括分类、回归、聚类和协同过滤等，同时包括相关的测试和数据生成器。MLlib 降低了开发人员学习机器学习算法的门槛，即只需具备一定的理论知识就可以进行机器学习方面的工作。

5.GraphX

Spark GraphX 是一个分布式图处理框架，它是基于 Spark 平台提供对图计算和图挖掘简洁易用且丰富的接口，极大地方便了对分布式图处理的需求。GraphX 是 Spark 中用于图和图并行计算的 API，可以认为是 GraphLab（C++）和 Pregel（C++）在 Spark（Scala）上的重写及优化。跟其他分布式图计算框架相比，GraphX 最大的贡献是，在 Spark 之上提供一站式数据解决方案，可以方便且高效地完成图计算的一整套流水作业。

9.2 实践任务：Spark 的安装和编程

9.2.1 Spark 安装和配置

Spark 是一个开源的可应用于大规模数据处理的分布式计算框架，该框架可以独立安装使用，也可以和 Hadoop 一起安装使用。为了让 Spark 可以使用 HDFS 存取数据，本实验采取和 Hadoop 一起安装的方式使用。

Spark 的部署模式主要有 4 种：Local（单机模式）、Standalone 模式（使用 Spark 自带的简单集群管理器）、YARN 模式（使用 YARN 作为集群管理器）和 Mesos 模式（使用 Mesos 作为管理器）。本教材重点介绍 Local 模式（单机模式）的 Spark 安装。

1. Spark 的下载

下载 Spark，本教程下载版本为 spark-2.4.1-bin-hadoop2.7.tgz。下载界面如图 9-2 所示。

图 9-2　Spark 下载界面

下载 Spark 安装包完成后，会自动下载到 Ubuntu 登录用户的下载目录下，如图 9-3 所示。

图 9-3　Spark 下载后的界面

2. Spark 安装

（1）打开终端，解压安装包 spark-2.4.1-bin-hadoop2.7.tgz 至路径 /opt，命令如下，操作如图 9-4 所示。

sudo tar -zxvf spark-2.4.1-bin-hadoop2.7.tgz -C /opt

图 9-4　Spark 解压

(2)查看是否解压成功,如图 9-5 所示。

```
hadoop@yln-virtual-machine:~/下载$ ls /opt
bigdata  eclipse  flume  hbase  hive  java  kafka  spark-2.4.1-bin-hadoop2.7  sqoop
```

图 9-5　查看 Spark 是否解压成功

(3)将解压的文件夹重命名为 spark 并添加 spark 的权限,命令如下,操作如图 9-6、图 9-7 所示。

  sudo mv spark-2.4.1-bin-hadoop2.7 spark　　♯更名为 spark

```
hadoop@yln-virtual-machine:~/下载$ cd /opt
hadoop@yln-virtual-machine:/opt$ sudo mv spark-2.4.1-bin-hadoop2.7 spark
hadoop@yln-virtual-machine:/opt$ ls
bigdata  eclipse  flume  hbase  hive  java  kafka  spark  sqoop
```

图 9-6　spark 改名

  sudo chown -R hadoop:hadoop spark　　♯把 spark 文件夹的权限赋给 hadoop 用户和 hadoop 组。

```
hadoop@yln-virtual-machine:/opt$ sudo chown -R hadoop:hadoop spark
```

图 9-7　spark 授权

(4)修改配置文件

将/opt/spark/conf 目录下的配置文件 spark-env-template.sh 复制一份,重命名为 spark-env.sh,命令如下,操作如图 9-8 所示。

  cd

  cp spark-env.sh.template spark-env.sh

```
hadoop@yln-virtual-machine:/opt/spark$ cd conf
hadoop@yln-virtual-machine:/opt/spark/conf$ ls
docker.properties.template    metrics.properties.template    spark-env.sh.template
fairscheduler.xml.template    slaves.template
log4j.properties.template     spark-defaults.conf.template
hadoop@yln-virtual-machine:/opt/spark/conf$ cp spark-env.sh.template spark-env.sh
hadoop@yln-virtual-machine:/opt/spark/conf$ ls
docker.properties.template    metrics.properties.template    spark-env.sh
fairscheduler.xml.template    slaves.template                spark-env.sh.template
log4j.properties.template     spark-defaults.conf.template
```

图 9-8　修改配置文件

(5)添加配置信息

①使用 vim 或 gedit 编辑器编辑 spark-env.sh 文件,命令及操作如图 9-9 所示。并且在配置文件中添加如下配置信息,如图 9-10 所示。

```
hadoop@yln-virtual-machine:/opt/spark/conf$ sudo gedit spark-env.sh
```

图 9-9　打开配置文件

```
export SPARK_DIST_CLASSPATH=$(/opt/bigdata/hadoop-3.1.1/bin/hadoop classpath)
export SPARK_WORKER_MEMORY=4g
```

图 9-10　编辑配置文件

上述第一条配置信息的目的是使 Spark 可以把数据存储到 Hadoop 分布式文件系统 HDFS 中,也可以从 HDFS 中读取数据。如果不进行配置,Spark 只能读写本地数据。

②上述第二行配置信息:SPARK_WORKER_MEMORY=4g,主要是用来指定 Spark 的运行内存为 4g。

③配置 PATH 路径。使用 vim 或 gedit 编辑器编辑/etc/profile 文件,添加如下配置信息,如图 9-11、图 9-12 所示。

```
hadoop@yln-virtual-machine:/opt/spark/conf$ sudo gedit /etc/profile
```
图 9-11　打开 profile 文件

```
export JAVA_HOME=/opt/java/jdk1.8.0_181
export JRE_HOME=/opt/java/jdk1.8.0_181/jre
export HADOOP_HOME=/opt/bigdata/hadoop-3.1.1
export HADOOP_COMMON_LIB_NATIVE_DIR=$HADOOP_HOME/lib/native
export YARN_HOME=/opt/bigdata/hadoop-3.1.1
export HADOOP_HDFS_HOME=/opt/bigdata/hadoop-3.1.1
export HBASE_HOME=/opt/hbase/hbase-1.2.6.1
export HIVE_HOME=/opt/hive
export FLUME_HOME=/opt/flume
export FLUME_CONF_DIR=/opt/flume/conf
export SQOOP_HOME=/opt/sqoop
export SPARK_HOME=/opt/spark
export CLASSPATH=:$JAVA_HOME/lib:$JRE_HOME/lib:$SQOOP_HOME/lib:$CLASSPATH
export PATH=$HADOOP_HOME/bin:$HADOOP_HOME/sbin:$JAVA_HOME/bin:$JRE_HOME/bin:$HBASE_HOME/bin:$HIVE_HOME/bin:$FLUME_HOME/bin:$SQOOP_HOME/bin:$SPARK_HOME/bin:$PATH
```
图 9-12　编辑 profile 文件

接下来使用以下命令/etc/profile 配置文件内容生效,如图 9-13 所示。

```
source /etc/proflie
```

```
hadoop@yln-virtual-machine:/opt/spark/conf$ source /etc/profile
```
图 9-13　使 profile 文件生效

(6)验证 Spark 是否安装成功

Spark 配置完成就可以直接使用,不需要像 Hadoop 那样运行启动命令。通过运行 Spark 自带的实例,就可以验证 Spark 是否安装成功,命令如下,操作如图 9-14 所示。

```
run-example SparkPi
```

```
hadoop@yln-virtual-machine:/opt/spark$ run-example SparkPi
```
图 9-14　验证 Spark 是否安装成功

执行后会输出大量信息,可以通过 grep 命令进行查找我们想要的执行结果。命令如下,操作如图 9-15 所示。

```
run-example SparkPi 2>&1 | grep "Pi is roughly"
```

```
hadoop@yln-virtual-machine:/opt/spark$ run-example SparkPi 2>&1 | grep "Pi is roughly"
Pi is roughly 3.1444957224786125
```
图 9-15　spark 安装成功

如果出现上述运行结果,表明安装成功。

9.2.2　Spark Shell 使用

Spark Shell 通过 API 提供交互式的方式来分析数据,通过输入一条语句并执行返回结果的交互方式可以很大程度上提高开发效率。

Spark Shell 支持 Scala 和 Python,本实验分别使用 Scala 和 Python 来进行介绍。Scala 是一门现代多范式编程语言,它可以简练、优雅以及类型安全的方式来表达常用的编程模式,集成了面向对象和函数语言的特性,运行在 JVM 上,并兼容现有的 Java 程序。

1.Scala 方式

启动 Spark Shell:

执行如下命令启动 Spark Shell,操作如图 9-16 所示。

```
spark-shell
```

```
hadoop@yln-virtual-machine:/opt/spark$ spark-shell
```
图 9-16　启动 Spark Shell

命令执行成功后,就会进入 scala>命令提示符状态,如图 9-17 所示。

图 9-17　进入 Spark Shell 界面

现在就可以在 Scala 命令提示符后面输入一个表达式 6＊8＋9,然后按回车键,就可以得到结果了,如图 9-18 所示。

```
scala> 6*8+9
res0: Int = 57
```
图 9-18　Spark Shell 进行计算操作

如果退出,可以使用命令":quit"退出 Spark Shell,或者直接按 Ctrl＋D 键,如图 9-19 所示。

```
scala> :quit
hadoop@yln-virtual-machine:/opt/spark$
```
图 9-19　退出 Spark Shell

2.Python 方式

(1)通过 Spark 自带的 PySpark 程序直接运行。PySpark 是 Spark 官方提供的 API 接口,同时 PySpark 也是 Spark 中的一个程序。Spark 是用 Scala 语言开发,与 Java 非常相似,它将程序代码编译为用于 Spark 大数据处理的 JVM 的字节码。为了支持 Spark 和 Python,Apache Spark 社区发布了 PySpark。

要运行 PySpark,必须安装 Python,由于 Linux16.04 默认集成了 Python 2.7,也可以直接在终端命令行运行 PySpark,如图 9-20、图 9-21 所示。

```
hadoop@yln-virtual-machine:/opt/spark$ pyspark
```
图 9-20　运行 PySpark

```
Welcome to
      ____              __
     / __/__  ___ _____/ /__
    _\ \/ _ \/ _ `/ __/  '_/
   /__ / .__/\_,_/_/ /_/\_\   version 2.4.1
      /_/

Using Python version 2.7.12 (default, Jul  1 2016 15:12:24)
SparkSession available as 'spark'.
>>>
```
图 9-21　通过 PySpark 进入界面

现在就可以在 Python 命令提示符后面输入一个表达式 3＊2＋9，然后按回车键，就可以得到结果了。如图 9-22 所示。

```
>>> 3*2+9
15
>>>
```

图 9-22　PySpark 下进行计算

如果退出，可以使用命令"exit()"退出 Spark Shell，或者直接按 Ctrl＋D 键，如图 9-23 所示。

```
>>> exit()
hadoop@yln-virtual-machine:/opt/spark$
```

图 9-23　退出 Spark Shell

3.读取文件

(1)读取本地文件

打开一个终端，在终端中输入如下命令启动 Spark Shell，如图 9-24 所示。

spark-shell

```
hadoop@yln-virtual-machine:/opt/spark$ spark-shell
```

图 9-24　启动 Spark Shell

启动成功后，进入 Spark Shell 窗口，即 scala＞命令提示符状态。

读取 Linux 本地文件系统中的文件/opt/spark/NOTICE，并显示第一行内容，命令如下，操作如图 9-25 所示。

scala＞ val textFile＝sc.textFile("file:///opt/spark/NOTICE")

textFile.first()

```
scala> val textFile=sc.textFile("file:///opt/spark/NOTICE")
textFile: org.apache.spark.rdd.RDD[String] = file:///opt/spark/NOTICE MapPartitionsRD
D[1] at textFile at <console>:24

scala> textFile.first()
res0: String = Apache Spark

scala>
```

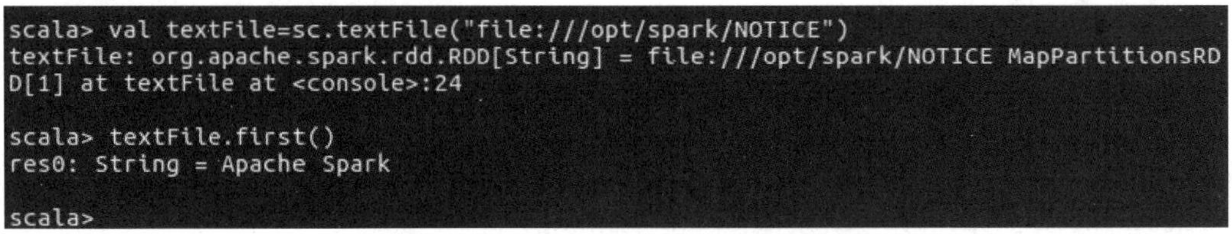

图 9-25　读取本地文件

执行上面语句后，就能够看到已经读取到本地 Linux 文件系统中的 NOTICE 中的第一行内容了，即 Apache Spark。

(2)读取 HDFS 文件

前面的实验已经安装了 Hadoop 和 Spark，如果 Spark 不使用 HDFS 存储数据，那么不启动 Hadoop 也可以正常使用 Spark。如果需要用到 HDFS，就需要先启动 Hadoop，因此，在 Spark 读取 HDFS 文件之前，需要首先启动 Hadoop，新建一个终端，执行启动 Hadoop 命令，操作如图 9-26 所示。

```
hadoop@yln-virtual-machine:/opt$ start-dfs.sh
Starting namenodes on [localhost]
Starting datanodes
Starting secondary namenodes [yln-virtual-machine]
hadoop@yln-virtual-machine:/opt$ start-yarn.sh
Starting resourcemanager
Starting nodemanagers
hadoop@yln-virtual-machine:/opt$ jps
8384 NodeManager
8258 ResourceManager
7683 NameNode
7813 DataNode
8762 Jps
8015 SecondaryNameNode
hadoop@yln-virtual-machine:/opt$
```

图 9-26　启动 Hadoop

启动成功后，把本地文件 /opt/spark/NOTICE 上传到 HDFS 的 /user/hadoop 目录下，命令如下，操作如图 9-27 所示。

hdfs dfs -put /opt/spark/NOTICE

查看是否上传成功：

hdfs dfs -ls /user/hadoop

```
hadoop@yln-virtual-machine:/opt/spark$ hdfs dfs -ls /user
2019-04-17 15:35:58,625 WARN util.NativeCodeLoader: Unable to load native-hadoop library for your platform... using builtin-java classes where applicable
Found 4 items
drwxr-xr-x   - hadoop supergroup          0 2019-03-13 20:58 /user/hadoop
drwxr-xr-x   - hadoop supergroup          0 2019-03-30 18:02 /user/hive
-rw-r--r--   1 hadoop supergroup         29 2019-03-13 22:33 /user/myLocalFile.txt
drwxr-xr-x   - hadoop supergroup          0 2019-03-13 20:43 /user/yuan
hadoop@yln-virtual-machine:/opt/spark$ hdfs dfs -ls /user/hadoop
2019-04-17 15:36:07,698 WARN util.NativeCodeLoader: Unable to load native-hadoop library for your platform... using builtin-java classes where applicable
hadoop@yln-virtual-machine:/opt/spark$ hdfs dfs -put /opt/spark/NOTICE
2019-04-17 15:37:04,989 WARN util.NativeCodeLoader: Unable to load native-hadoop library for your platform... using builtin-java classes where applicable
hadoop@yln-virtual-machine:/opt/spark$ hdfs dfs -ls /user/hadoop
2019-04-17 15:37:23,701 WARN util.NativeCodeLoader: Unable to load native-hadoop library for your platform... using builtin-java classes where applicable
Found 1 items
-rw-r--r--   1 hadoop supergroup      42919 2019-04-17 15:37 /user/hadoop/NOTICE
hadoop@yln-virtual-machine:/opt/spark$
```

图 9-27　上传文件到 HDFS

使用 -cat 命令输出 HDFS 中的 NOTICE 中的内容，命令及操作如图 9-28 所示。

```
hadoop@yln-virtual-machine:/opt/spark$ hdfs dfs -cat /user/hadoop/NOTICE
```

图 9-28　查看文件是否上传 HDFS 成功

该命令执行后，会显示整个 NOTICE 文件的内容。

现在切换到已经打开的 Spark Shell 窗口，编写语句从 HDFS 中加载 NOTICE 文件，并显示第一行文本内容，命令如下，操作如图 9-29 所示。

scala>val textFile=sc.textFile("hdfs://localhost:9000/user/hadoop/NOTICE")

textFile.first()

```
scala> val textFile=sc.textFile("hdfs://localhost:9000/user/hadoop/NOTICE")
textFile: org.apache.spark.rdd.RDD[String] = hdfs://localhost:9000/user/hadoop/NOTICE
 MapPartitionsRDD[1] at textFile at <console>:24

scala> textFile.first()
res0: String = Apache Spark
```

图 9-29　读取 HDFS 上的数据

如上图所示，执行上面的语句后，可以看到已经读取到 HDFS 文件系统中的 NOTICE 文件的第一行内容了，即 Apache Spark。

第 10 章

数据可视化

目标

- 了解数据可视化是什么；
- 了解数据可视化基于图像技术的展现方式有哪些；
- 掌握数据可视化 ECharts、D3 等工具的使用。

第 10 章 数据可视化
- 10.1 理论任务：了解数据可视化
  - 10.1.1 数据可视化概述
  - 10.1.2 可视化工具介绍
  - 10.1.3 数据可视化的未来
- 10.2 实践任务：典型的可视化工具使用方法
  - 10.2.1 使用 ECharts 制作图表
  - 10.2.2 D3 可视化库的使用方法

10.1 理论任务：了解数据可视化

10.1.1 数据可视化概述

在大数据时代，数据复杂繁多、类型多样、增速惊人，如何快速地在这些庞大的数据当中发现核心问题？如何用一种高效的方式来刻画和呈现数据反映的本质问题？这就需要通过数据可视化来解决。

数据可视化是关于数据视觉表现形式的科学技术研究。可视化技术是利用计算机图形学及图像处理技术，将数据转换为图形或图像形式显示到屏幕上，并进行交互处理的理论、方法和技术。数据可视化可以通过丰富的视觉效果，让数据以更直观生动、更容易理解的方式呈现给用户，可以更好地提升数据分析的效率和效果。它涉及计算机视觉、图像处理、计算机辅助设计、计算机图形学等多个领域，是一项研究数据表示、数据处理、决策分析等问题的综合技术。

数据可视化是大数据分析的最后环节,也是非常关键的一个环节。

1. 数据可视化的基本概念

数据通常是比较枯燥的,可能人们对于大小、颜色、图形等会更加感兴趣。数据可视化主要借助图形化手段,清晰有效地传达与沟通信息。

数据可视化技术主要包括以下几个基本概念:

(1) 数据空间:是由 n 维属性和 m 个元素组成的数据集所构成的多维信息空间。

(2) 数据开发:是指利用一定的算法和工具对数据进行定量的推演和计算。

(3) 数据分析:指对多维数据进行切片、切块、旋转等动作来剖析数据,从而能从多角度多侧面观察数据。

(4) 数据可视化:是指将大型数据集中的数据以图形图像形式表示,并利用数据分析和开发工具发现其中未知信息的处理过程。

为实现信息的有效传达,数据可视化应兼顾美学与功能,直观地传达出关键的特征,便于挖掘数据背后隐藏的价值。

可视化技术应用标准应该包含以下四个方面:

(1) 直观化。将数据直观、形象地呈现出来。

(2) 关联化。突出地呈现出数据之间的关联性。

(3) 艺术性。使数据的呈现更具有艺术性,更加符合审美规则。

(4) 交互性。实现用户与数据的交互,方便用户控制数据。

数据可视化技术的基本思想,是将数据中每一个数据项作为单个图元元素表示,大量的数据集构成数据图像,同时将数据的各个属性值以多维数据的形式表示,可以从不同的维度观察数据,从而对数据进行更深入的观察和分析。

数据可视化与信息图形、信息可视化、科学可视化以及统计图形密切相关,是介于科学、设计和艺术三大学科的交叉领域。

2. 数据可视化的发展历程

人类很早就已经使用可视化技术来辅助分析问题。17 世纪以前,数据可视化的主要用途是在地图中显示陆地标记、城市、道路和资源。随着对更准确地测绘和物理测量需求的增长,急需更好的数据可视化技术。1644 年,天文学家 Michael Florent van Langren 首次提供了统计数据的可视化表示,他以一维线图的形式绘制了在托莱多和罗马之间 12 个当时已知的经度差异,在经度上标注了观测的天文学家的名字。如图 10-1 所示。

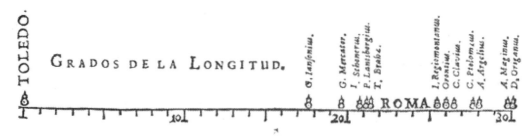

图 10-1 经度差异统计图

18 世纪开始有了专业的测绘,到了 18 世纪末,专业测绘已经渗透到了地质、经济和医疗等领域。其间发明了折线图、柱状图、饼图、直方图、时间序列图、等高线图、散点图等流行图形。

在 19 世纪后半期是统计图形发展的黄金时代。1854 年伦敦暴发霍乱，10 天内相继有 500 多人死去，但比死亡更加让人恐慌的是"未知"，人们不知道霍乱的源头和感染分布，只有医生 John Snow 意识到，源头可能来自水井。于是 John 制作了这幅反映霍乱患者分布与水井分布的地图，最终让地图"开口说话"，显示相关水井才是传染源。这幅地图也算是可视化的经典之作，如图 10-2 所示。

图 10-2　反映霍乱患者分布于水井分布的地图

同时期还有一个可视化的经典之作——玫瑰图，由 Florence Nightingale（弗罗伦斯·南丁格尔）创建。19 世纪 50 年代，在克里米亚战争期间，英国的战地战士死亡率非常高。"提灯女神"南丁格尔作为一名护士，她用自己设计的鸡冠花图（又称玫瑰图，图 10-3）展示了那些可预防疾病导致的惊人死亡数字。她的这种方法打动了当时的高层，才使得医疗条件改良的提案得到支持。

随着 19 世纪结束，数据可视化的第一个黄金时期也终结了。20 世纪初，数据可视化进入了低谷。20 世纪后半期，随着计算机技术的兴起，数据可视化进入了新的黄金时代，随着数据处理应用领域的增加和数据规模的扩大，更多的数据可视化需求逐渐显现。

过去二十年来，数据可视化涉足的领域已扩充至数十个、甚至数百个重点领域。数据分析以及其他的软件工具，使企业、研究人员和个人不断探索新的、日益丰富的数据可视化方式。

面对大数据时代，数据可视化技术也将面临挑战且不断发展。

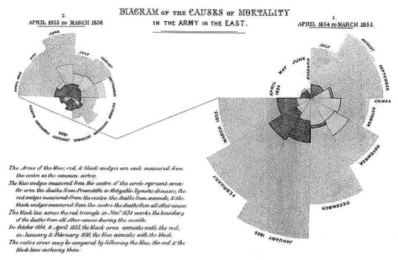

图 10-3　南丁格尔的"鸡冠花图"

10.1.2　可视化工具介绍

数据可视化是目前进行各种数据分析的最重要组成部分之一。目前数据可视化的工具有很多，本教程只介绍四种常用的数据可视化工具，帮助大家选择适合自己需求的工具。

1. 入门级工具

Excel 作为一种常用的办公软件，可以说是典型的入门级数据可视化工具。Excel 可以方便地进行数据处理，统计分析，生成柱形图、折线图、饼图、条形图、面积图、雷达图、气泡图等各种统计图表。Excel 统计图形如图 10-4 所示。

图 10-4　Excel 统计图形

2. 信息图表工具

（1）ECharts

ECharts（Enterprise Charts 的缩写，商业级数据图表），百度的一个开源数据可视化工具，纯 Javascript 的图表库，能够在 PC 端和移动设备上流畅运行，兼容当前绝大部分浏览器（IE6/7/8/9/10/11、chrome、firefox、Safari 等），底层依赖轻量级的 Canvas 库 ZRender。ECharts 提供直观、生动、可交互、可高度个性化定制的数据可视化图表。创新的拖拽重计算、数据视图、值域漫游等特性大大增强了用户体验，赋予了用户对数据进行挖掘、整合的能力。ECharts 统计图形如图 10-5 所示。

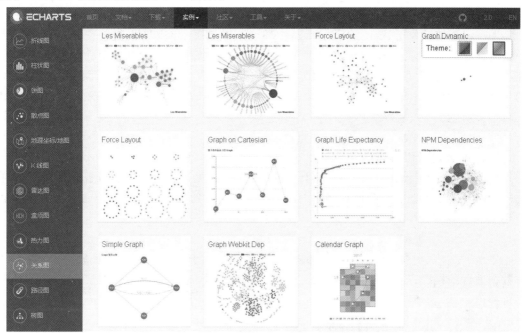

图 10-5　ECharts 统计图形

（2）D3

D3 的全称是 Data Driven Document，是一个用于实时交互式大数据可视化的 js 库。由于这不是一个工具，所以在使用它来处理数据之前，需要对 JavaScript 有一个很好的理解。JavaScript 文件的后缀名通常为".js"，故 D3 也常使用 D3.js 的称呼。D3 提供了各种简单易用的函数，将生成可视化的复杂步骤精简到了几个简单的函数，只需要输入几个简单的数据，就能够转换为各种绚丽的图形。

（3）Tableau

Tableau 是桌面系统中相对简单的商业智能工具软件，适合企业进行日常数据报表和数据可视化分析工作。Tableau 可以与 Amazon AWS、MySQL、Hadoop、Teradata 和 SAP 协作，成为一个能够创建详细图形和展示直观数据的多功能工具。这样高级管理人员和中间链管理人员就能够基于包含大量信息且容易读懂的 Tableau 图形做出基础决策。

3. 地图工具

（1）Modest Maps

Modest Maps 是一个小型、可扩展、交互式的免费库，提供了一套查看卫星地图的 API，只有 10 KB 大小，可以用它创建在线地图，设计者可以按照自己的设想进行定制，满足用户需求。Modest Maps 是网站中整合地图应用的理想选择。

（2）Leaflet

Leaflet 是一个为建设移动设备友好的互动地图而开发的现代的、开源的 JavaScript 库，具有开发人员开发在线地图的大部分功能。Leaflet 设计坚持简便、高性能和可用性好的思想，在所有主要桌面和移动平台均能高效运作，支持插件扩展。

4.高级语言分析工具

数据可视化并非一门简单的学科，可由编程语言根据规则实现。接下来简单介绍一些实现数据可视化的编程性语言。

（1）R

R 是用于统计分析、绘图的语言和操作环境。R 是属于 GNU 系统的一个自由、免费、源代码开放的软件，是一个用于统计计算和统计制图的优秀工具。其主要功能包括数据存储和处理系统，数组运算工具（强大的向量、矩阵运算方面），完整连贯的统计分析工具，优秀的统计制图功能，简便而强大的编程语言，可操纵数据的输入和输出，可实现分支、循环和用户自定义功能。

（2）Python

Python 既有通用编程语言的强大功能，也有特定领域脚本语言（比如 MATLAB 或 R）的易用性。Python 包含数据加载、统计分析、自然语言处理、图像处理、可视化分析等各种功能的库。这个大型工具箱为数据科学家提供了大量的通用功能和专用功能。本教程在第 11 章详细介绍 Python。

（3）Weka

Weka 是一款免费的、基于 Java 环境的、开源的机器学习以及数据挖掘软件，不但可以对数据进行预处理、分类、回归、聚类、关联规则及数据分析，还可以在新的交互式界面上进行可视化。

10.1.3 数据可视化的未来

1.数据可视化面临的挑战

随着大数据技术的日益发展，数据可视化技术也日渐成熟，但还是面临着一些挑战：

（1）视觉噪声。在分析的数据集中，大多数数据具备很强的相关性，不能将其分离作为独立对象显示。

（2）大型图像感知。数据可视化不仅受限于设备硬件条件，而且受限于现实世界的感受。

（3）信息丢失。减少可视数据集的方法可行，但会丢失信息。

（4）高性能要求。静态可视化对性能要求不高，但动态可视化对性能要求较高。

（5）高速图像变换。用户不能在数据强化变化后迅速做出反应。

数据可视化面临的挑战主要是指可视化分析过程中数据的呈现方式，包括可视化技术和信息可视化显示。目前，数据简约可视化研究中，高清晰显示、高扩展数据投影、降低维度、大屏幕显示等技术都在尝试从不同角度攻克此难题。可感知的交互扩展性亦是大数据可视化面临的挑战之一。

2.数据可视化技术的发展方向

数据可视化技术发展方向主要表现为以下三个方面：

(1)数据可视化技术与数据挖掘紧密结合。
(2)数据可视化技术与人机交互紧密结合。
(3)数据可视化与大规模、高维度、非结构化数据高度融合。

10.2 实践任务：典型的可视化工具使用方法

10.2.1 使用 ECharts 制作图表

1. 引用 ECharts

引用 ECharts 可以有以下两种方式：
(1)下载 ECharts，解压后，在 HTML 文件中包含相关的 js 文件即可。
(2)直接包含网络链接，前提是电脑可以联网，在 HTML 文件中写入以下代码：
＜script type＝"text/javascript"
src＝"http://echarts.baidu.com/gallery/vendors/echarts/echarts-all-3.js"＞＜/script＞

2. 使用 ECharts 画图，在此使用直接包含网络链接的方式使用 ECharts。

(1)使用 ECharts 画柱状图

进入 opt 目录下的 ksh 目录，在 ksh 目录下，创建 example1.html 文件，命令及操作如图 10-6 所示。

```
hadoop@yln-virtual-machine:/opt$ sudo mkdir ksh
hadoop@yln-virtual-machine:/opt$ cd ksh
hadoop@yln-virtual-machine:/opt/ksh$ sudo gedit example1.html
```

图 10-6 创建 example1.html

在 example1.html 文件输入以下代码：
```
<!DOCTYPE html>
<html>
<head>
    <meta charset="utf-8">
    <title>ECharts</title>
    <!--引入 echarts.js -->
    <script type="text/javascript" src="http://echarts.baidu.com/gallery/vendors/echarts/echarts-all-3.js"></script>
</head>
<body>
    <!--为 ECharts 准备一个具备大小(宽高)的 Dom -->
    <div id="main" style="width: 600px;height:400px;"></div>
    <script type="text/javascript">
        //基于准备好的 Dom,初始化 echarts 实例
        var myChart = echarts.init(document.getElementById('main'));
        //指定图表的配置项和数据
        var option = {
            title: {
                text: 'ECharts 入门示例'
            },
```

```
                tooltip:{},
                legend:{
                    data:['销量']
                },
                xAxis:{
                    data:["电冰箱","电视机","空调","电吹风","排油烟机","热水器"]
                },
                yAxis:{},
                series:[{
                    name:'销量',
                    type:'bar',
                    data:[5,20,36,10,10,20]
                }]
            };

            //使用刚指定的配置项和数据显示图表
            myChart.setOption(option);
        </script>
    </body>
</html>
```

使用浏览器打开 example1.html 文件即可看到以下结果,如图 10-7 所示。

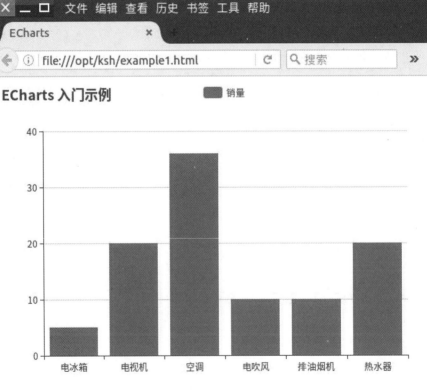

图 10-7　用浏览器打开 example1.html

(2)使用 ECharts 画折线图

创建 example2.html 文件,输入以下代码:

```html
<!DOCTYPE html>
<html>
<head>
    <meta charset="utf-8">
    <title>ECharts</title>
    <!--引入 echarts.js-->
    <script type="text/javascript" src="http://echarts.baidu.com/gallery/vendors/echarts/echarts-all-3.js"></script>
</head>
<body>
    <!--为 ECharts 准备一个具备大小(宽高)的 Dom-->
    <div id="main" style="width:600px;height:400px;"></div>
    <script type="text/javascript">
        //基于准备好的 dom,初始化 echarts 实例
        var myChart = echarts.init(document.getElementById('main'));
option = {
    title: {
        text:'未来一周气温变化',
        subtext:'纯属虚构'
    },
    tooltip: {
        trigger:'axis'
    },
    legend: {
        data:['最高气温','最低气温']
    },
    toolbox: {
        show : true,
        feature : {
            mark : {show: true},
            dataView : {show: true,readOnly: false},
            magicType : {show: true,type: ['line','bar']},
            restore : {show: true},
            saveAsImage : {show: true}
        }
    },
    //toolbox 这段可以实现图片的导出
    calculable : true,
    xAxis : [
        {
            type:'category',
```

```
                boundaryGap : false,
                data : ['周一','周二','周三','周四','周五','周六','周日']
            }
        ],
        yAxis :[
            {
                type : 'value',
                axisLabel : {
                    formatter:'{value}°C'
                }
            }
        ],
        series : [
            {
                name:'最高气温',
                type:'line',
                data:[11,11,15,13,12,13,10],
                markPoint : {
                    data : [
                        {type : 'max',name:'最大值'},
                        {type : 'min',name:'最小值'}
                    ]
                },
                markLine : {
                    data : [
                        {type : 'average',name:'平均值'}
                    ]
                }
            },
            {
                name:'最低气温',
                type:'line',
                data:[1,-2,2,5,3,2,0],
                markPoint : {
                    data : [
                        {name : '周最低',value : -2,xAxis: 1,yAxis:-1.5}
                    ]
                },
                markLine : {
                    data : [
                        {type : 'average',name : '平均值'}
                    ]
                }
```

            }
        ]
    };
        //使用刚指定的配置项和数据显示图表。
        myChart.setOption(option);
    </script>
</body>
</html>
```

使用浏览器打开 example2.html 文件，如图10-8所示。

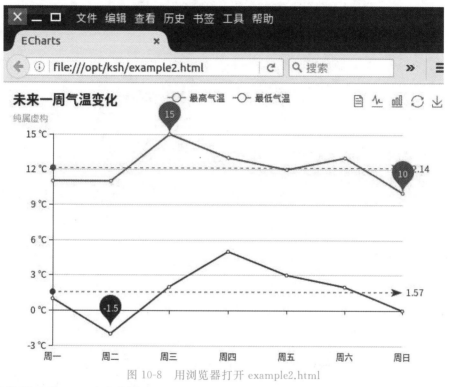

图 10-8  用浏览器打开 example2.html

(3) 使用 ECharts 画玫瑰图

创建 example3.html 文件，输入以下代码：

```
<!DOCTYPE html>
<html>
<head>
    <meta charset="utf-8">
    <title>ECharts</title>
    <!--引入 echarts.js -->
    <script type="text/javascript" src="http://echarts.baidu.com/gallery/vendors/echarts/echarts-all-3.js"></script>
</head>
<body>
    <!--为 ECharts 准备一个具备大小(宽高)的 Dom -->
```
```

```javascript
<div id="main" style="width: 600px;height:400px;"></div>
<script type="text/javascript">
    //基于准备好的Dom,初始化echarts实例
    var myChart = echarts.init(document.getElementById('main'));
function createRandomItemStyle() {
    return {
        normal: {
            color: 'rgb(' + [
                Math.round(Math.random() * 160),
                Math.round(Math.random() * 160),
                Math.round(Math.random() * 160)
            ].join(',') + ')'
        }
    };
}
option = {
    title : {
        text: '南丁格尔玫瑰图',
        subtext: '效果图',
        x:'center'
    },
    tooltip : {
        trigger: 'item',
        formatter: "{a} <br/>{b} : {c} ({d}%)"
    },
    legend: {
        x : 'center',
        y : 'bottom',
        data:['rose1','rose2','rose3','rose4','rose5','rose6','rose7','rose8']
    },
    toolbox: {
        show : true,
        feature : {
            mark : {show: true},
            dataView : {show: true,readOnly: false},
            magicType : {
                show: true,
                type: ['pie','funnel']
            },
            restore : {show: true},
            saveAsImage : {show: true}
        }
    },
```

```
calculable : true,
series : [
    {
        name:'半径模式',
        type:'pie',
        radius : [20,110],
        center : ['25%',200],
        roseType : 'radius',
        width:'40%',   // for funnel
        max: 40,    // for funnel
        itemStyle : {
            normal : {
                label : {
                    show : false
                },
                labelLine : {
                    show : false
                }
            },
                emphasis : {
                    label : {
                        show : true
                    },
                    labelLine : {
                        show : true
                    }
                }
        },
        data:[
            {value:10,name:'rose1'},
            {value:5,name:'rose2'},
            {value:15,name:'rose3'},
            {value:25,name:'rose4'},
            {value:20,name:'rose5'},
            {value:35,name:'rose6'},
            {value:30,name:'rose7'},
            {value:40,name:'rose8'}
        ]
    },
    {
        name:'面积模式',
        type:'pie',
        radius : [30,110],
```

```
            center : ['75%',200],
            roseType : 'area',
            x: '50%',   // for funnel
            max: 40,    // for funnel
            sort : 'ascending',   // for funnel
            data:[
                {value:10,name:'rose1'},
                {value:5,name:'rose2'},
                {value:15,name:'rose3'},
                {value:25,name:'rose4'},
                {value:20,name:'rose5'},
                {value:35,name:'rose6'},
                {value:30,name:'rose7'},
                {value:40,name:'rose8'}
            ]
        }
        ]
    };
        //使用刚指定的配置项和数据显示图表。
        myChart.setOption(option);
    </script>
</body>
</html>
```

使用浏览器打开 example3.html 文件,如图 10-9 所示。

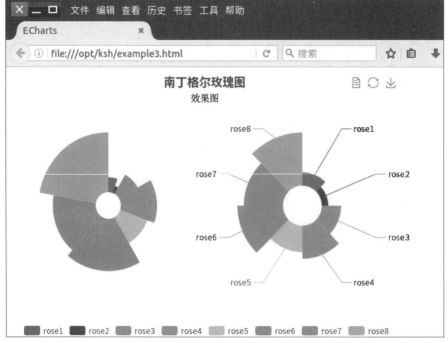

图 10-9　用浏览器打开 example3.html

10.2.2 D3 可视化库的使用方法

D3(Data—Driven Docmument)，又称数据驱动文档，是一个JavaScript函数库，主要用于创建数据可视化图形。

1. D3 的引用

引用 D3 可以有以下两种方式：

(1) 下载 d3.zip，解压后，在 HTML 文件中包含相关的 js 文件即可。

(2) 直接包含网络链接，前提是电脑可以联网，在 HTML 文件中写入以下代码：

<script src="https://d3js.org/d3.v3.min.js" charset="utf-8"></script>

2. 使用 D3 画图，在此使用直接包含网络链接的方式引用 D3。

(1) 使用 D3 显示文字

在 opt 目录下创建 ksh 目录，在 ksh 目录下，创建 example1.html 文件，命令及操作如图 10-10 所示。

```
hadoop@yln-virtual-machine:/opt$ sudo mkdir ksh
hadoop@yln-virtual-machine:/opt$ cd ksh
hadoop@yln-virtual-machine:/opt/ksh$ sudo gedit example1.html
```

图 10-10　创建 example1.html

在 example1.html 文件输入以下代码：

```html
<html>
    <head>
        <meta charset="utf-8">
        <title>D3-text</title>
        <script type="text/javascript" src="http://d3js.org/d3.v3.min.js"> </script>
    </head>
    <body>
    <script type="text/javascript">
        d3.select("body").append("p").text("Hello D3!");
    </script>
    </body>
</html>
```

使用浏览器打开 example1.html 文件即可看到以下结果，如图 10-11 所示。

图 10-11　用浏览器打开 example1.html

(2) 使用 D3 画柱状图

创建 example2.html 文件，输入以下代码：

<! DOCTYPE html>

```html
<html>
    <head>
        <meta charset="utf-8">
        <title>D3-Bar</title>
        <script type="text/javascript" src="http://d3js.org/d3.v3.min.js"> </script>
    <style type="text/css">
        div.bar {
            display: inline-block;
            width: 20px;
            height: 75px;   /* Gets overriden by D3-assigned height below */
            margin-right: 2px;
            background-color: red;
        }
    </style>
    </head>
    <body>
        <script type="text/javascript">
            var dataset = [ 12,8,15,18,5 ];
            d3.select("body").selectAll("div")
                .data(dataset)
                .enter()
                .append("div")
                .attr("class","bar")
                .style("height",function(d) {
                    var barHeight = d * 5;
                    return barHeight + "px";
                });
        </script>
    </body>
</html>
```

使用浏览器打开 example2.html 文件,如图 10-12 所示。

图 10-12　用浏览器打开 example2.html

(3) 使用 D3 画 SVG 图

创建 example3.html 文件,输入以下代码:

```html
<!DOCTYPE html>
<html>
    <head>
        <meta charset="utf-8">
        <title>D3-SVG</title>
        <script type="text/javascript" src="http://d3js.org/d3.v3.min.js"></script>
        <style type="text/css">
            .pumpkin {
                fill: yellow;
                stroke: orange;
                stroke-width: 5;
            }
        </style>
    </head>
    <body>
    <script type="text/javascript"></script>
    <svg width=500 height=960>
        <rect x="0" y="0" width="500" height="50"/>
        <ellipse cx="275" cy="160" rx="90" ry="20"/>
        <line x1="0" y1="120" x2="500" y2="50" stroke="red"/>
        <text x="230" y="130" font-family="sans-serif"
            font-size="25" fill="red">Hello D3</text>
        <circle cx="20" cy="90" r="18"
            fill="rgba(255,51,102,0.5)"
            stroke="rgba((255,165,0,0.5)"
            stroke-width="100"/>
        <circle cx="70" cy="85" r="20"
            fill="rgba(0,128,0,0.5)"
            stroke="rgba(0,0,255,0.25)" stroke-width="10"/>
        <circle cx="120" cy="80" r="20"
            fill="rgba(255,255,0,0.75)"
            stroke="rgba(255,0,0,0.25)" stroke-width="10"/>
        <rect x="0" y="160" width="30" height="30" fill="blue"/>
        <rect x="20" y="165" width="30" height="30" fill="green"/>
        <rect x="40" y="170" width="30" height="30" fill="purple"/>
        <rect x="60" y="175" width="30" height="30" fill="red"/>
        <rect x="80" y="180" width="30" height="30" fill="yellow"/>
        <circle cx="25" cy="240" r="22" class="pumpkin"/>
        <circle cx="25" cy="240" r="20" fill="rgba(255,51,102,0.5)"/>
        <circle cx="50" cy="240" r="20" fill="rgba(255,165,0,0.5)"/>
        <circle cx="75" cy="240" r="20" fill="rgba(0,128,0,0.5)"/>
```

```
        <circle cx="100" cy="240" r="20" fill="rgba(255,255,0,0.25)"/>
        <circle cx="125" cy="240" r="20" fill="rgba(255,0,0,0.1)"/>
        <circle cx="25" cy="300" r="20" fill="purple"
            stroke="green" stroke-width="10"
            opacity="0.9"/>
        <circle cx="65" cy="300" r="20" fill="blue"
            stroke="green" stroke-width="10"
            opacity="0.5"/>
        <circle cx="105" cy="300" r="20" fill="red"
            stroke="yellow" stroke-width="10"
            opacity="0.1"/>
    </svg>
    </body>
</html>
```

使用浏览器打开 example3.html 文件,如图 10-13 所示。

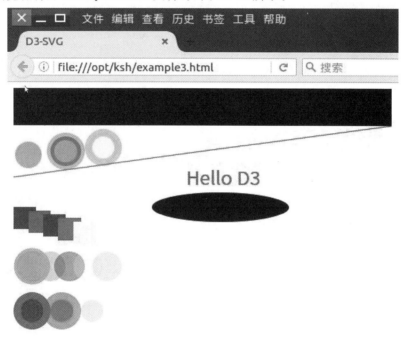

图 10-13　用浏览器打开 example3.html

(4) 使用 D3 画散点图

创建 example4.html 文件,输入以下代码:

```
<!DOCTYPE html>
<html>
    <head>
        <meta charset="utf-8">
        <title>D3-Scatter</title>
        <script type="text/javascript" src="http://d3js.org/d3.v3.min.js"></script>
        <style type="text/css">
```

```
        </style>
    </head>
    <body>
        <script type="text/javascript">
            //Width and height
            var w = 600;
            var h = 100;
            var dataset = [
                    [10,25],[230,80],[180,40],[90,55],[350,75],
                    [280,10],[389,60],[50,95],[120,18],[410,110]
                ];
            //Create SVG element
            var svg = d3.select("body")
                    .append("svg")
                    .attr("width",w)
                    .attr("height",h);
            svg.selectAll("circle")
                .data(dataset)
                .enter()
                .append("circle")
                .attr("cx",function(d) {
                    return d[0];
                })
                .attr("cy",function(d) {
                    return d[1];
                })
                .attr("r",function(d) {
                    return Math.sqrt(h - d[1]);
                });
            svg.selectAll("text")
                .data(dataset)
                .enter()
                .append("text")
                .text(function(d) {
                    return d[0] + "," + d[1];
                })
                .attr("x",function(d) {
                    return d[0];
                })
                .attr("y",function(d) {
                    return d[1];
                })
                .attr("font-family","sans-serif")
```

```
            .attr("font-size","12px")
            .attr("fill","purple");
    </script>
  </body>
</html>
```

使用浏览器打开 example4.html 文件,如图 10-14 所示。

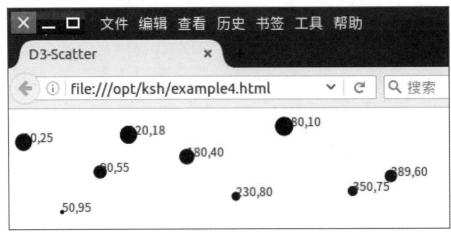

图 10-14　用浏览器打开 example4.html

以上方式实现大数据的可视化相对有限,下一章将介绍使用 Python 进行数据分析及数据可视化。

第 11 章 Python 数据分析

目标

- 了解 Python 数据分析语法；
- 熟悉 Python 数据科学工具包；

第 11 章 Python 数据分析
- 1.1 理论任务：了解 Python 数据分析
  - 11.1.1 Python 语言环境搭建
  - 11.1.2 Python 语言基本语法
  - 11.1.3 Python 数据科学工具包
  - 11.1.4 Python 机器学习工具包
- 1.2 实践任务：Python 数据分析
  - 11.2.1 安装 Python 和 NumPy 包
  - 11.2.2 Python 语法应用
  - 11.2.3 数据科学工具包的安装和使用
  - 11.2.4 机器学习工具包的安装和使用

11.1 理论任务：了解 Python 数据分析

近年来，数据科学、人工智能等技术迅猛发展，Python 已经成为许多数据科学应用的通用语言。它既有通用编程语言的强大功能，也有特定领域脚本语言（比如 MATLAB 或 R）的易用性。Python 可用于数据加载、可视化、统计、自然语言处理、图像处理等各种功能的库。这个大型工具箱为数据科学家提供了大量的通用功能和专用功能。

本章介绍 Python 语言及其数据分析领域常见的工具包，包含下列几个部分：

- Python 语言环境搭建；
- Python 语言基本语法；
- Python 数据科学工具包：NumPy、matplotlib、SciPy；
- Python 机器学习工具包：scikit-learn。

11.1.1　Python 语言环境搭建

1. 环境搭建

搭建 Python 语言环境主要有三种方式：第一种方式是通过 Python 官网下载对应操作系统的安装包进行安装；第二种方式是下载预先打包的 Python 发行版进行安装；第三种方式是通过包管理工具如 Ubuntu 的 apt、CentOS 的 yum、macOS 的 brew 等进行安装。下面详细介绍前两种环境搭建方式。

> **注意**　Python 有 Python 2 和 Python 3 两个大版本，这两个大版本并不互相兼容。

Python 2 将在 2020 年后停止官方支持，鉴于此，用户如果无特殊需要应当使用 Python 3。

方式 1：官网安装。

通过 Python 官网可以找到各个版本的 Python 安装包，推荐用户选择与当前操作系统匹配的最新稳定版进行下载安装。具体分为以下几步：

(1) 访问 Python 官网；

(2) 在官网进入 Download 页面；

(3) 在下载页面下载当前最新稳定版；

(4) 运行 Python 安装包，按照安装向导进行安装即可，在安装过程中勾选 Add Python 3.7 to PATH 选项，把 Python 加入环境变量中。

安装完成以后进入命令提示符，在命令行中输入 python -V，如果成功显示出 Python 版本，则安装成功。

通过官网安装可以得到最新最正版的 Python 工具，是最为正统的安装方式。但在大数据分析中，经常会用到一些第三方工具包，这些工具包需要用户另行下载安装。

方式 2：使用预打包的 Python 发行版。

使用 Python 进行科学计算和数据分析时，经常需要使用第三方科学计算工具包，因此有一些 Python 发行版已经预先打包了这些工具包，用户可以根据需要直接下载安装这些 Python 发行版，这样就可以直接使用常见的第三方工具包，节省下载安装第三方工具的时间。下面介绍几个最常见的 Python 发行版。

◆ Anaconda：用于大规模数据处理、预测分析和科学计算的 Python 发行版。Anaconda 已经预先安装好 NumPy、SciPy、matplotlib、pandas、IPython、Jupyter Notebook 和 scikit-learn。它可以在 Mac OS、Windows 和 Linux 上运行，是一种非常方便的解决方案。对于尚未安装 Python 科学计算包的人，建议使用 Anaconda。

◆ Enthought Canopy：用于科学计算的另一款 Python 发行版。它已经预先装有 NumPy、SciPy、matplotlib、pandas 和 IPython，但免费版没有预先安装 scikit-learn。

◆ Python(x,y)：专门为 Windows 打造的 Python 科学计算免费发行版。Python(x,y) 已经预先装有 NumPy、SciPy、matplotlib、pandas、IPython 和 scikit-learn。

上述发行版均可在官网下载对应操作系统的安装包，按照安装向导安装即可，安装完成后通过命令行输入 python-V，如果成功输出了 Python 版本则安装成功。

2.包管理工具

Python 的流行离不开繁荣的 Python 生态,Python 用户可以很方便地获取并在自己的应用中导入第三方软件包。Python 用户也可以很方便地发布自己的软件包供他人使用。这些都推动着 Python 生态的不断繁荣,而这一切都离不开 Python 的包管理工具。

pip 是 Python 包管理工具,该工具提供了对 Python 包的查找、下载、安装、卸载的功能。目前 Python 安装后已经自带 pip,无须另行安装即可直接使用。

可以通过以下命令来判断 pip 是否已安装:

pip --version

下面给出 pip 的一些常用命令。其中 numpy 是第三方 Python 包名,用户应根据实际需要进行替换。

(1) 查找第三方包 numpy。

pip search numpy

(2) 安装第三方包 numpy。

pip install numpy

(3) 卸载第三方包 numpy。

pip uninstall numpy

(4) 显示包详细信息。

pip show -f numpy

(5) 列出已安装的包。

pip list

(6) 使用帮助。

pip help

11.1.2 Python 语言基本语法

1.Python 程序的运行方式

Python 是一种动态强类型语言,Python 代码是由 Python 解释器解释执行的,这是 Python 和编译型语言如 C 语言、Java 语言的显著区别。由于 Python 代码可以由 Python 解释器边解释边执行,那么 Python 程序大致可分为交互式和脚本式两种运行方式。

(1)交互式运行方式

在命令行中输入 python 命令,就进入了 Python 交互模式。如图 11-1 所示。

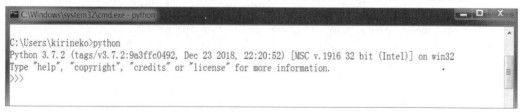

图 11-1 进入 Python 交互模式

在交互模式下用户每输入一行 Python 语句,Python 解释器就会对该语句进行解释执行,如遇输出语句,则打印输出结果。这种模式看上去就像是用户和 Python 解释器在进行对话一样,因此被称为交互模式。

用户可以在交互模式下尝试输入下列语句。

```
a = 100 + 200
print(a)
print('hello world')
```

在 Python 交互式命令行下,可以直接输入代码,然后执行,并立刻得到结果。这对于语言学习和快速验证想法都是非常有帮助的。

(2)脚本式运行方式

在 Python 的交互式命令行写程序虽然可以直接得到结果,但问题在于代码没办法保存,下次如果还想运行相同代码就需要重新输入。所以,开发过程中往往不会使用交互方式,而是把代码保存在文件当中,这样,程序就可以反复运行了。这种运行方式就是脚本运行方式。

可以使用任意的代码编辑器或 IDE 书写 Python 脚本,常用的 Python 代码编辑工具有 VIM、Sublime text、VS Code、PyCharm 等工具,可结合自己的使用习惯进行选择。

脚本方式运行 Python 程序可分为以下几步:

(1)使用代码编辑器编写 Python 代码;

(2)以.py 为扩展名保存代码文件;

(3)在命令行中找到代码所在目录;

(4)通过 python ＜文件名＞命令,执行上述脚本。

脚本运行方式是 Python 程序最常见的运行方式之一。读者可以尝试把上述交互模式下的代码保存为 test.py 文件,然后通过 python test.py 命令执行并查看结果。

2. Python 语言基本语法

掌握 Python 语法是书写 Python 程序的基础。为了更直观地说明 Python 语法,本部分结合一个实例程序对 Python 语法进行说明。

(1)问题

找出 1-100 中既能被 4 整除,也能被 6 整除的所有数,并输出。

(2)问题分析

对于上述问题可以首先编写一个函数用于判断一个数能否既被 4 整除也被 6 整除,如果能则函数返回 True,否则函数返回 False;然后编写一个循环从 1 到 100 进行遍历,对于遍历到的每个数字,将其作为参数传入上述函数,如果函数返回 True,则表明该数字符合条件,将其加入结果列表中;循环结束后,将结果列表打印输出就得到了问题的答案。

(3)代码

根据上述思路编写的 Python 代码如下:

```
# can_divide 函数:判断一个数字能否既被 4 整除又被 6 整除
def can_divide(num):
    if num % 4 == 0 and num % 6 == 0:
        return True
    else:
        return False
# result 是一个列表容器,用于保存结果
result = []
for i in range(1,101):
```

```
        if can_divide(i):
            result.append(i)
print(result)
```

(4)代码分析

①Python程序的格式框架

Python程序使用缩进来表示语法层级,这是Python语言非常独特的格式框架,缩进是语法的一部分,缩进不正确程序会运行错误。在Python中,缩进是表达代码间包含和层次关系的唯一手段,通过缩进可以清晰地看出代码块之间的所属关系。

```
for i in range(1,101):
    if can_divide(i):
        result.append(i)
```

在上述代码中,整个if语句都是for循环所属的内容,而result.append(i)又是if判断所属的内容,代码所属关系通过缩进的方式清晰地表示出来。熟悉Java或者PHP的读者可以把每一级缩进理解为大括号,每一级缩进的内容都可以看成是大括号中的代码块。

使用Python编程需要格外注意缩进,尤其对于初学者而言,很多程序运行错误都是由缩进错误引发的。

②数据类型

Python可以直接处理的基本数据类型包括以下几类:

◆ 整数:既支持十进制,也支持二进制、八进制、十六进制;
◆ 浮点数:支持直接表示和科学计数法表示;
◆ 字符串:可以用单引号表示,也可以用双引号表示;
◆ 布尔值:用True或者False表示;
◆ 空值:用None表示,需要注意空值和0不同。

除了基本数据类型,Python还提供了列表、元组、字典、集合等容器数据类型:

◆ 列表:是一种有序的集合,可以随时添加和删除其中的元素。如list = [1,2,3]就定义了一个包含3个元素的列表,可以使用append和pop方法添加和删除元素。
◆ 元组:也是一种有序的集合,但元组是不可变的,因而没有append()、insert()这样的方法。如tuple = (1,2,3)就定义了一个包含3个元素的元组。
◆ 字典:一种键值(key-value)存储结构,具有极快的查找速度,可以通过key快速查找value。如dict = {'China':13,'America':4,'Japan':1.5}就定义了包含3组数据的字典。
◆ 集合:数学意义上的无序和无重复元素的集合,可通过{}或set()定义。如test = {1,2,3}就定义了一个包含3个元素的集合。

此外Python还支持自定义数据类型。

③变量定义

Python是动态强类型语言,变量无须事先声明类型,且变量类型可以动态变化。如下列代码:

```
a = 123
print(a)
a = 'hello world'
print(a)
```

首先定义了一个变量 a,并将整数 123 赋值给 a,然后打印输出。接着又把字符串'hello world'赋值给 a,然后打印输出。上述代码中,无论是整数还是字符串,变量 a 都可以保存,变量 a 的类型不是固定不变的。这充分反映了 Python 作为动态语言的灵活性。

④控制结构

Python 支持选择结构和循环结构。

Python 中选择结构的基本格式如下,需要注意的是 if 条件和 else 条件后面的分号不可省略,否则会出错。

```
if <条件判断 1>:
    <执行 1>
else:
    <执行 2>
```

在上述实际问题中,通过选择结构来判断一个数能否既被 4 整除又被 6 整除,代码如下:

```
if num % 4 == 0 and num % 6 == 0:
    return True
else:
    return False
```

Python 中的循环结构主要有 for..in 结构和 while 结构两种,通常 for..in 结构常与可迭代对象结合使用,while 结构则和传统意义上的循环比较类似,只要条件满足,就不断循环,条件不满足时退出循环。

在上述实际问题中,通过 range(1,101)会返回一个从 1 开始到 100 结束的可迭代对象,通过 for..in 结构对该对象进行迭代,i 就是每次迭代取出的值。对于每次取出的 i 传给函数 can_divide(i),根据函数的返回值进行判断,如果函数返回 True,则把 i 添加到列表容器 result 中。

```
for i in range(1,101):
    if can_divide(i):
        result.append(i)
```

⑤函数

在 Python 中,定义一个函数要使用 def 语句,依次写出函数名、括号、括号中的参数和冒号,然后,在缩进块中编写函数体,函数的返回值用 return 语句返回。

在上述实际问题中,就定义了一个名为 can_divide 的函数,该函数接收一个参数,并在执行后返回 True 或者 False。

```
def can_divide(num):
    if num % 4 == 0 and num % 6 == 0:
        return True
    else:
        return False
```

作为动态语言,Python 函数中的参数和返回值均不限定类型,这就使 Python 中的函数十分灵活和强大。

⑥输入/输出语句

Python 中的输入/输出主要使用 input()函数和 print()函数。

```
name = input('请输入你的名字:')
```

print('你的名字是：',name)

在上述代码中，input 函数等待用户输入，并接收用户输入内容，将其赋给变量 name 保存，然后再通过 print 将变量 name 输出。

11.1.3　Python 数据科学工具包

1. Python 数据科学生态

Python 库中包含了大量高质量的数据科学工具，构成了一个繁荣的数据科学生态系统，也使 Python 语言逐渐成为科学计算领域的首选语言。

Python 的科学计算建立在下列软件包的基础上：

①Python，一种通用编程语言。它是一种解释型的动态语言，非常适合交互式程序和快速原型设计，同时功能强大，足以编写大型应用程序。

②NumPy，数值计算的基础包。它定义了数组和矩阵类型以及它们的基本操作。

③SciPy，数值算法和特定领域的工具箱。它包括信号处理，优化，统计和更多的工具集。

④Matplotlib，一个成熟且受欢迎的绘图软件包，可提供出版品质的 2D 绘图以及基本的 3D 绘图。

在此基础上，Python 数据科学生态系统提供了大量数据管理和计算工具、生产力工具以及高性能计算工具。

(1) 数据管理和计算工具

①Pandas：提供高性能，易于使用的数据结构。

②SymPy：用于符号数学和计算机代数。

③scikit-image：用于图像处理算法的集合。

④scikit-learn：用于机器学习算法和工具的集合。

(2) 生产力工具

①IPython：一个丰富的交互式界面，可快速处理数据和测试想法。

②Jupyter Notebook：提供了基于 Web 浏览器的交互式笔记本，可在浏览器端编辑和运行 Python 脚本、显示数据和图表、查看数据分析结果。

(3) 高性能计算工具

①Cython：扩展了 Python 语法，以便可以方便地构建 C 扩展，既可以加速关键代码，也可以与 C/C++库集成。

②Dask，Joblib 或 IPyParallel：聚焦于数值数据的分布式处理。

下面选取数据科学中最常用的工具进行介绍。

2. Jupyter Notebook 简介

Jupyter Notebook 是可以在浏览器中运行代码的交互环境。它提供了适用于捕获整个计算过程的基于 Web 的应用程序：开发，记录和执行代码，以及输出结果。Jupyter Notebook 结合了两个组件：

①Web 应用程序：基于浏览器的工具，用于文档的交互式创作，它结合了解释性文本、数学计算以及丰富的媒体输出。

②Notebook 文档：Web 应用程序中可见的所有内容的表示，包括计算的输入和输出，

说明文本、数学、图像和对象的富媒体表示。

(1)Web 应用程序的主要功能包括：

①用于代码的浏览器内编辑，具有自动语法突出显示、缩进和制表符自动完成等功能。

②从浏览器执行代码的能力。

③使用富媒体显示计算结果，例如 HTML、LaTeX、PNG、SVG 等。例如，matplotlib 库呈现的出版品质图均可以在浏览器中显示。

④使用 Markdown 标记语言对富文本进行浏览器内编辑。

⑤能够使用 LaTeX 在 markdown 单元格中轻松包含数学符号，并由 MathJax 本机渲染。

(2)Notebook 文档

Notebook 文档包含交互式会话的输入和输出以及原始的程序代码。通过这种方式，Notebook 文档可以将计算全过程包括代码和执行结果进行记录。这些文档是内部 JSON 文件，并以.ipynb 扩展名保存。由于 JSON 是纯文本格式，因此可以对其进行版本控制并与他人共享。可以通过 nbconvert 命令将笔记本导出为一系列静态格式，包括 HTML、reStructuredText、LaTeX、PDF 和 slide。

3.Numpy 简介

NumPy(Numerical Python)是 Python 语言的一个扩展程序库，支持大量的维度数组与矩阵运算，此外也针对数组运算提供大量的数学函数库。

NumPy 是一个运行速度非常快的数学库，主要用于数组计算。其中包含：

◆ 一个强大的 N 维数组对象 ndarray；

◆ 广播功能函数；

◆ 整合 C/C++/Fortran 代码的工具；

◆ 线性代数、傅立叶变换、随机数生成等功能；

NumPy 的核心功能是 ndarray 类，即多维(n 维)数组。数组的所有元素必须是同一类型。NumPy 数组如下所示：

```
import numpy as np
x = np.array([0,1,2,3])
y = np.array([[0,1,2],[3,4,5]])
print("x:\n{}".format(x))
print("y:\n{}".format(y))
```

x 表示向量，y 用于表示矩阵，输出结果如图 11-2 所示。

```
x:
[0 1 2 3]
y:
[[0 1 2]
 [3 4 5]]
```

图 11-2　输出结果

NumPy 所创建的数组都是 ndarray 对象，ndarray 具有比较重要的属性，如：

(1)ndarray.ndim：表示数组的维度。

(2)ndarray.shape：用来表示数组中的每个维度的大小。例如，对于一个 n 行和 m 列的矩阵,其 shape 为(n,m)。

（3）ndarray.size：表示数组中元素的个数,其值等于 shape 中所有整数的乘积。

（4）ndarray.dtype：用来描述数组中元素的类型,ndarray 中的所有元素都必须是同一种类型,如果在构造数组时,传入的参数不是同一类型的,那么不同的类型将进行统一转化。除了标准的 Python 类型外,NumPy 额外提供了一些自有的类型,如 numpy.int32、numpy.int16 以及 numpy.float64 等。

（5）ndarray.itemsize：用于表示数组中每个元素的字节大小。

ndarray 支持大量运算和操作,包括矩阵的＋、-、* 等基本运算,也包括很多通用的数学方法和统计函数。借助于 Numpy,Python 具备了一些矩阵运算工具（如 Matlab）的计算能力。大量 Python 科学计算工具都是在 Numpy 的基础上进行构建的。

4.matplotlib 与数据可视化

matplotlib 是 Python 主要的科学绘图库,其功能为生成可发布的可视化内容,如折线图、直方图、散点图等。将数据及各种分析可视化,可以更好地帮助用户理解数据。

在项目早期阶段,通常会进行探索性数据分析以获取对数据的理解和洞察,尤其对于大型高维的数据集,数据可视化着实有助于使数据关系更清晰易懂。

同时在项目结束时,以清晰、简洁和引人注目的方式展示最终结果也是非常重要的,因为受众往往是非技术性客户,只有这样,他们才更容易去理解和掌握。

为了演示 matplotlib 的强大绘图能力,本教程先使用 numpy 在－10 到 10 之间均匀生成 100 个数字,然后使用 np.sin(x)计算这 20 个数字的正弦函数值,最后调用 plt.plot()方法进行绘图。绘图效果如图 11-3 所示。

```
import numpy as np
from matplotlib import pyplot as plt

# 在-10 和 10 之间生成一个数列,共 100 个数
x = np.linspace(-10,10,100)
# 用正弦函数创建第二个数组
y = np.sin(x)
# plot 函数绘制一个数组关于另一个数组的折线图
plt.plot(x,y,marker="x")
```

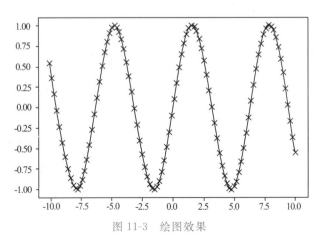

图 11-3　绘图效果

使用matplotlib内置的plot()方法只要给定了x轴和y轴的数据就可以轻而易举地对其进行可视化。matplotlib在Python数据可视化中有十分重要的作用。

11.1.4　Python机器学习工具包

1.机器学习的相关概念

机器学习是从数据中提取知识。它是统计学、人工智能和计算机科学交叉的研究领域，也被称为预测分析或统计学习。近年来，机器学习方法已经应用到日常生活的方方面面。从自动推荐看什么电影、点什么食物、买什么商品，到个性化的在线电台和从照片中识别好友，许多现代化网站和设备的核心都是机器学习算法。

机器学习按照其学习形式可分为监督学习和无监督学习两大类。

◆ 监督学习:利用一组已知类别的样本调整分类器的参数，使其达到所要求性能的过程，也称为监督训练或有教师学习。监督学习是从标记的训练数据来推断一个功能的机器学习任务。常见的监督学习任务有回归分析和统计分类等。

◆ 无监督学习:现实生活中常常会有这样的问题，缺乏足够的先验知识，因此难以人工标注类别或进行人工类别标注的成本太高。很自然地，我们希望计算机能代我们完成这些工作，或至少提供一些帮助。根据类别未知(没有被标记)的训练样本解决模式识别中的各种问题，称之为无监督学习。常见的无监督学习任务有聚类分析等。

解决机器学习问题通常需要以下几个重要步骤:
①数据导入与数据预处理;
②探索性数据分析(观察数据);
③建立分析模型;
④根据建模作出预测;
⑤交叉验证与模型评估。

机器学习模型有很多，并且还在不断发展。比较常见的机器学习模型有以下几类:
(1)用于分类和回归分析的模型
①线性模型;
②最近邻模型(KNN);
③决策树模型;
④随机森林模型;
⑤朴素贝叶斯;
⑥支持向量机(SVM);
⑦神经网络模型。
(2)用于聚类的模型
①K-means模型;
②层次聚类模型;
③密度聚类模型。

2.scikit-learn简介

scikit-learn是一个开源项目，它包含许多目前最先进的机器学习算法，每个算法都有详细的文档，也是最有名的Python机器学习库之一。它广泛应用于工业界和学术界，可以与其他大量 Python 科学计算工具一起使用。

scikit-learn 基于 NumPy、SciPy 和 matplotlib 构建,提供了大量简单易用的数据挖掘和机器学习工具。

scikit-learn 针对以下几类问题提供了大量有效的算法和工具:

(1)分类问题;

(2)回归问题;

(3)聚类问题;

(4)降维问题;

(5)模型选择问题;

(6)数据预处理问题。

scikit-learn 与 NumPy、SciPy 和 matplotlib 等工具结合使用,可以迅速建立机器学习模型,解决机器学习问题。

11.2 实践任务:Python 数据分析应用

11.2.1 安装 Python 和 numpy 包

1.下载和安装 Python

(1)下载 Python,本教程下载版本为 python 3.7.2,下载界面如图 11-4 所示。

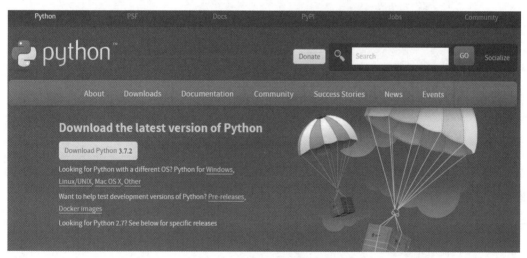

图 11-4 Python 下载界面

(3)在下载页面下载当前最新稳定版,64 位的操作系统可以选择 Windows x86-64 executable installer,32 位的操作系统可以选择 Windows x86 executable installer。如图 11-5 所示。

Files

Version	Operating System	Description	MD5 Sum	File Size	GPG
Gzipped source tarball	Source release		2ee10f25e3d1b14215d56c3882486fcf	22973527	SIG
XZ compressed source tarball	Source release		93df27aec0cd18d6d42173e601ffbbfd	17108364	SIG
macOS 64-bit/32-bit installer	Mac OS X	for Mac OS X 10.6 and later	5a95572715e0d600de28d6232c656954	34479513	SIG
macOS 64-bit installer	Mac OS X	for OS X 10.9 and later	4ca0e30f48be690bfe80111daee9509a	27839889	SIG
Windows help file	Windows		7740b11d249bca16364f4a45b40c5676	8090273	SIG
Windows x86-64 embeddable zip file	Windows	for AMD64/EM64T/x64	854ac011983b4c799379a3baa3a040ec	7018568	SIG
Windows x86-64 executable installer	Windows	for AMD64/EM64T/x64	a2b79563476e9aa47f11899a53349383	26190920	SIG
Windows x86-64 web-based installer	Windows	for AMD64/EM64T/x64	047d19d2569c963b8253a9b2e52395ef	1362888	SIG
Windows x86 embeddable zip file	Windows		70df01e7b0c1b7042aabb5a3c1e2fbd5	6526486	SIG
Windows x86 executable installer	Windows		ebf1644cdc1eeeebacc92afa949cfc01	25424128	SIG
Windows x86 web-based installer	Windows		d3944e218a45d982f0abcd93b151273a	1324632	SIG

图 11-5 选择安装包界面

（3）运行 Python 安装包，按照安装向导进行安装即可。建议选择自定义安装方式，安装截图如图 11-6、图 11-7 所示。

图 11-6 选择自定义安装

图 11-7 勾选选项继续安装

在安装过程中勾选 Add Python to environment variables 选项及 Install for all users 选项,把 Python 加入环境变量中。如图 11-8 所示。

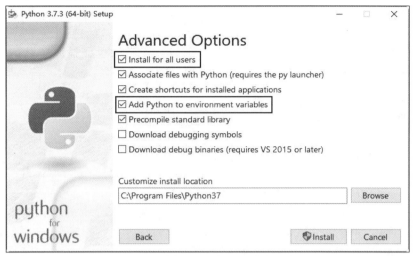

图 11-8　把 python 加入环境变量中

(4)安装完成后进入命令提示符,在命令行中输入 python -V,如果成功显示出 Python 版本,则安装成功。操作如图 11-9 所示。

图 11-9　验证 Python 安装成功

2.通过包管理工具安装 Numpy

(1)检查 pip 版本,操作如图 11-10 所示。

pip --version

```
C:\Windows\system32>pip --version
pip 19.2.2 from d:\program files\python37\lib\site-packages\pip (python 3.7)
```

图 11-10　检查 pip 版本

(2)通过 pip 下载 numpy(需要连接互联网)

pip install numpy

(3)检查 numpy 是否已经安装

如需检查 numpy 是否已经安装成功,可以通过 python 命令进入交互模式,在交互模式下输入 import numpy,如果没有提示异常则说明 numpy 已经安装成功。

\# 进入 python 交互模式

python

＞ import numpy

(4)通过 pip 卸载 numpy

pip uninstall numpy

11.2.2　Python 语法应用

使用 Python 语言编写程序,找出 1-100 中既能被 4 整除也能被 6 整除的所有数,并输出。

1.新建 Python 文件 lab1.py。

2.通过代码编辑器打开 lab1.py,并编写下列代码。

```
# can_divide 函数：判断一个数字能否既被 4 整除又被 6 整除
def can_divide(num):
    if num % 4 == 0 and num % 6 == 0:
        return True
    else:
        return False
# result 是一个列表容器,用于保存结果
result = []
for i in range(1,101):
    if can_divide(i):
        result.append(i)
print(result)
```

3.使用命令行在代码目录下执行 python lab1.py。

11.2.3　Phthon 数据科学工具包的安装和使用

1.安装 Python 数据科学工具包

(1)在命令行下使用 pip 工具安装 Numpy、Scipy、matplotlib、Ipython、pandas 等科学计算工具,命令如下:

pip install numpy scipy matplotlib ipython pandas jupyter

(2)等待 pip 联网下载并安装完成。

(3)检查安装是否成功。进入 Python 交互式环境,分别输入下列 Python 代码,如无异常且能够得到版本号(版本号不需要完全一致)则代表安装成功。操作如图 11-11 所示。

```
import pandas as pd
print(pd.__version__)
import matplotlib
print(matplotlib.__version__)
import numpy as np
print(np.__version__)
import scipy as sp
print(sp.__version__)
import IPython
print(IPython.__version__)
import jupyter
```

```
print(jupyter.__version__)
```

```
>>> import pandas as pd
>>> print(pd.__version__)
0.23.4
>>> import matplotlib
>>> print(matplotlib.__version__)
2.2.3
>>> import numpy as np
>>> print(np.__version__)
1.15.1
>>> import scipy as sp
>>> print(sp.__version__)
1.1.0
>>> import IPython
>>> print(IPython.__version__)
6.5.0
>>> import jupyter
>>> print(jupyter.__version__)
1.0.0
```

图 11-11　检查是否安装成功

2. 启动 Jupyter Notebook 环境

(1) 在命令行输入如下命令。

jupyter notebook

(2) 命令执行成功后,浏览器会弹出 Jupyter Notebook 的 Web 页面,如图 11-12 所示。

图 11-12　Jupyter Notebook 的 Web 页面

(3) 该页面显示了用户命令行所在目录下的所有文件,在页面右侧可通过单击 New 按钮新建一个 Notebook,如图 11-13 所示。

图 11-13　新建 Notebook

(4) 新建成功以后会进入一个 Notebook 页面,该页面是一个交互式的 python 环境,可在 code 区域输入 Python 代码,如图 11-14 所示。

图 11-14　进入 Notebook 页面

(5)输入下列代码,并通过 Shift ＋ Enter 执行,查看运行结果,如图 11-15 所示。

```
import numpy as np
x = np.array([0,1,2,3])
y = np.array([[0,1,2],[3,4,5]])
print("x:\n{}".format(x))
print("y:\n{}".format(y))
```

(6)该 Notebook 页面最终会作为一个文件保存,文件名默认为 Untitled.ipynb,用户可以在网页左上方位置修改文件名,如图 11-15 所示。

图 11-15　运行结果

3.Numpy 基本使用

本教程建议在 Jupyter Notebook 环境下完成。

(1)导入 numpy

```
import numpy as np
```

(2)创建数组和矩阵

```
a = np.array([0,1,2,3])
print(a)
b = np.array([[0,1,2],[3,4,5]])
print(b)
```

(3)在多数情况下,我们并不需要一个一个的去输入数组元素,可在 Notebook 环境下执行下列代码:

```
#生成 0..n-1 个连续数字
a = np.arange(10)
print(a)


#指定数字的开始元素,结束元素(不包括),步长
b = np.arange(1,9,2)
print(b)


#从 0 到 1 之间均匀生成 6 个数字
```

```python
c = np.linspace(0,1,6)
print(c)

#产生 3 * 3 的矩阵,元素均为 1
d = np.ones((3,3))
print(d)

#产生 2 * 2 的矩阵,元素均为 0
e = np.zeros((2,2))
print(e)

#产生 3 阶单位矩阵
f = np.eye(3)
print(f)

#以主对角线为[1,2,3,4]生成 4 阶矩阵
g = np.diag(np.array([1,2,3,4]))
print(g)

#随机产生 4 个数字,服从[0,1]均匀分布
h = np.random.rand(4)
print(h)

#随机产生 4 个数字,服从高斯分布
i = np.random.randn(4)
print(i)
```
(4) numpy 数组支持索引方式访问,在 notebook 环境下执行下列代码:
```python
a = np.arange(10)
print(a)
#分别访问第 1,3 和最后 1 个元素
print(a[0],a[2],a[-1])

#以主对角线为[0,1,2]生成 3 阶矩阵
b = np.diag(np.arange(3))
#访问矩阵第二行第二列的元素
print(b[1,1])
```
(5) numpy 数组还支持 Python 经典的切片操作,在 notebook 环境下执行下列代码:
```python
a = np.arange(10)
print(a)

#通过切片获取数组 a 的一部分
#切片规则为:a[开始位置:结束位置:步长]
#取出 a[2],a[5],a[8]
print(a[2:9:3])

#切片的步长可以省略,默认为 1
```

```
#切片的开始位置可以省略,默认为 0
#切片的结束位置可以省略,默认为数组长度 len(a)
print(a[:4])
print(a[1:3])
print(a[::2])
print(a[3:])
```

(6)numpy 支持大量的矩阵运算和统计,在 Notebook 环境下执行下列代码:

```
#矩阵与常数的加法、乘法、乘方运算
a = np.array([1,2,3,4])
print(a + 1)
print(2 * a)
print(2 ** a)


#矩阵之间的运算
b = np.ones(4) + 1
#对应位置相加
print(a+ b)
#对应位置相乘,不是矩阵乘法运算
print(a * b)


#矩阵乘法
c = np.ones((3,3))
c.dot(c)


#统计计算
x = np.array([1,2,3,4])
#求和
print(x.sum())
#找出最小值
print(x.min())
#找出最大值
print(x.max())
#找出最小值的下标
print(x.argmin())
#找出最大值的下标
print(x.argmax())


y = np.array([[1,2,3],[4,5,6]])
#二维合并为一维
print(y.ravel())
#矩阵转置
print(y.T)
```

4.matplotlib 基本使用

(1)在 Jupyter Notebook 中执行下列代码,使用 matplotlib 画折线图。

```
% matplotlib inline
import numpy as np
```

```
x = np.linspace(0,3,20)
y = 3 * x
plt.plot(x,y)
```
结果如图 11-16 所示。

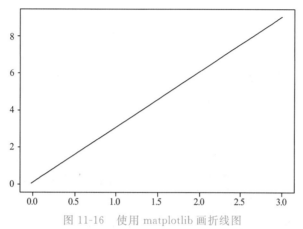

图 11-16　使用 matplotlib 画折线图

（2）在 Jupyter Notebook 中执行下列代码，使用 matplotlib 画散点图。
```
% matplotlib inline
import numpy as np
import matplotlib.pyplot as plt
x = np.linspace(0,3,20)
y = 3 * x
plt.plot(x,y,'o')
```
结果如图 11-17 所示。

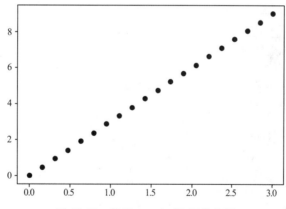

图 11-17　使用 matplotlib 画散点图

（3）在 Jupyter Notebook 中执行下列代码，使用 matplotlib 画正余弦曲线。
```
import numpy as np
import matplotlib.pyplot as plt

X = np.linspace(-np.pi,np.pi,256,endpoint=True)
C,S = np.cos(X),np.sin(X)

plt.plot(X,C)
```

plt.plot(X,S)

plt.show()

结果如图 11-18 所示。

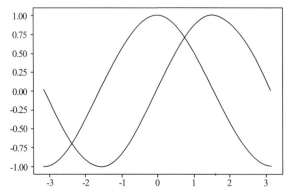

图 11-18 使用 matplotlib 画正余弦曲线

11.2.4 Phthon 机器学习工具包的安装和使用

1.安装 scikit-learn 工具

(1)在命令行下使用 pip 工具安装 scikit-learn 工具,命令如下：

pip install scikit-learn

(2)等待 pip 联网下载并安装完成。

(3)检查安装是否成功。进入 Python 交互式环境,输入下列 Python 代码,如无异常且能够得到版本号则代表安装成功。

import sklearn

print(sklearn.__version__)

2.使用 KNN 算法进行鸢尾花分类

在 jupyter notebook 中执行如下代码,通过 scikit-learn 对鸢尾花进行分类预测

```
from sklearn.datasets import load_iris
from sklearn.model_selection import train_test_split
from sklearn.neighbors import KNeighborsClassifier
# 读取 iris 数据集
iris_dataset = load_iris()
# 使用 train_test_split 划分训练集与测试集
X_train,X_test,y_train,y_test = train_test_split(
    iris_dataset['data'],iris_dataset['target'],random_state=0)
# 实例化 KNN 分类器
knn = KNeighborsClassifier(n_neighbors=1)
# 使用 KNN 分类器进行模型训练
knn.fit(X_train,y_train)
# 使用模型预测测试集结果
y_pred = knn.predict(X_test)
# 输出预测的测试集结果
print("Test set predictions:\n",y_pred)
# 对比测试集实际结果与预测结果
print("Test set score:{:.2f}".format(knn.score(X_test,y_test)))
```

第 12 章
综合案例

12.1 综合案例 1:使用 Python 对房屋价格进行预测分析

1. 案例问题

根据已有数据预测房屋价格。已有数据如图 12-1 所示(只显示前几条数据),通过 house_price.csv 文件提供。

	CRIM	ZN	INDUS	CHAS	NOX	RM	AGE	DIS	RAD	TAX	PTRATIO	B	LSTAT	MEDV
2	0.00632	18	2.31	0	0.538	6.575	65.2	4.09	1	296	15.3	396.9	4.98	24
3	0.02731	0	7.07	0	0.469	6.421	78.9	4.9671	2	242	17.8	396.9	9.14	21.6
4	0.02729	0	7.07	0	0.469	7.185	61.1	4.9671	2	242	17.8	392.83	4.03	34.7
5	0.03237	0	2.18	0	0.458	6.998	45.8	6.0622	3	222	18.7	394.63	2.94	33.4
6	0.06905	0	2.18	0	0.458	7.147	54.2	6.0622	3	222	18.7	396.9	5.33	36.2
7	0.02985	0	2.18	0	0.458	6.43	58.7	6.0622	3	222	18.7	394.12	5.21	28.7
8	0.08829	12.5	7.87	0	0.524	6.012	66.6	5.5605	5	311	15.2	395.6	12.43	22.9
9	0.14455	12.5	7.87	0	0.524	6.172	96.1	5.9505	5	311	15.2	396.9	19.15	27.1
10	0.21124	12.5	7.87	0	0.524	5.631	100	6.0821	5	311	15.2	386.63	29.93	16.5
11	0.17004	12.5	7.87	0	0.524	6.004	85.9	6.5921	5	311	15.2	386.71	17.1	18.9
12	0.22489	12.5	7.87	0	0.524	6.377	94.3	6.3467	5	311	15.2	392.52	20.45	15
13	0.11747	12.5	7.87	0	0.524	6.009	82.9	6.2267	5	311	15.2	396.9	13.27	18.9
14	0.09378	12.5	7.87	0	0.524	5.889	39	5.4509	5	311	15.2	390.5	15.71	21.7

图 12-1 房屋价格数据

每一行都代表一条房屋数据,如 LSTAT 代表房屋所在地区人口百分比;AGE 代表房屋年限;DIS 代表房屋与市中心的距离;CRIM 代表房屋所在地区犯罪率;MEDV 代表房价;TAX 代表税;RM 代表房屋的平均房间数。

该数据集是数据科学领域著名的波士顿房价数据集。现要求通过数据分析建立模型,通过模型描述上述各因素和房价的关系。对于任意给定的一条房屋信息数据,能够通过模型尽量准确地预测其房价。

2. 问题分析与工具选择

上述问题中已知房屋各项数据和房屋价格,是一个典型的监督学习问题。同时,该房价预测问题又属于监督学习中的回归分析问题,因此可以考虑回归模型的建模方法。

本问题选用的工具包括:

(1)Python 3:基础工具平台;

(2)Numpy:数据分析基础库;

(3)Scipy:数据分析工具支持;

(4)matplotlib:数据可视化基础库;

(5)seaborn:数据可视化高级库;

(6)pandas:数据表示;

(7)scikit-learn:机器学习库。

在已经安装 Python 3 的情况下,可使用 pip 安装以上工具,命令如下:

pip install numpy scipy matplotlib ipython pandas jupyter scikit-learn seaborn

3.数据导入

由于数据通过外部文件提供,因此首先需要读取数据,通过 pandas 库提供的 read_csv()方法可以很方便地读取数据。读取数据如图 12-2 所示。

```
import pandas as pd
#读取房屋数据集
df = pd.read_csv("house_data.csv")
#通过 head 方法查看数据集的前几行数据
df.head()
```

read_csv()方法会把数据读取到 Pandas 的 DataFrame 对象中,通过 df.head()方法可以查看数据的前 5 行。

	CRIM	ZN	INDUS	CHAS	NOX	RM	AGE	DIS	RAD	TAX	PTRATIO	B	LSTAT	MEDV
0	0.00632	18.0	2.31	0	0.538	6.575	65.2	4.0900	1	296	15.3	396.90	4.98	24.0
1	0.02731	0.0	7.07	0	0.469	6.421	78.9	4.9671	2	242	17.8	396.90	9.14	21.6
2	0.02729	0.0	7.07	0	0.469	7.185	61.1	4.9671	2	242	17.8	392.83	4.03	34.7
3	0.03237	0.0	2.18	0	0.458	6.998	45.8	6.0622	3	222	18.7	394.63	2.94	33.4
4	0.06905	0.0	2.18	0	0.458	7.147	54.2	6.0622	3	222	18.7	396.90	5.33	36.2

图 12-2　表格数据

4.数据可视化

在建立模型之前,通常会进行探索性数据分析以获取对数据的理解和洞察,尤其对于大型高维的数据集,数据可视化着实有助于使数据关系更清晰易懂。

为了更加直观地理解数据集,考虑进行数据可视化,由于房价数据集的数据是一个典型的多维数据,每一条数据包含 14 项,而在二维平面是不容易直观展示高维数据的。在这种情况下,可以考虑绘制两两特征之间的关系。

在上述 14 个特征中,有些特征的值全为 0,可以将其忽略,最终选取 LSTAT(房屋所在地区人口百分比)、AGE(房屋年限)、DIS(房屋与市中心的距离)、CRIM(房屋所在地区犯罪率)、MEDV(房价)、TAX(税)、RM(房屋的平均房间数)7 个特征进行可视化。

使用 matplotlib 库就可以完成数据的可视化,而 seaborn 库可以看作是对 matplotlib 的封装,通过 sns.pairplot()方法即可对上述 7 个特征进行两两对比,代码如下,可视化效果如图 12-3 所示。

```
import matplotlib.pyplot as plt
import seaborn as sns
```

```
sns.set(context = 'notebook')
```

#设置维度:LSTAT(人口百分比),AGE(房屋年限),DIS(与市中心的距离),CRIM(犯罪率),MEDV(房价),TAX(税),RM(平均房间数)
```
cols = ['LSTAT','AGE','DIS','CRIM','MEDV','TAX','RM']

sns.pairplot(df[cols],height=2)
plt.show()
```

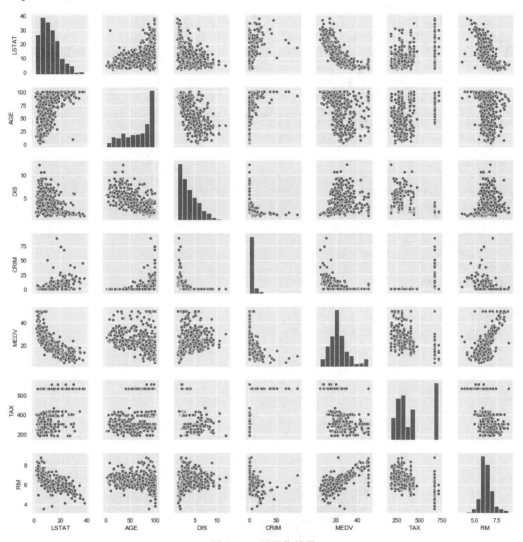

图 12-3　可视化效果

注意观察图中第 5 行,展示了 MEDV(房价)和其他特征的关系,其中通过第 5 行第 1 列可以看出 MEDV(房价)和 LSTAT(人口百分比)呈负相关,通过第 5 行第 7 列可以看出 MEDV(房价)和 RM(平均房间数)呈正相关。

5.数据建模——单因素建模

根据上述结论,MEDV(房价)和 LSTAT(人口百分比)呈负相关,和 RM(平均房间数)

呈正相关,由此可以考虑建立线性回归模型。

如果只考虑 LSTAT(人口百分比)一个因素对房价的影响,即只针对上图中第 5 行第 1 列所展示的关系进行建模,那么问题就变得很简单。

通过 scikit-learn 中的 LinearRegression 类可以很容易地建立线性回归模型。下列代码展示了只针对 LSTAT(人口百分比)和 MEDV(房价)进行建模的过程。回归图如图 12-4 所示。

```
# 引入线性回归模块
from sklearn.linear_model import LinearRegression

# 给自变量取值
X = df[['LSTAT']].values
# 给因变量取值
y = df['MEDV'].values
# 初始化模型
sk_model = LinearRegression()
# 训练模型
sk_model.fit(X,y)
# 画出回归图
Regression_plot(X,y,sk_model)
# 设置 x 轴坐标标签
plt.xlabel('Percentage of the population')
# 设置 y 轴坐标标签
plt.ylabel('House Price')
plt.show()

# 绘图函数
def Regression_plot(X,y,model):
    plt.scatter(X,y,c="blue")
    plt.plot(X,model.predict(X),color="red")
    return None
```

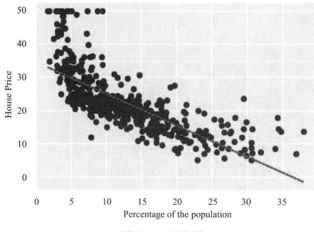

图 12-4　回归图

图中 12-4 中红线即为训练出来的线性回归模型,更加直观地反映出 MEDV(房价)和 LSTAT(人口百分比)呈负相关。

6. 数据建模——多因素建模

上述建模方式只考虑了人口百分比单个因素,因而并不全面,实际上完全可以使用线性回归进行多因素建模,在上述代码中只需要对 X 的取值进行修改即可完成多因素建模。

此外,在机器学习过程中,为了评估模型的有效性,往往会采用分离训练集和测试集的方法把样本数据随机划分为训练集和测试集,这样就可以在训练集样本上进行模型训练,而通过测试集就可以评估模型的有效性,这种方法被称为交叉验证。

在 scikit-learn 中,可以使用 train_test_split 方法进行数据集分离,通过参数 test_size 来设置训练集和测试集的比例。

```
from sklearn.model_selection import train_test_split
#制定维度
cols = ['LSTAT','AGE','DIS','CRIM','TAX','RM']
#给自变量取值
X = df[cols].values
#给因变量取值
y = df['MEDV'].values
#将数据集中75%数据归为训练集,25%归为测试集
X_train,X_test,y_train,y_test = train_test_split(X,y,test_size = 0.25,random_state = 0)
#初始化回归模型
sk_model = LinearRegression()
#训练模型
sk_model.fit(X_train,y_train)
```

以上代码建立了['LSTAT','AGE','DIS','CRIM','TAX','RM']6 个特征和 MEDV (房价)的线性回归模型,由于是多因素的线性回归,因此模型很难在二维平面上表示,可以通过 sk_model.coef_ 查看各个特征的系数,系数越大表示与 MEDV 的相关性越强。

执行 sk_model.coef_ 后的结果是:[−0.5704543,−0.03139786,−1.02115195,−0.07792912,−0.01071678,5.06536897],由此可见,该模型中 RM(房屋的平均房间数)特征和房价的相关程度最大。

7. 模型验证与模型评估

为了评估上述模型的有效性,通常会采用交叉验证的方式,使用模型分别在训练集和测试集上对房价进行预测,然后用其预测值和真实值进行对比,这样就可以得到训练误差和测试误差。下面代码计算了各个样本的训练误差和测试误差,并使用 matplotlib 进行了可视化。

```
#计算 X 在训练集上的预测值
y_train_predict = sk_model.predict(X_train)
#计算 X 在测试集上的预测值
y_test_predict = sk_model.predict(X_test)
#画出在训练集上的预测值与训练误差的散点图
plt.scatter(y_train_predict,y_train_predict - y_train,c = 'red',marker = 'x',label = 'Trainning data')
```

#画出在测试集上的预测值与测试误差的散点图

plt.scatter(y_test_predict,y_test_predict - y_test,c = 'black',marker = 'o',label = 'Test data')

#将 X 轴的坐标标签设置为预测值

plt.xlabel('Predicted values')

#将 y 轴的坐标标签设置为误差

plt.ylabel('Residuals')

#增加一个图例在左上角

plt.legend(loc = 'upper left')

#画一条平行于 x 轴,y 值为 0 的直线

plt.hlines(y=0,xmin=-10,xmax=50,lw=1,color='green')

#设置取值范围

plt.xlim([-10,50])

plt.show()

如图 12-5 所示,大部分点的误差都在 0 左右,这说明我们建立的线性回归模型在训练集和测试集上的拟合性都比较好,具有一定的有效性。

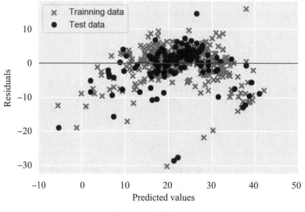

图 12-5　散点图

对于线性回归模型,我们还可以计算均方误差和 R2 系数来进行定量评估,一般而言均方误差越小说明预测越准确,R2 系数越接近 1 说明模型越有效。scikit-learn 同样提供了上述方法。

#第一种评估的标准:MSE(均方误差)

#引入均方误差模块

from sklearn.metrics import mean_squared_error

#输出均方误差

print('MSE train % .3f,

test % .3f'%(mean_squared_error(y_train,y_train_predict),mean_squared_error(y_test,y_test_predict)))

#第二种评估标准:r2_score(r2 评分)

#引入 R2 评分模块

from sklearn.metrics import r2_score

#输出 r2 评分

```
print('R~2 train %.3f,
test %.3f'%(r2_score(y_train,y_train_predict),r2_score(y_test,y_test_predict)))
```
上述代码的运行结果是:
```
MSE train 25.106,test 36.671
R~2 train 0.706,test 0.551
```
由此可以看出,我们建立的模型在训练集上表现要优于测试集,该线性回归模型还有继续优化的空间。感兴趣的读者可以在此基础上对模型进行进一步完善,尽可能提高模型在测试集上的准确性。

12.2 综合案例2:通过日志数据分析用户行为

1.案例问题

某论坛网站准备根据其日志数据统计和分析用户的访问行为,其日志数据保存在access.log文件中,总计有548160行,日志数据的基本格式如图12-6所示。

```
hadoop@hadoop:/usr/local/files/apache_logs$ head -20 access.log
27.19.74.143 - - [30/May/2013:17:38:20 +0800] "GET /static/image/common/faq.gif HTTP/1.1" 200 1127
110.52.250.126 - - [30/May/2013:17:38:20 +0800] "GET /data/cache/style_1_widthauto.css?y7a HTTP/1.1" 200 1292
27.19.74.143 - - [30/May/2013:17:38:20 +0800] "GET /static/image/common/hot_1.gif HTTP/1.1" 200 680
27.19.74.143 - - [30/May/2013:17:38:20 +0800] "GET /static/image/common/hot_2.gif HTTP/1.1" 200 682
27.19.74.143 - - [30/May/2013:17:38:20 +0800] "GET /static/image/filetype/common.gif HTTP/1.1" 200 90
110.52.250.126 - - [30/May/2013:17:38:20 +0800] "GET /source/plugin/wsh_wx/img/wsh_zk.css HTTP/1.1" 200 1482
110.52.250.126 - - [30/May/2013:17:38:20 +0800] "GET /data/cache/style_1_forum_index.css?y7a HTTP/1.1" 200 2331
110.52.250.126 - - [30/May/2013:17:38:20 +0800] "GET /source/plugin/wsh_wx/img/wx_jqr.gif HTTP/1.1" 200 1770
27.19.74.143 - - [30/May/2013:17:38:20 +0800] "GET /static/image/common/recommend_1.gif HTTP/1.1" 200 1030
110.52.250.126 - - [30/May/2013:17:38:20 +0800] "GET /static/image/common/logo.png HTTP/1.1" 200 4542
27.19.74.143 - - [30/May/2013:17:38:20 +0800] "GET /data/attachment/common/c8/common_2_verify_icon.png HTTP/1.1" 200 582
110.52.250.126 - - [30/May/2013:17:38:20 +0800] "GET /static/js/logging.js?y7a HTTP/1.1" 200 603
8.35.201.144 - - [30/May/2013:17:38:20 +0800] "GET /uc_server/avatar.php?uid=29331&size=middle HTTP/1.1" 301 -
27.19.74.143 - - [30/May/2013:17:38:20 +0800] "GET /data/cache/common_smilies_var.js?y7a HTTP/1.1" 200 3184
27.19.74.143 - - [30/May/2013:17:38:20 +0800] "GET /static/image/common/pn.png HTTP/1.1" 200 592
27.19.74.143 - - [30/May/2013:17:38:20 +0800] "GET /data/attachment/common/swfupload.swf?preventswfcaching=1369906718144 HTTP/1.1" 200 13333
27.19.74.143 - - [30/May/2013:17:38:20 +0800] "GET /static/image/editor/editor.gif HTTP/1.1" 200 13648
8.35.201.165 - - [30/May/2013:17:38:21 +0800] "GET /uc_server/data/avatar/000/05/94/42_avatar_middle.jpg HTTP/1.1" 200 6153
8.35.201.164 - - [30/May/2013:17:38:21 +0800] "GET /uc_server/data/avatar/000/03/13/51_avatar_middle.jpg HTTP/1.1" 200 5087
8.35.201.163 - - [30/May/2013:17:38:21 +0800] "GET /uc_server/data/avatar/000/04/87/94_avatar_middle.jpg HTTP/1.1" 200 5117
hadoop@hadoop:/usr/local/files/apache_logs$
```

图12-6 日志数据格式

现需要根据日志数据进行统计分析,解决以下问题:

(1)统计出网站当日的PV(Page View,总访问量),当日的注册用户数量,当日访问的独立IP数量等数据。

(2)找出当日访问该网站次数最多的十个IP,并按照访问次数降序排列。

(3)分时间段统计该网站访问量,并利用数据可视化技术画出折线图。

2.问题分析与工具选择

上述问题是一个经典的大数据分析问题,首先日志文件是一个包含有50多万行的半结构化数据,其中每一行都包含有IP地址、访问时间、访问的URL、返回值状态码、返回页面字节数等信息。对于上述统计分析问题,直接分析日志文件通常无从下手,因此,我们需要借助专业的大数据分析方法和工具进行统计分析。

(1)分析方法

处理上述问题,通常需要经过以下几步:

①数据导入;

②数据清洗;

③数据统计;

④数据分析；
⑤数据可视化。
(2)工具选择
本问题需要使用的工具包括：
①Java：大数据基础语言环境；
②Hadoop：HDFS 文件系统；
③MapReduce：分布式计算模型；
④Hive：数据仓库工具；
⑤Sqoop：数据迁移工具；
⑥MySQL：关系数据库；
⑦Python：大数据分析基础语言环境；
⑧matplotlib：数据可视化基础库；
⑨seaborn：数据可视化高级库。

3.数据导入

由于只处理单文件，因此可以直接在 shell 中使用 hdfs 命令进行数据导入。在 shell 中输入如下命令：

hdfs dfs -mkdir -p /project/bbs/data

hdfs dfs -put access.log /project/bbs/data

上述命令，首先在 hdfs 中建立目录/project/bbs/data，该目录用来存放日志数据，然后利用 put 命令把 access.log 文件导入到 hdfs 当中。

可以通过命令 hdfs dfs -ls /project/bbs/data 确认 hdfs 中是否有对应的文件，其结果如图 12-7 所示。

```
hadoop@hadoop:/usr/local/files/apache_logs$ hdfs dfs -ls /project/bbs/data/
Found 1 items
-rw-r--r--   1 hadoop supergroup   61084192 2019-05-22 14:40 /project/bbs/data/access.log
hadoop@hadoop:/usr/local/files/apache_logs$
```

图 12-7　查看日志文件是否已经上传到 HDFS 中

4.数据清洗

(1)需要清洗的数据

根据统计分析的目标，我们发现最终要分析的结果都不包含返回值状态码、返回页面字节数等信息，因此我们需要将这部分数据过滤掉。

对于时间数据，为了便于后续的统计分析，我们需要把文件中每一行的时间格式统一为"yyyyMMddHHmmss"这种格式。其中 y 表示年，M 表示月，d 表示日，H 表示小时，m 表示分钟，s 表示秒。这种格式更加便于后续处理。

用户每访问一个页面 url，该页面可能会同时请求一些静态数据，如图片、字体文件、样式表文件等，在日志文件中也会增加对应的访问记录，但由于实际上用户只访问了一个页面，这些静态资源的访问并不能计入 PV，因此需要将"GET /staticsource/"开头的访问记录过滤掉，又因为 GET 和 POST 字符串对统计分析也没有意义，因此也可以将其过滤掉。

(2)数据清洗程序

为了完成上述数据清洗，通过编写 MapReduce 程序完成这项任务，保存为 LogCleanJob.

java。其代码如下：

```java
import java.net.URI;
import java.text.ParseException;
import java.text.SimpleDateFormat;
import java.util.Date;
import java.util.Locale;

import org.apache.hadoop.conf.Configuration;
import org.apache.hadoop.conf.Configured;
import org.apache.hadoop.fs.FileSystem;
import org.apache.hadoop.fs.Path;
import org.apache.hadoop.io.LongWritable;
import org.apache.hadoop.io.NullWritable;
import org.apache.hadoop.io.Text;
import org.apache.hadoop.mapreduce.Job;
import org.apache.hadoop.mapreduce.Mapper;
import org.apache.hadoop.mapreduce.Reducer;
import org.apache.hadoop.mapreduce.lib.input.FileInputFormat;
import org.apache.hadoop.mapreduce.lib.output.FileOutputFormat;
import org.apache.hadoop.util.Tool;
import org.apache.hadoop.util.ToolRunner;

public class LogCleanJob extends Configured implements Tool {
    public static void main(String[] args) {
        Configuration conf = new Configuration();
        try {
            int res = ToolRunner.run(conf,new LogCleanJob(),args);
            System.exit(res);
        } catch (Exception e) {
            e.printStackTrace();
        }
    }

    @Override
    public int run(String[] args) throws Exception {
        final Job job = new Job(new Configuration(),
            LogCleanJob.class.getSimpleName());
        //设置为可以打包运行
        job.setJarByClass(LogCleanJob.class);
        FileInputFormat.setInputPaths(job,args[0]);
        job.setMapperClass(MyMapper.class);
        job.setMapOutputKeyClass(LongWritable.class);
        job.setMapOutputValueClass(Text.class);
```

```java
            job.setReducerClass(MyReducer.class);
            job.setOutputKeyClass(Text.class);
            job.setOutputValueClass(NullWritable.class);
            FileOutputFormat.setOutputPath(job,new Path(args[1]));
            //清理已存在的输出文件
            FileSystem fs = FileSystem.get(new URI(args[0]),getConf());
            Path outPath = new Path(args[1]);
            if (fs.exists(outPath)) {
                fs.delete(outPath,true);
            }

            boolean success = job.waitForCompletion(true);
            if(success){
                System.out.println("Clean process success!");
            }
            else{
                System.out.println("Clean process failed!");
            }
            return 0;
        }
    static class MyMapper extends
            Mapper<LongWritable,Text,LongWritable,Text> {
        LogParser logParser = new LogParser();
        Text outputValue = new Text();

        protected void map(
            LongWritable key,
            Text value,
               org.apache.hadoop.mapreduce.Mapper<LongWritable,Text,LongWritable,Text>.Context context)
               throws java.io.IOException,InterruptedException {
            final String[] parsed = logParser.parse(value.toString());
            // step1.过滤掉静态资源访问请求
            if (parsed[2].startsWith("GET /static/")
                  || parsed[2].startsWith("GET /uc_server")) {
                return;
            }
            // step2.过滤掉开头的指定字符串
            if (parsed[2].startsWith("GET /")) {
                parsed[2] = parsed[2].substring("GET /".length());
            } else if (parsed[2].startsWith("POST /")) {
                parsed[2] = parsed[2].substring("POST /".length());
```

```java
            }
            // step3.过滤掉结尾的特定字符串
            if (parsed[2].endsWith(" HTTP/1.1")) {
                parsed[2] = parsed[2].substring(0,parsed[2].length()
                    - " HTTP/1.1".length());
            }
            // step4.只写入前三个记录类型项
            outputValue.set(parsed[0] + "\t" + parsed[1] + "\t" + parsed[2]);
            context.write(key,outputValue);
        }
    }
    static class MyReducer extends
            Reducer<LongWritable,Text,Text,NullWritable> {
        protected void reduce(
                LongWritable k2,
                java.lang.Iterable<Text> v2s,
                 org.apache.hadoop.mapreduce.Reducer<LongWritable,Text,Text,NullWritable>.
Context context)
                throws java.io.IOException,InterruptedException {
            for (Text v2 : v2s) {
                context.write(v2,NullWritable.get());
            }
        };
    }
    /*
    * 日志解析类
    */
    static class LogParser {
        public static final SimpleDateFormat FORMAT = new SimpleDateFormat(
            "d/MMM/yyyy:HH:mm:ss",Locale.ENGLISH);
        public static final SimpleDateFormat dateformat1 = new SimpleDateFormat(
            "yyyyMMddHHmmss");
        public static void main(String[] args) throws ParseException {
            final String S1 = "27.19.74.143 - - [30/May/2013:17:38:20 +0800] \"GET /static/
image/common/faq.gif HTTP/1.1\" 200 1127";
            LogParser parser = new LogParser();
            final String[] array = parser.parse(S1);
            System.out.println("样例数据: " + S1);
            System.out.format(
                "解析结果:  ip=%s,time=%s,url=%s,status=%s,traffic=%s",
                array[0],array[1],array[2],array[3],array[4]);
        }
```

```java
/**
 * 解析英文时间字符串
 *
 * @param string
 * @return
 * @throws ParseException
 */
private Date parseDateFormat(String string) {
    Date parse = null;
    try {
        parse = FORMAT.parse(string);
    } catch (ParseException e) {
        e.printStackTrace();
    }
    return parse;
}
/**
 * 解析日志的行记录
 *
 * @param line
 * @return 数组含有5个元素,分别是ip、时间、url、状态、流量
 */
public String[] parse(String line) {
    String ip = parseIP(line);
    String time = parseTime(line);
    String url = parseURL(line);
    String status = parseStatus(line);
    String traffic = parseTraffic(line);

    return new String[] { ip,time,url,status,traffic };
}

private String parseTraffic(String line) {
    final String trim = line.substring(line.lastIndexOf("\"") + 1)
            .trim();
    String traffic = trim.split(" ")[1];
    return traffic;
}

private String parseStatus(String line) {
    final String trim = line.substring(line.lastIndexOf("\"") + 1)
            .trim();
```

```java
            String status = trim.split(" ")[0];
            return status;
        }

        private String parseURL(String line) {
            final int first = line.indexOf("\"");
            final int last = line.lastIndexOf("\"");
            String url = line.substring(first + 1, last);
            return url;
        }

        private String parseTime(String line) {
            final int first = line.indexOf("[");
            final int last = line.indexOf("+0800]");
            String time = line.substring(first + 1, last).trim();
            Date date = parseDateFormat(time);
            return dateformat1.format(date);
        }

        private String parseIP(String line) {
            String ip = line.split("- -")[0].trim();
            return ip;
        }
    }
}
```

上述 Java 程序可分为 LogParser 类和 MapReduce 代码。其中利用 LogParser 类将日志文件的每行划分成 5 个部分,分别是 ip、time、url、status、traffic,然后利用 MapReduce 再对这 5 部分进行处理。对于 url 过滤掉静态资源请求、去除前缀和后缀,对于 time 进行时间格式的转换,最终返回处理后的 ip、time、url 三项数据,写入到参数指定的 hdfs 路径下。

(3)执行数据清洗任务

首先使用以下命令编译并打包 Java 程序。

mkdir cleaner

javac LogCleanJob.java -d cleaner/

cd cleaner

jar -cvf cleaner.jar ./*.class

经过上述编译和打包,最终得到 mycleaner.jar 包,如图 12-8 所示。

```
hadoop@hadoop:/usr/local/files$ javac LogCleanJob.java -d myclearner/
Note: LogCleanJob.java uses or overrides a deprecated API.
Note: Recompile with -Xlint:deprecation for details.
hadoop@hadoop:/usr/local/files$ ls myclearner/
'LogCleanJob$LogParser.class'  'LogCleanJob$MyMapper.class'  'LogCleanJob$MyReducer.class'   LogCleanJob.class
hadoop@hadoop:/usr/local/files$ jar -cvf mycleaner.jar myclearner/*.class
added manifest
adding: myclearner/LogCleanJob$LogParser.class(in = 2656) (out= 1448)(deflated 45%)
adding: myclearner/LogCleanJob$MyMapper.class(in = 2352) (out= 1031)(deflated 56%)
adding: myclearner/LogCleanJob$MyReducer.class(in = 1682) (out= 674)(deflated 59%)
adding: myclearner/LogCleanJob.class(in = 2668) (out= 1294)(deflated 51%)
hadoop@hadoop:/usr/local/files$ ls
apache_logs  LogCleanJob.java  mycleaner.jar  myclearner
hadoop@hadoop:/usr/local/files$
```

图 12-8 编译打包

在得到 jar 包以后就可以执行数据清洗任务了,命令如下。

hadoop jar /usr/local/files/cleaner/cleaner.jar LogCleanJob /project/bbs/data/access.log /project/bbs/cleaned/accesslog

该命令指定了运行 jar 包的入口类,以及 hdfs 的输入文件路径和输出文件路径,通过该命令执行清洗任务,并将新的数据保存在 hdfs 的/project/bbs/cleaned/accesslog/路径下。

(4)查看清洗后的数据

通过下列命令查看清洗之后的数据。

hdfs dfs -ls /project/bbs/cleaned/accesslog

hdfs dfs -cat /project/bbs/cleaned/accesslog/part-r-00000 | head -20

清洗之后的数据如图 12-9 所示。可以看到该文件每行包含 ip 地址、访问时间、访问 url 三部分,与数据清洗之前相比,结构化程度明显提高,可以很方便地利用此文件进行数据分析。

```
hadoop@hadoop:/usr/local/files/cleaner$ hdfs dfs -ls /project/bbs/cleaned/accesslog
Found 2 items
-rw-r--r--   1 hadoop supergroup          0 2019-05-22 16:39 /project/bbs/cleaned/accesslog/_SUCCESS
-rw-r--r--   1 hadoop supergroup      12794925 2019-05-22 16:39 /project/bbs/cleaned/accesslog/part-r-00000
hadoop@hadoop:/usr/local/files/cleaner$ hdfs dfs -cat /project/bbs/cleaned/accesslog/part-r-00000 | head -20
110.52.250.126    20130530173820    data/cache/style_1_widthauto.css?y7a
110.52.250.126    20130530173820    source/plugin/wsh_wx/img/wsh_zk.css
110.52.250.126    20130530173820    data/cache/style_1_forum_index.css?y7a
110.52.250.126    20130530173820    source/plugin/wsh_wx/img/wx_jqr.gif
27.19.74.143      20130530173820    data/attachment/common/c8/common_2_verify_icon.png
27.19.74.143      20130530173820    data/cache/common_smilies_var.js?y7a
8.35.201.165      20130530173820    data/attachment/common/c5/common_13_usergroup_icon.jpg
220.181.89.156    20130530173820    thread-24727-1-1.html
211.97.15.179     20130530173822    data/cache/style_1_forum_index.css?y7a
211.97.15.179     20130530173822    data/cache/style_1_widthauto.css?y7a
211.97.15.179     20130530173822    source/plugin/wsh_wx/img/wsh_zk.css
211.97.15.179     20130530173822    source/plugin/study_nge/css/nge.css
211.97.15.179     20130530173821    forum.php
211.97.15.179     20130530173821    source/plugin/study_nge/js/HoverLi.js
61.135.249.202    20130530173821    forum.php?action=postreview&do=against&hash=8058b700&mod=misc&pid=20981&tid=7228
211.97.15.179     20130530173822    data/cache/style_1_common.css?y7a
183.62.140.242    20130530173822    data/cache/style_1_widthauto.css?y7a
110.52.250.126    20130530173822    data/cache/style_1_common.css?y7a
211.97.15.179     20130530173822    source/plugin/wsh_wx/img/wx_jqr.gif
211.97.15.179     20130530173822    source/plugin/study_nge/images/list10.gif
cat: Unable to write to output stream.
```

图 12-9 查看清洗后的数据

此外,也可以通过 Hadoop 的 Web 接口:http://localhost:50070/explorer.html#/下载和查看清洗后的数据。

5.数据分析

在数据预处理完成后,可以利用 hive 建立数据仓库,进行数据分析。

(1)建立 bbs 表

首先输入 hive 进行 hive 环境,然后执行下列 hql 语句,通过文件/project/bbs/cleaned/accesslog 建立外部表 bbs,bbs 包含了 accesslog 文件的所有信息,其中字段 ip 表示 ip 地址、字段 atime 表示访问时间、字段 url 表示访问的 url 地址。

CREATE EXTERNAL TABLE bbs(ip string,atime string,url string) ROW FORMAT DELIMITED FIELDS TERMINATED BY '\t' LOCATION '/project/bbs/cleaned/accesslog';

数据仓库建立以后,可通过 select 语句查询数据。

select * from bbs limit 10;

查询结果如图 12-10 所示。

```
hive> select * from bbs limit 10;
OK
110.52.250.126    20130530173820    data/cache/style_1_widthauto.css?y7a
110.52.250.126    20130530173820    source/plugin/wsh_wx/img/wsh_zk.css
110.52.250.126    20130530173820    data/cache/style_1_forum_index.css?y7a
110.52.250.126    20130530173820    source/plugin/wsh_wx/img/wx_jqr.gif
27.19.74.143      20130530173820    data/attachment/common/c8/common_2_verify_icon.png
27.19.74.143      20130530173820    data/cache/common_smilies_var.js?y7a
8.35.201.165      20130530173822    data/attachment/common/c5/common_13_usergroup_icon.jpg
220.181.89.156    20130530173820    thread-24727-1-1.html
211.97.15.179     20130530173820    data/cache/style_1_forum_index.css?y7a
211.97.15.179     20130530173822    data/cache/style_1_widthauto.css?y7a
Time taken: 0.276 seconds, Fetched: 10 row(s)
```

图 12-10　查询 bbs 表前 10 条数据

(2) 统计 PV

对上述 bbs 表的 ip 列进行查询即可，为了便于以后使用，这里将 PV 值保存到表 bbs_pv 中。

CREATE TABLE bbs_pv AS SELECT COUNT(ip) AS PV FROM bbs;

对表 bbs_pv 执行查询即可获取 pv 值。

select * from bbs_pv;

查询结果如图 12-11，可以看到当日网站的总访问量为 169857。

```
hive> select * from bbs_pv;
OK
169857
Time taken: 0.16 seconds, Fetched: 1 row(s)
```

图 12-11　查询网址总访问量

(3) 统计注册用户数量

该论坛的用户注册页面为 member.php，而当用户点击注册时请求的又是 member.php? mod=register 的 url。因此，这里我们只需要统计出日志中访问的 URL 是 member.php? mod=register 的即可，HQL 代码如下：

CREATE TABLE bbs_reguser AS SELECT COUNT(ip) AS REGUSER FROM bbs WHERE INSTR(url,'member.php?mod=register')>0;

对表 bbs_reguser 执行查询即可获取注册用户数量。sql 语句和上述 bbs_pv 表查询类似，其结果为 28，即该论坛当日的注册用户数为 28 人。

(4) 统计当日访问的独立 IP 数量

同一 IP 无论访问了几个页面，独立 IP 数均为 1。因此，这里我们只需要统计日志中处理的独立 IP 数即可，在 SQL 中我们可以通过 DISTINCT 关键字，在 HQL 中也是通过这个关键字，HQL 代码如下。

CREATE TABLE bbs_ip AS SELECT COUNT(DISTINCT ip) AS IP FROM bbs;

对表 bbs_ip 执行查询即可获取独立 IP 数量。sql 语句和上述 bbs_pv 表查询类似，其结果为 10411，即该论坛当日访问的独立 IP 数量为 10411。

(5)合并上述统计指标

在 hive 中,可以将上述三个统计指标进行合并,将其放在一张表当中,以便于汇总每日网站访问数据。借助一张汇总表将刚刚统计到的结果整合起来,通过表连接结合,HQL 代码如下:

CREATE TABLE bbs_stat AS SELECT a.pv,b.reguser,c.ip FROM bbs_pv a JOIN bbs_reguser b ON 1=1 JOIN bbs_ip c ON 1=1;

6.数据导出

虽然利用 hive 已经可以进行数据分析,但仍有很多业务需求需要用到更为规范的关系数据库处理。此时我们可以借助 sqoop 工具,将 hive 数据仓库中的数据导出到 MySQL 当中。

(1)建立 mysql 用户

在 MySql 中新建 hive 用户并赋权限,语句如下,如果之前已经创建 hive 用户则省略此步骤。

grant all on *.* to hive@localhost identified by 'hive';

flush privileges;

(2)建立数据库和表

新建一个数据库 bbs,并建表 bbs_logs_stat 和 bbs_logs,bbs_logs_stat 用来保存 bbs 日志的统计数据,bbs_logs 用来保存 bbs 日志的原始数据。

create database bbs;

use bbs;

CREATE TABLE bbs_logs_stat (

  pv int(11) DEFAULT NULL,

  reguser int(11) DEFAULT NULL,

  ip int(11) DEFAULT NULL

) ENGINE=InnoDB DEFAULT CHARSET=utf8;

CREATE TABLE bbs_logs (

  ip varchar(20) DEFAULT NULL,

  logtime varchar(20) DEFAULT NULL,

  logurl text

) ENGINE=InnoDB DEFAULT CHARSET=utf8;

(3)从 Hive 仓库导出数据

利用 Sqoop 分别将 hive 仓库的 bbs 数据导出到 MySql 中,语句如下。

#导出 bbs_logs_stat 表

sqoop export --connect jdbc:mysql://127.0.0.1:3306/bbs?useSSL=false --username hive -P --table bbs_logs_stat --fields-terminated-by '\001' --export-dir '/user/hive/warehouse/bbs_stat'

#导出 bbs_logs 表

sqoop export --connect "jdbc:mysql://127.0.0.1:3306/bbs? useSSL=false&characterEncoding=utf-8" --username hive -P --table bbs_logs --fields-terminated-by '\t' --export-dir '/project/bbs/cleaned/accesslog'

(4)从 MySql 中查看数据

在 mysql 中编写 sql 语句查看数据是否导入成功。

select * from bbs_logs_stat;

select * from bbs_logs limit 10;

select count(*) from bbs_logs;

如果导入成功,结果如图 12-12 所示。

```
mysql> select * from bbs_logs_stat;
+--------+---------+-------+
| pv     | reguser | ip    |
+--------+---------+-------+
| 169857 |      28 | 10411 |
+--------+---------+-------+
1 row in set (0.00 sec)

mysql> select * from bbs_logs limit 10;
+----------------+----------------+------------------------------------------------------------------------------+
| ip             | logtime        | logurl                                                                       |
+----------------+----------------+------------------------------------------------------------------------------+
| 222.132.154.26 | 20130530223853 | forum.php?mod=ajax&action=forumchecknew&fid=142&time=1369924167&inajax=yes   |
| 180.173.113.181| 20130530223853 | source/plugin/wmff_wxyun/img/wx_jqr.gif                                      |
| 123.129.161.250| 20130530223853 | forum.php?mod=ajax&action=forumchecknew&fid=142&time=1369924476&inajax=yes   |
| 119.122.77.168 | 20130530223854 | data/attachment/common/c2/common_12_usergroup_icon.jpg                       |
| 101.226.89.115 | 20130530223853 | home.php?mod=misc&ac=sendmail&rand=1369924729                                |
| 49.72.74.77    | 20130530223853 | forum.php?mod=ajax&action=forumchecknew&fid=119&time=1369923476&inajax=yes   |
| 180.173.113.181| 20130530223854 | images/xyrz.png                                                              |
| 180.153.201.211| 20130530223853 | home.php?mod=misc&ac=sendmail&rand=1369924732                                |
| 119.122.77.168 | 20130530223854 | source/plugin/soso_smilies/js/soso_smilies.js?y7a                            |
| 180.173.113.181| 20130530223852 | thread-12037-1-1.html                                                        |
+----------------+----------------+------------------------------------------------------------------------------+
10 rows in set (0.00 sec)

mysql> select count(*) from bbs_logs;
+----------+
| count(*) |
+----------+
|   169857 |
+----------+
1 row in set (0.14 sec)
```

图 12-12 查看导入数据

7.数据可视化

(1)环境准备

利用 Python 连接 MySql,通过 Python 的可视化工具 matplotlib 和 seaborn 可以对前面导出的数据进行可视化分析。

由于需要连接数据库并进行数据可视化,因此需要先安装对应的 Python 第三方工具包,命令如下:

pip3 install pymysql

pip3 install numpy

pip3 install pandas

pip3 install matplotlib(该命令在 ubuntu 下可能会失败,请用下面的命令代替)

sudo apt-get install python3-matplotlib

pip3 install seaborn(该命令在 ubuntu 下可能会失败,请用下面的命令代替)

sudo apt-get installpython3-seaborn

(2)绘制条形图

找出当日访问该网站次数最多的十个 IP,并按照访问次数降序排列,利用 Python 可视化工具绘制条形图。其代码如下:

```python
import pymysql
import numpy as np
import pandas as pd
import seaborn as sns
import matplotlib.pyplot as plt

#打开数据库连接
db = pymysql.connect("127.0.0.1","hive","hive","bbs")

sql = "select ip,count(*) as ip_count from bbs_logs group by ip \
    order by ip_count desc limit 10"
def query(db,sql):
    #使用 cursor()方法获取操作游标
    cursor = db.cursor()
    try:
        #执行 SQL 语句
        cursor.execute(sql)
        #获取所有记录列表
        results = cursor.fetchall()
    except Exception as e:
        raise e
    finally:
        return results
ips = []
ip_count = []
try:
    results = query(db,sql)
    for row in results:
        ips.append(row[0])
        ip_count.append(row[1])
        #打印结果
except Exception as e:
    print(e)
db.close()
plt.figure(figsize=(15,5),dpi=100)
```

```
X = np.array(ips)
y = np.array(ip_count)
df = pd.DataFrame({"ip": X,"count": y})
sns.barplot("ip","count",data=df)
plt.show()
```

上述代码的基本过程是：

①连接 mysql 数据库

②编写 sql 语句，按照 ip 将表 bbs_logs 进行分组，然后对每组 ip 进行计数并倒序返回。这样就得到了访问网站次数前 10 的 IP 地址以及对应 IP 访问网站的次数。

③将 ip 地址保存到列表 ips 中，将 ip 访问网站的次数保存在 ip_count 中。

④以 ips 为 x 轴，以 ip_count 为 y 轴利用 seaborn 的 barplot 方法绘制条形图。

执行上述代码，得到的条形图如图 12-13 所示。

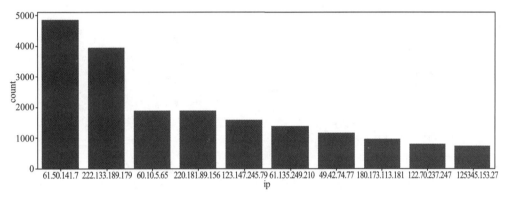

图 12-13　条形图

(3) 绘制折线图

分时间段统计该网站访问量，并利用 python 可视化工具绘制折线图。其代码如下：

```
importpymysql
import numpy as np
import pandas as pd
import seaborn as sns
import matplotlib.pyplot as plt
#打开数据库连接
db = pymysql.connect("127.0.0.1","hive","hive","bbs")
sql = "select substring(logtime,9,2) as timespan,count(*) as visit_count \
        from bbs_logs group by timespan order by timespan limit 10"
def query(db,sql):
    #使用 cursor()方法获取操作游标
    cursor = db.cursor()
    try:
```

```
        #执行SQL语句
        cursor.execute(sql)
        #获取所有记录列表
        results = cursor.fetchall()
    except Exception as e:
        raise e
    finally:
        return results
timespan = []
totalvisit = []
try:
    results = query(db,sql)
    for row in results:
        timespan.append(int(row[0]))
        totalvisit.append(int(row[1]))
        #打印结果
except Exception as e:
    print(e)
db.close()
plt.figure(figsize=(10,5),dpi=100)
X = np.array(timespan)
y = np.array(totalvisit)
df = pd.DataFrame({"timespan": X,"total_visit": y})
g = sns.pointplot("timespan","total_visit",data=df)
plt.show()
```

上述代码与绘制条形图的过程基本类似：

①连接MySql数据库

②编写Sql语句，利用MySql函数substring(logtime,9,2)取出logtime字段中表示小时的子字符串，然后根据小时对数据库表进行分组，并统计每组的访问量，最后按照小时正序排列。

③将时段信息保存到列表timespan中，将访问网站的次数保存在total_visit中。

④以timespan为x轴，以total_visit为y轴利用seaborn的pointplot方法绘制折线图。

执行上述代码，得到的折线图如图12-14所示。

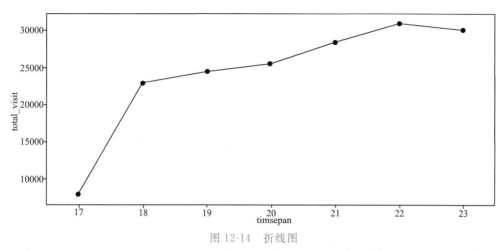

图 12-14 折线图

至此,网站日志分析基本完成。综合使用 hadoop、MapReduce、hive、sqoop、mysql、python 等工具,完成了对一个较大规模数据集的数据预处理、数据统计、数据分析以及数据可视化等一系列的数据处理工作。读者也可以尝试利用上述技术,结合实际的应用场景,解决特定的大数据分析与处理问题。

参考文献

[1] 陆嘉恒.Hadoop 实战.2 版.北京:机械工业出版社,2012.

[2] 林子雨.大数据技术原理与应用.2 版.北京:人民邮电出版社,2017.

[3] 肖睿,丁科,吴刚山.基于 Hadoop 与 Spark 的大数据开发实战.1 版.北京:人民邮电出版社,2018.

[4] 周苏,冯婵璟,王硕苹.大数据技术与应用.1 版.北京:机械工业出版社.2017.

[5] 罗福强,李瑶,陈虹君.大数据技术基础.1 版.北京:人民邮电出版社,2017.

[6] 林子雨.大数据基础编程、实验和案例教程.1 版.北京:人民邮电出版社,2017.

[7] 周苏,王文.大数据可视化.1 版.北京:清华大学出版社,2016.

[8] 林子雨,赖永炫,陶继平.Spark 编程基础.1 版.北京:人民邮电出版社,2018.

[9] 杨正洪.大数据技术入门.1 版.北京:清华大学出版社,2016.

[10] 黄红梅,张良均.Python 数据分析与应用.1 版.北京:人民邮电出版社,2018.

[11] 侯宾.NoSQL 数据库原理.1 版.北京:人民邮电出版社,2018.

[12] 宁兆龙,孔祥杰,杨卓,夏锋.大数据导论.北京:科学出版社,2017.

[13] https://hadoop.apache.org,Apache 官方网站.